工业和信息化部“十四五”规划专著

空间非合作目标柔顺抓捕隔振技术

岳晓奎　代洪华　王　鑫　彭远生　著

科学出版社
北　京

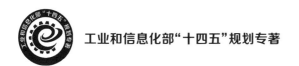

内 容 简 介

本书介绍了空间非合作目标柔顺抓捕的隔振技术，主要围绕仿生隔振系统以及仿生 Stewart 隔振平台的主被动隔振性能进行研究与分析。从结构上可以分为三部分：第一部分为第 1 章，主要介绍了针对空间非合作目标柔顺抓捕的研究背景及意义，并结合国内外相关文献对隔振方法进行了综述；第二部分为第 2~4 章，围绕单向仿生隔振系统的设计与性能分析、主动隔振、仿生抗冲击机械臂系统的理论与实验等开展研究；第三部分为第 5 章和第 6 章，主要介绍多自由度隔振系统的构型设计、主被动隔振性能研究等。

本书主要面向航空宇航、机械专业及相关专业的高年级本科生、研究生，以及相关领域和部门的科技工作者和工程技术人员。

图书在版编目(CIP)数据

空间非合作目标柔顺抓捕隔振技术 / 岳晓奎等著.
—北京：科学出版社，2022.3
ISBN 978-7-03-071066-6

Ⅰ. ①空… Ⅱ. ①岳… Ⅲ. ①航天器—飞行控制—研究 Ⅳ. ①V448.2

中国版本图书馆 CIP 数据核字(2021)第 269554 号

责任编辑：徐杨峰 / 责任校对：谭宏宇
责任印制：黄晓鸣 / 封面设计：殷 靓

科学出版社 出版
北京东黄城根北街 16 号
邮政编码：100717
http://www.sciencep.com
南京展望文化发展有限公司排版
苏州市越洋印刷有限公司印刷
科学出版社发行 各地新华书店经销

*

2022 年 3 月第 一 版 开本：B5(720×1000)
2022 年 3 月第一次印刷 印张：11
字数：190 000

定价：100.00 元

前　言

空间非合作目标的柔顺抓捕问题是航天领域的研究热点。自 1957 年人类发射第一颗人造卫星以来，截至 2020 年初，人类共发射了 9 000 余颗航天器，而正常工作的航天器仅占约 20%，大部分因故障或燃料耗尽而成为废弃航天器。废弃航天器、空间碎片占据着大量宝贵的轨道资源，危及正常工作卫星的安全。对废弃航天器、空间碎片等空间非合作目标实施在轨维修、清理等在轨操作是当前航天领域的热点，其中实现对空间非合作目标的柔顺抓捕是核心技术难点。

抓捕空间非合作目标通常有几种可行方案，如鱼叉、绳网、机械臂等。鱼叉、绳网等只能对废弃航天器和空间碎片进行清除，无法进行抓捕后的修复；而机械臂是对故障航天器进行在轨修复的有效方法，既可实现故障航天器的修复和回收，又可对空间碎片进行清理，具有良好的通用性，适用范围广，操作精确，应用前景良好。然而，基于机械臂的在轨服务同样面临着技术上的挑战，特别是抓捕时的接触瞬间，服务航天器和空间目标会不可避免地发生碰撞，两者之间的刚性碰撞将对服务航天器造成冲击扰动以及抓捕后组合体航天器的漂移。安装在废弃航天器上的运动部件如反作用飞轮、陀螺、太阳帆板驱动机构等也会产生周期性激振力，影响甚至损害抓捕后服务航天器的精密仪器工作。如何有效地对振动进行隔离对在轨服务任务的正常进行至关重要，因此必须发展适用于机械臂抓捕的隔振技术。

振动隔离能降低对精密仪器的损害，实现对精密仪器的保护，在工业中有非常广泛的应用。隔振方法主要包括被动隔振、主动隔振、半主动隔振、主被动混合隔振等。随着新材料以及振动测量技术的不断发展，隔振方法无论是理论上还是实验上都有很大进步，为隔振技术在航天领域的应用奠定了基础，其中代表性的研究为航天器精密仪器的振动隔离，同时也引领了空间非合作目标抓捕中的隔振研究。然而，针对空间非合作目标抓捕中的隔振与地面上以及对航天器精密仪器的隔振存在着较大的区别，其主要表现在以下两个方面。一是理论动力学建模的复杂性。空间非合作目标抓捕中的隔振动力学建模需要考虑服务航天器的运动，而地面上的隔振动力学建模中通常不考虑地面与隔振对象之间的运动耦合。二是振源的多样性。空间非合作目标抓捕中的振源包括抓捕瞬间的接触碰撞以及抓捕后的周期性振动，而针对航天器上精密仪器的隔振中通常仅考虑微振动的影响，因此这给空间非合作目标抓捕中的隔振研究提出了挑战。

在2016年我国提出的“十三五”国家科技创新规划中，空间在轨服务技术被列为重大专项。因此，发展针对空间非合作目标在轨抓捕中的隔振理论与方法势在必行。作者于2016年开始了对空间非合作目标在轨抓捕中的隔振研究，其研究历程可分为两个阶段：第一个阶段主要研究空间非合作目标在轨抓捕中单向隔振系统的结构设计、主被动隔振方法、地面抗冲击实验等；第二个阶段主要以多自由度隔振平台的主被动隔振为研究对象。空间非合作目标抓捕中存在多自由度的振动干扰，因此提出了多自由度的隔振需求。

本书囊括了作者团队的核心研究成果。从总体结构上，本书可以划分为三部分。第一部分为第1章，主要介绍了针对空间非合作目标柔顺抓捕的研究背景及意义，并结合国内外相关文献对隔振方法进行了综述。第二部分为第2~4章，主要围绕单向仿生隔振系统的设计与性能分析主动隔振、仿生抗冲击机械臂系统的理论与实验等开展研究。第三部分为第5章和第6章，主要介绍多自由度隔振系统的构型设计、主被动隔振性能研究等。从研究对象上来说，本书主要围绕仿生结构隔振系统以及仿生Stewart隔振平台的主被动隔振性能进行研究与分析，主要包括仿生隔振系统的设计与动力学建模、仿生隔振系统的主被动隔振性能研究、仿生隔振系统的地面抗冲击实验、仿生Stewart隔振平台的设计与动力学建模、仿生Stewart隔振平台的主被动隔振性能研究五个方面。

本书主要面向航空宇航、机械及相关专业的研究生，以及相关领域的工程技术人员。希望本书能够为相关领域的学生及研究人员对空间非合作目标在轨抓捕中隔振理论与方法的学习提供帮助。

由于作者水平有限，书中难免存在不当之处，恳请广大读者批评指正。

作　者

2021年9月

目　录

第 1 章　空间非合作目标柔顺抓捕的隔振研究

第 2 章　单向仿生隔振系统的设计与性能分析

第 3 章 单向仿生隔振系统的主动隔振

第 4 章 仿生抗冲击机械臂系统的理论与实验

第 5 章　多自由度隔振系统的被动隔振

第 6 章　多自由度隔振系统的主动隔振

第1章

空间非合作目标柔顺抓捕的隔振研究

1.1 研究背景及意义

随着空间科学技术的快速发展,全球的航天发射任务逐年增加,在轨运行的航天器数目与日俱增。而在复杂的太空环境中,航天器可能因机械故障、燃料耗尽等原因失效或废弃而失去其自身价值[1]。据不完全统计,仅仅在过去十年里我国就有超过 20 颗卫星因结构性故障导致姿态失控、翻滚而成为故障卫星,直接造成经济损失达数百亿元[2]。这些故障卫星不仅造成巨大经济损失,而且长期占据宝贵的轨道资源,尤其是具有重要战略意义的地球静止轨道(geostationary orbit, GEO),其轨道资源极为有限,理论上最多容纳 1 800 颗卫星[0.2(°)/颗]。到目前为止,在轨运行的 GEO 卫星有 300 多颗,已经确认的 GEO 带内(GEO±200 km)有 1 186 颗,其中正常运行的卫星数量仅占 32%[3],其余不受控的航天器停留在轨道上而成为太空垃圾。此外,随着全球各国太空活动的不断增多,在轨航天器或火箭撞击、爆炸、解体等事件频繁发生,这使得空间碎片的数量急剧增加。根据美国国家航空航天局(National Aeronautics and Space Administration, NASA)的一份调查报告显示,空间碎片的数量正呈现出一种爆炸式的增长趋势。目前,在轨碎片总数已超过 50 万个,年均增长率达到 10%,如图 1.1 所示。一方面,空间碎片的存在会对在轨卫星的正常运行产生极大的威胁,一旦相撞,将会造成灾难性的后果(厘米级的空间碎片就可以导致航天器彻底损坏,毫米级或者微米级的空间碎片可以使航天器性能下降或部分功能缺失);另一方面,正常航天器在预警空间碎片时需要频繁实施碰撞规避,从而导致在轨任务无法正常有序进行。故障卫星的修复以及空间碎片的清理成为了一项迫在眉睫的任务。

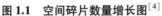

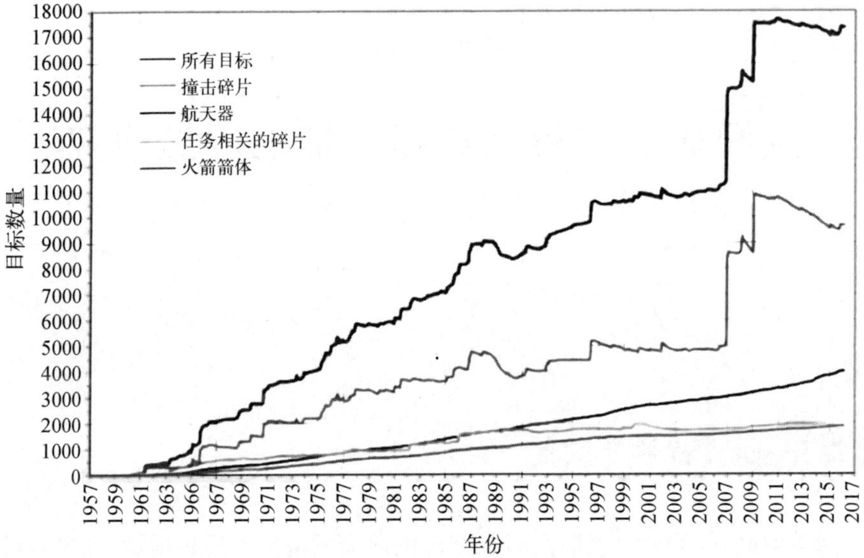

图 1.1 空间碎片数量增长图[4]

近年来,空间在轨服务(on-orbit servicing, OOS)因其在故障卫星修复和空间碎片清理等方面具有突出优势而受到世界各国的广泛关注[5-13]。在轨服务主要以在轨卫星、空间碎片以及空间站为研究对象,对其执行如在轨组装、维护、部件更换、辅助离轨等一系列在轨操作任务。目前,美国、日本等国家和欧洲地区的航天组织都开展了一些与在轨服务相关的研究计划,并取得了阶段性进展,如图 1.2 所示,主要包括美国国防高级研究计划局(Defense Advanced Research Projects Agency, DARPA)的轨道快车(Orbital Express, OE)计划[14,15]和“凤凰”计划(Phoenix Project)[16,17];日本宇宙航空研究开发机构(Japan Aerospace Exploration Agency, JAXA)的工程实验卫星七号项目(Engineering Test Satellite - 7, ETS - VII)[18,19];欧洲空间局(European Space Agency, ESA)的 E. Deorbit 计划[20-22];NASA 的自主交会技术演示项目(Demonstration for Autonomous Rendezvous Technology, DART)[23]等。我国在 2016 年公布的“十三五”国家科技创新规划中也明确将在轨服务技术列为重大专项计划。

到目前为止,全球各国针对空间合作目标开展的在轨服务已经日臻成熟,各项技术也通过多项空间实验任务进行了验证,并取得了重大进展[24]。然而,对于空间非合作目标,由于其缺乏主动提供有效状态信息的能力,并且具有先验信息少、可能存在翻滚、信息层面不沟通、机动行为不配合等特点,针对空间非合作

(a) 轨道快车计划

(b)“凤凰”计划

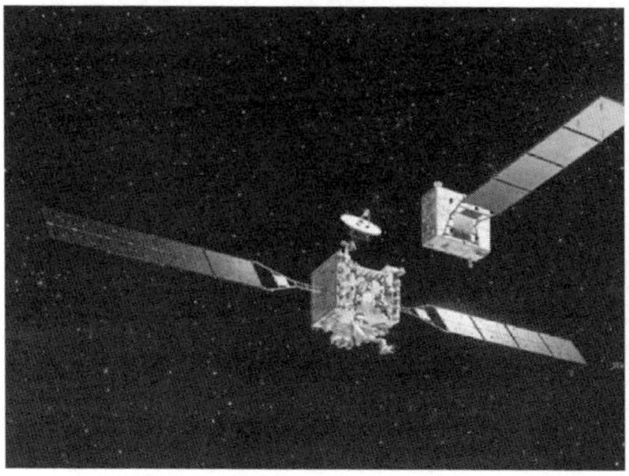

(c) 工程实验卫星七号项目

(d) E. Deorbit 计划

图 1.2 国外相关在轨服务项目

目标的在轨服务变得异常困难。2014 年,美国学者 Flores-Abad 等在文献[25]中明确指出:“过去 20 年里完成的在轨服务都只是针对空间合作目标,而对空间非合作目标的研究仍是一个具有多种技术挑战的开放性研究领域。其中最大的挑战就是如何保证服务航天器能够安全、可靠地捕获空间非合作目标并实现对组合体的稳定控制。”面向空间非合作目标的在轨服务技术仍处于理论研究和地面实验验证阶段,距离真正的在轨应用还存在很大的差距[24]。

迄今为止,针对空间非合作目标中成功的任务有英国萨里太空中心于 2018 年 9 月执行的“清除残骸”(RemoveDEBRIS)任务,其卫星通过射出形似星形的绳系飞网来捕获空间碎片。但是这类柔性抓捕方式主要用于空间碎片的清理,而对于其他相对复杂的在轨服务操作还需要借助机械臂来完成。利用机械臂执行在轨抓捕任务是实施在轨服务的前提和基础,已经受到世界各国的广泛关注[26]。服务航天器在轨抓捕空间非合作目标的过程中往往严重依赖相对视觉导航以及滤波技术,此时较大的状态估计误差和较差的实时性等缺点便凸显出来，导致服务航天器在接触到空间目标时，由于目标和抓捕机构存在相对速度，两者之间不可避免地发生碰撞，从而激发服务航天器平台及柔性帆板等附件的振动，这些振动在太空环境中会存在很长一段时间，进而影响在轨服务任务的正常进行[27]。

服务航天器在轨抓捕空间目标时产生的振动源主要分为两类：一类是周期性激励；另一类是冲击性激励。前者主要来自安装在部分功能失效后的空间目标上的载荷，如反作用飞轮和太阳能帆板驱动机构等，这些部件在正常工作时往往伴随着周期性振动，因而抓捕目标后会对服务航天器的末端执行器产生周期性激励。从 2011 年起，我国分别在四颗遥感卫星上进行了一次振动实验，测得遥感卫星的周期性振动主要来自反作用飞轮和辐射计，其振动频率大致分布在 50~200 Hz，最大的振动加速度达到 57 mg[28]；而后者主要源自服务航天器在利用机械臂执行在轨抓捕任务时末端执行器与空间碎片、待服务卫星等空间目标之间发生的碰撞。这些振动在低阻尼的空间微重力环境下往往会持续较长一段时间，会严重破坏航天器主平台上精密仪器的指向精度和性能，进而影响航天器的姿态控制精度和稳定性。因此，迫切需要采取相应的措施来隔除这些振动。

1.2 隔振研究综述

隔振通常是指通过一定的方式使系统的动态响应或者动不稳定性得到有效控制，从而将整个系统上的振动水平限制在允许或者可接受的范围内[29]。从方式来看，现存隔振思路主要分为四种，即被动隔振、半主动隔振、主动隔振和主被动混合隔振。而从自由度数目的角度上来说，可将其分为单自由度隔振和多自由度隔振[30]。

1.2.1 被动隔振

被动隔振主要是指在不需要外部能量输入的前提下，通过在系统中安装阻尼单元将机械能转化为其他形式的能量储存或耗散，其可靠性较高。其中，最常见、最典型的是弹簧质量阻尼（spring-mass-damper, SMD）结构[31-33]。对于弹簧质量阻尼结构，一般情况下，增大线性阻尼能够显著降低系统在固有频率处的振动幅值，但与此同时会破坏其在超低频或高频处的隔振性能，这是传统弹簧质量阻尼结构的一大劣势。通常期望系统获得较小的共振频率，这样会使得激振频率能够尽可能地远离共振频率,以达到振动减弱的目的。系统的共振频率可通过$\sqrt{k_{eq}/m_{eq}}$计算得出,m_{eq}、k_{eq}分别表示系统的等价质量和等价刚度。因此,较小的共振频率要求系统刚度较小,从而导致其承载能力降低。受制于系统中弹簧刚度和阻尼系数等结构参数固定的原因,不能通过施加外部激励的方式来优化设计系统结构参数,这使得系统在大刚度时隔振频带减小,小刚度时又会导致其承载能力降低。尽管阻尼在无效隔振带可以抑制振动,但其在隔振范围内隔振效率降低,这样的矛盾使得经典的隔振技术无法协调,因此人们开始寻求其他的策略以解决此矛盾。

近年来,随着对非线性动力学系统认识的不断深入,学者开始利用结构中存在的非线性刚度、非线性阻尼等非线性特性来设计和构造新型隔振器,以获得高静态、低动态的刚度特性,从而减小系统在低频段上的系统响应,提高其在高频段上的静承载能力。研究发现,非线性刚度特性能够有助于提高系统的静承载能力及其稳定性,而非线性阻尼特性则有助于其在高频范围内实现隔振性能的提升[34-40]。文献[41]研究了多种形式的非线性阻尼器,通过对比、分析发现,共振振幅和高频振动是决定非线性阻尼是否为最佳的两个关键因素。文献[42]中结合具体的实验建立了一个含有解析形式的非线性隔振器模型,此模型包含迟滞阻尼、不对称阻尼等多种形式的非线性阻尼。文献[43]和文献[44]分别针对某种特定的外激励输入和性能指标,制定了多种优化策略以使隔振效果达到最优。文献[45]针对具有分段刚度和分段阻尼的非线性隔振器,分别研究了刚度、阻尼和间隙大小对隔振性能的影响,并在此基础上结合隔振效果对结构进行了优化。文献[46]和文献[47]分别采用谐波平衡法和能量迭代法研究了具有三次非线性刚度系统的动力学响应,结果分析表明在不考虑隔振材料的刚度时结构设计和隔振效果分析之间存在着较大的误差,而其中提到的分析方法以及得出的结论对于进行被动隔振结构设计和隔振性能分析具有非常积极的指导意义。

根据文献[48]~[55],对于非线性隔振系统的研究,可将其动力学方程表示为

$$\ddot{\hat{x}} + \hat{x}\,|\,\hat{x}\,|^{q-1} + 2\zeta\,\dot{\hat{x}}\,|\,\hat{x}\,|^{p-1} = F_0\cos\omega t \tag{1.1}$$

其中,$\hat{x}$为相对位移;ω为外激励频率;ζ为阻尼系数;p、q分别为系统中非线性阻尼和非线性刚度的次数。当p、q满足$p=3$、$q=3$时,系统的隔振性能达到最优,此时可以发现线性刚度为零,因而其等效固有频率接近于零。非线性阻尼能

够有效地抑制系统在共振频率处的振动峰值，但不会对高频域处的隔振性能产生任何影响。因此，可以通过适当地调整隔振系统的非线性刚度和非线性阻尼特性来提升系统的隔振性能。然而，从工程实际的角度上讲，如何能够根据期望的非线性特性来人为地调节系统中非线性刚度和非线性阻尼的形式以及各项系数是难点所在。

现在的大多文献都致力于研究如何设计结构以实现可调的非线性特性来获得理想的隔振性能。其中，最常见的非线性隔振器为准零刚度（quasi-zero stiffness，QZS）隔振器，它是一种具有非常小线性刚度的非线性隔振系统。将具有正、负刚度的弹性元件并联起来获得准零刚度，其可以通过调节并优化负刚度结构中弹性元件的刚度系数以及几何构型来实现其承载能力和低频隔振性能的提升。早在 1989 年，文献[56]首次提出了准零刚度的概念，通过在线性弹簧的基础上引入负刚度机制，对整个结构的力学特性和性能进行了细致的研究。文献[57]~[62]通过调节水平方向上弹簧的几何尺寸和刚度特性来实现系统在超低频上具有良好的隔振效果。文献[63]通过研究准零刚度隔振结构在力激励和位移激励下的系统响应，发现其在两种类型的外激励作用下都具有良好的隔振效果。准零刚度隔振结构虽然具有较好的静承载能力、更宽的隔振频带等优点，但由于其较强的非线性刚度特性使得系统会出现许多如分岔、混沌等一些较为复杂的非线性现象，并且当其线性刚度减小至零甚至负刚度时，会导致系统变得不稳定。此外，线性刚度的减小和非线性刚度的增大都可能使系统在较大频带上产生多稳态现象。因此，国内外许多学者聚焦于研究如何改造和优化准零刚度隔振结构，包括采用新型材料、优化几何构型等多种方式来改变结构系统的非线性刚度和非线性阻尼特性[64-67]。

图 1.3　高速奔跑中的袋鼠及其仿生结构

为解决隔振系统无法实现参数可调的难题，受高速奔跑中袋鼠腿部结构的启发，文献[68]通过研究发现在其腿部存在一种类似于剪刀形的仿生结构，如图 1.3 所示。文献[69]~文献[74]研究表明，此类仿生结构可以通过杆、旋转关节以及弹簧之间形成的几何关系来获得良好的非线性刚度和阻尼特性，并且能够克服传统的弹簧质量阻尼器在非共振区振幅随阻尼增大而增大的缺点，同时解决了准零刚度隔振器易失稳的问题。此外，可以通过调整仿生结构中杆长、弹簧刚度、层数、安装角等结构参数来获得期望的非线性刚度和非线性阻尼特性，并且能够设计成各种不同的形式，如不对称杆长、不同安装角等，这些都为工程实践中调节结构提供了一些较为灵活的因素。仿生结构已经在框架结构和汽车座椅的悬挂系统中得到了成功应用，并取得了非常好的隔振效果[75]。

然而，被动隔振并不涉及主动控制方法，因此会出现：一旦结构的元件被确定，需要消耗大量的时间成本和装配成本来调节以实现期望的刚度和阻尼特性，同样也难以设置可调节的结构参数以实现不同的减振机理，所以很难使整个系统的振动被控制到较为理想的状态。随着航空航天领域中高精度设备的快速发展与应用，传统的被动隔振方法已不能满足需求。

1.2.2　半主动隔振

为了改进或提升被动隔振的隔振性能，特别是对于低频域处的振动，人们在被动隔振的基础上提出了半主动隔振技术，其本质上是为弥补被动隔振自适应差而采取的一项措施，通过实时调整如阻尼、刚度等系统参数来满足对系统输入的变化和对系统输出的要求，以获得良好的隔振效果[76]。半主动隔振又称为自适应被动隔振，从本质上来说依然属于被动隔振的范畴[77]，只不过它在改变系统的阻尼和刚度等系统参数时需要少量外部能量的输入。一般来讲，半主动隔振主要包括变阻尼和变刚度两种方式。

变阻尼是指可以通过安装在结构中的附加阻尼元件来实时地调整系统阻尼，从而改变其动力学特性，以达到减振、隔振的目的。例如，文献[78]和文献[79]中利用磁流变阻尼器或电流变阻尼器作为附加阻尼装置来对振动进行抑制，通过利用电场或者磁场来改变磁流变或电流变流体的阻尼大小，以增加系统的阻尼来吸收振动能量。文献[80]提出了一种新的改变系统阻尼的半主动控制方法，利用预应力累积释放策略来释放结构形变过程中累积在系统中的应变能，从而使应变能转换为较高振动模式的动能，并通过结构阻尼或阻尼装置来抑制。文献[81]设计了一种基于粒子的半主动阻尼系统并使用磁性粒子来耗散系统的振动能量。文献[82]提出了四种不同的半主动阻尼控制策略，通过对比发现半主动控制系统在高频处有比被动控制更好的隔振性能。

变刚度可以通过利用形状记忆合金(shape memory alloy, SMA)来实现。形状记忆合金的刚度会随着环境温度的变化而变化,因而可以通过改变温度高低来控制其刚度大小。文献[83]提供了一种针对形状记忆合金的自适应机制,通过加热的方式来改变其弹性模量从而改变其刚度。文献[84]通过在结构系统中使用形状记忆弹簧来构造一种变刚度机制以降低整个系统的刚度。文献[85]设计了一种新型的电磁变刚度结构,通过改变电流大小来改变电磁力作用下的结构刚度。此外,还有一种有效的半主动隔振方法——天棚阻尼(skyhook damper)[86,87],其采用速度增益反馈的方式,能够衰减共振频率处的振动峰值但不影响其在高频域上的性能,并且因为其成本低且有效而被广泛应用到汽车悬挂系统、航空航天等诸多领域中。它通常以隔振对象的绝对速度为控制信号,通过切换半主动元件的方式产生阻尼力来抑制全频带上的振动,但是这种控制方法因引入了开关阻尼而导致结构出现明显的颤振现象,故天棚阻尼器的应用具有一定的局限性。

与被动隔振方式相比,半主动隔振是将被动隔振方法作动在被动结构装置上以改变结构系统的刚度和阻尼特性,而被动装置可以通过控制信号来进行实时调整。与主动隔振相比,半主动隔振需要的能量较少,适用性较强,隔振频域较广,并且稳定性较高,但仍然具有被动控制存在的局限性,并且半主动控制系统中的非线性难以估计,因而在对系统的变刚度和变阻尼机制进行前期设计时,过程较为复杂、难度较大。目前在工程实践中仅有少数实例,大部分研究还是以理论研究和实验验证为主。

1.2.3 主动隔振

半主动隔振仍然具有被动隔振的局限性,为了更进一步提高系统的隔振性能,尤其是在低频域上的振动,学者开始将注意力集中在主动隔振策略上,并提出了一系列主动隔振方法。这些方法能够使系统获得更好的隔振效果,而且同时具有较强的鲁棒性和较大的承载能力。

主动隔振系统通常包括传感器、作动器及驱动器等。传感器将测量到的振动物体的运动状态(如位移、速度、加速度等)信息传递给控制系统,控制系统发出控制信号通过作动器产生力或者位移的输出,以降低振源对被控对象的影响。文献[88]基于系统耦合动力学设计了一种主动隔振器并将其应用到航天器上,有效地抑制了航天器机动过程中柔性结构产生的振动。文献[89]针对 Stewart 隔振平台提出了一种主动控制方法,它能够在 5~20 Hz 的频带上对所有六个自由度都实现 20~25 dB 的减振。文献[90]提出了一种基于压电的主动控制方法,并通过实验验证了此方法能够大大降低小振动对精密仪器的影响。文献[91]研究了一个六自由度的主动隔振系统,并对此系统提出了不同的主动控制器设计方法。文献[92]提出了以速度信息作为反馈控制信号的 PI 控制,它能够增加结构系统在低频域处的阻尼,而对高频处的影响较小。文献[93]提出并设计了一种准最优控制器,可有效地抑制随机振动对系统造成的影响。文献[94]在研究带有时滞因素的隔振问题时提出了一种时滞状态反馈控制方法,并将其应用到多谐波激励的系统中取得了良好的隔振效果。除此之外,近年来,自适应控制、鲁棒控制、强化学习、智能控制等技术也被广泛应用到主动隔振领域。例如,文献[95]设计了一种带有自调整调节器(self-tuning regulator, STR)的自适应控制器,用于主动控制执行器进行振动控制。文献[96]提出了一种基于神经网络的自适应控制方法来抑制振动,其可以适应环境的变化,具有自我调节控制器参数的能力。文献[97]提出了利用基因遗传算法来确定可以提供最佳响应的黏弹性阻尼层和约束层的厚度,从而控制结构产生的振动。

主动隔振能够克服被动隔振时谐振放大和高频振动抑制之间的矛盾,并且可以根据周围环境的变化实时地改变控制算法,具有较大的灵活度。相较于被动隔振和半主动隔振,主动隔振能够获得更好的隔振性能,并且可以通过调整控制参数来对结构系统实现不同形式的控制。但是主动隔振需要得到一些测量信息且需要外部能量的输入,使得控制系统可能存在不稳定性。此外,主动隔振系统包括传感器、作动器、控制器等主动控制元件,因此会造成结构系统的质量、体积、复杂度等显著提高,进而增加成本以及失败的可能性。

1.2.4　主被动混合隔振

随着科学技术的不断发展,工程实际中对隔振的要求越来越高,单一的被动隔振、主动隔振、半主动隔振已经无法满足工程实际的需求,于是主被动混合隔振策略应运而生。文献[98]设计了一种主被动混合式隔振器,其通过传感器识别被动装置的相对位移,然后将位移信息传递到控制系统,通过作动器产生作动力来抑制振动,实现了阻尼随频率变化而变化的目标,并通过实验验证了其具有良好的隔振效果。文献[99]构造了一种悬浮混合隔振系统,并将其应用到发动机上进行主被动混合隔振。文献[100]提出了一种气动主被动一体化混合隔振系统,分别研究了采用负载加速度反馈、位移反馈、气腔压力反馈时对隔振性能的影响,并将自适应滤波算法应用于气动隔振系统的主动控制中,取得了良好的振动抑制效果。文献[101]设计了双层隔振台和液压作动器相结合的混合式主被动混合隔振系统，并采用自适应神经网络算法进行隔振实验研究，取得了良好的效果。

主被动混合隔振综合了主动隔振和被动隔振的优点，并且对于主动隔振，既可以降低需要的能量消耗，又能获得更好的隔振效果。既可以使用被动装置进行被动隔振，又可以在必要时通过特定的算法对其进行主动控制，以达到主被动混合隔振的目的。此外，当主动控制器发生故障时，单纯地利用被动装置也能够实现一定程度上的振动抑制，不会造成整个系统隔振性能的丧失。但是主被动混合隔振同样存在一定的问题，当进行主动控制器设计时，需要考虑被动装置的结构设计和动力学特性，设计不当反而会衰减被动装置的隔振性能。

1.2.5 多自由度隔振

单自由度隔振的研究由来已久，各方面的技术也相对比较成熟。然而，随着航天技术的不断发展，安装在航天器主平台上的精密负载需要在多自由度上具有相对稳定的工作环境，因而单自由度方向上的隔振已经不能满足要求，需要采取一定的措施来同时对多自由度方向上进行隔振。另外，在工程实践中，如果只用单自由度隔振的理论进行分析，很难完整地揭示系统的动力学特性，更不能对其产生的多方向振动进行更好控制。因此，多自由度隔振逐渐引起人们更加广泛的关注。

为了实现多自由度隔振，学者提出了各式各样的多自由度平台隔振系统，其中具有代表性的是借助一种并联结构——Stewart 隔振平台[102]，如图 1.4 所示。例如，美国喷气推进实验室(Jet Propulsion Laboratory, JPL)最早提出并设计了一种六自由度 Stewart 隔振平台[103,104]并安装在空间桁架结构上以隔离振源，尤其是各种转子产生的振动。哈勃望远镜上同样也使用了 Stewart 隔振平台来对飞轮进行六自由度隔振，与此同时在太阳能帆板上加装阻尼环，以减少帆板振动对姿态产生的影响。美国 CSA 工程公司设计了许多类型的多自由度减振平台，如非对称 Hexapod、光学精确定向系统以及特殊环境下的 Stewart 平台等。美国怀俄明大学 McInroy 等[105]对 Stewart

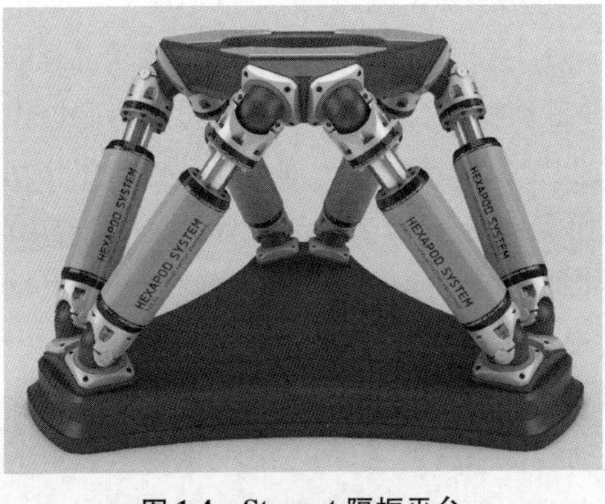

图 1.4 Stewart 隔振平台

平台进行了深入的探索，通过使用音圈软作动器设计了一种用于主被动混合隔振的 Stewart 隔振平台，并取得了良好的隔振效果。文献[106]利用相位补偿的速度传感器通过磁力驱动实现了六自由度隔振，并通过实验证明采用主动分散速度反馈可以在较宽的频率范围内显著地减小由上板引起的多方向振动。同时，国内许多学者也对多自由度隔振系统进行了大量研究，但大多数集中在被动隔振系统的研究上[107,108]。国内在相关方面开展的研究较晚，跟踪国外的先进技术也开展了一系列多自由度的主动隔振研究。例如，文献[109]针对 26 Hz 以下的振动提出了一种 L_2 控制方法来对 Stewart 隔振平台进行主动隔振。文献[110]对带有柔性支撑的 Stewart 平台设计了一种自适应交互 PID 控制器，以适应其参数变化对不同控制参数的需求，大大提升了系统的隔振性能。

1.3　柔顺抓捕

在现有的大多数文献中通常假设服务航天器的机械臂与抓捕机构之间采用刚性连接的方式，如图 1.5(a)所示，并且认为服务航天器在轨抓捕空间目标后机械臂与目标固连在一起，即服务航天器与空间目标之间不存在相对运动。该情形下建模比较简单，建模方法也已日臻成熟。对于合作目标，由于其能够提供完全可靠、实时的相对运动状态信息，所以这种刚性固连体模型能够准确地描述其相对运动学和动力学特性，从而保证组合航天器连接的平稳性。因此，固连体模型可以较好地用于合作目标的在轨抓捕任务[111-113]。

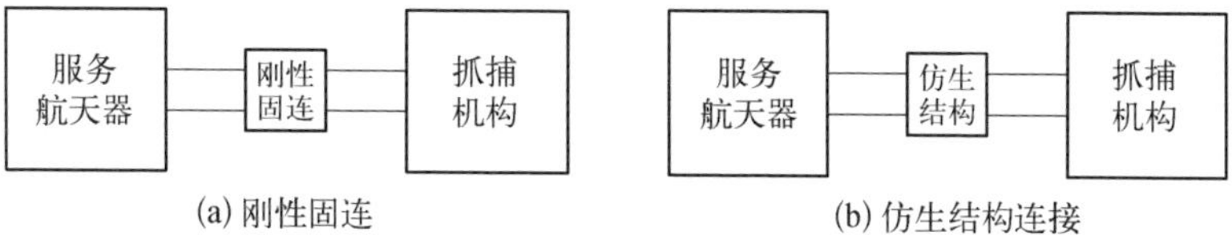

图 1.5　连接方式示意图

然而，在针对空间非合作目标的在轨抓捕任务中，目标具有非合作特性，使得服务航天器很难实时且精确地获取目标的状态信息，较大的误差以及较差的实时性等缺点便凸显出来。在此情形下，服务航天器与空间非合作目标接触时抓捕机构和目标之间必然存在相对速度，相对速度会引发组合体及其挠性附件的振动进而导致整个系统失稳，因此刚性固连体模型不适用于描述存在速度差的在轨抓捕问题。尽管少量文献[114-116]研究了瞬时接触冲量对两个平台的影响,但其采用的模型本质上仍为刚性固连体模型,无法揭示两者之间的相对速度对组合体稳定的影响。基于以上分析,为了满足空间非合作目标柔顺抓捕的隔振需求,本书通过在服务航天器的机械臂和抓捕机构之间引入仿生结构,如图 1.5(b)所示,来改善因刚性接触时瞬时冲击以及周期性激励对服务航天器主平台的影响,可以提高整个系统的稳定性,达到柔顺抓捕的目的,从而保证在轨抓捕任务的正常进行。

第 2 章

单向仿生隔振系统的设计与性能分析

2.1 引言

受高速奔跑中袋鼠平稳运动时腿部结构的启发，本书提出了一种仿生四边形结构隔振系统（简称 BIQS 系统），并安装在服务航天器的机械臂和抓捕机构之间，如图 2.1 所示，来抑制自由漂浮航天器在受到周期性或冲击作用下产生的振动，这种振动是执行在轨服务任务中经常遭遇的。首先，通过传统的 Lagrange（拉格朗日）法建立 BIQS 系统的动力学模型，来模拟服务航天器抓捕空间目标后的动力学响应，其中 BIQS 系统在受到冲击力作用时的情形需要利用改进后的 Lagrange 方程进行处理。此外，利用经典的谐波平衡法求解 BIQS 系统在周期性外激励作用下的动力学系统，而在受到冲击力作用的情况下，则采用数值积分法进行求解。在空间微重力环境中，BIQS 系统本质上是一种欠约束动力学系统。其次，通过调整 BIQS 系统结构参数（如层数、弹簧刚度、几何尺寸等）的方式，研

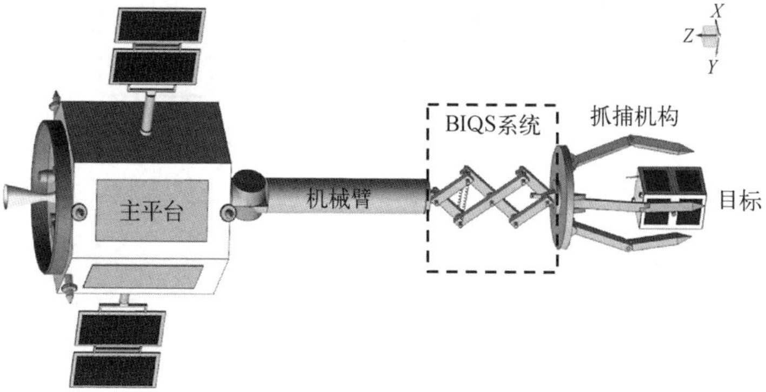

图 2.1　BIQS 系统示意图

究不同设计方案下系统的隔振性能。最后,对本章提出的 BIQS 系统与传统的弹簧-阻尼隔振系统的隔振性能进行了比较,以证明 BIQS 系统的优势[117]。

2.2 BIQS 系统模型的建立

2.2.1 几何关系

仿生四边形结构单元由基础连杆、铰接节点以及线性弹簧组成。图 2.2 为仿生四边形结构单元的初始状态和形变后状态之间的几何关系,分别用实线和虚线来表示,其中黑色线代表连杆,连杆之间采取铰接的方式连接。仿生四边形结构单元通过图 2.3 的方式组成 BIQS 系统,BIQS 系统是一个两自由度系统,因此选择 m_1 和 m_2 的两个位移坐标 y_1 和 y_2 作为广义坐标,其正方向指向左侧。在动力学建模中使用两个变量 x 和 ϕ,其中 x 是关节 A 的垂直位移,ϕ 是杆 OA 的旋转角度。$h=(y_2-y_1)/(2n)$ 是点 A 的水平位移。l、θ_0 分别是杆长和初始安装角。

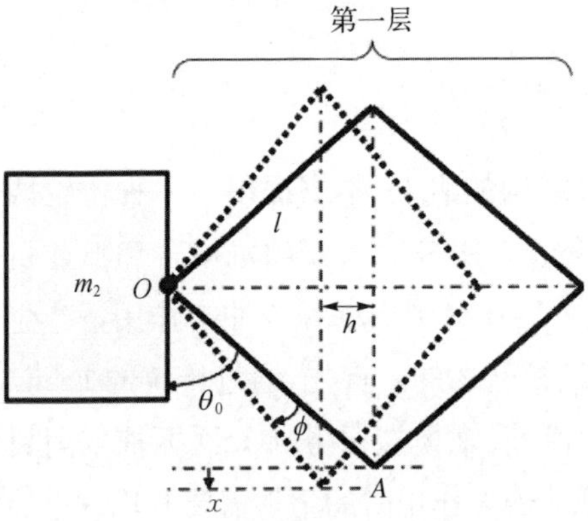

图 2.2 初始和形变后状态之间的几何关系

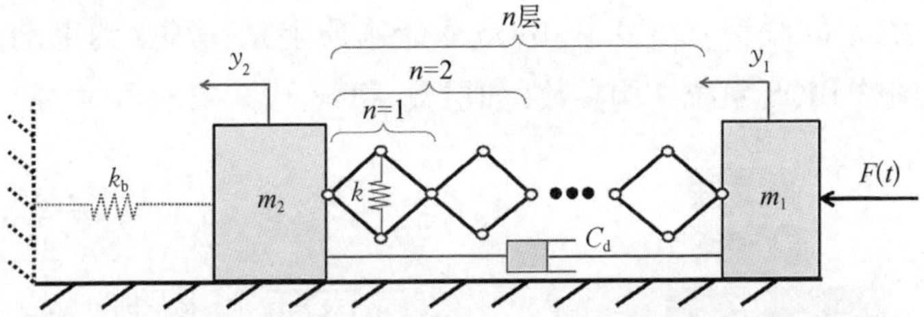

图 2.3 n 层 BIQS 系统示意图

m_1 为抓捕机构加上目标的质量,m_2 为航天器主平台加上机械臂的质量

一旦定义了广义坐标 y_1、y_2,中间变量 x、ϕ 就可以唯一确定。根据关节 A 在水平方向和垂直方向上的运动,可得

$$l\sin\theta_0-\frac{y_1-y_2}{2n}=l\sin(\theta_0-\phi)$$

$$l\cos\theta_0 + x = l\cos(\theta_0 - \phi)$$

中间变量 x 和 ϕ 可以由广义坐标 y_1、y_2 表示为

$$x = \sqrt{l^2 - \left(l\sin\theta_0 - \frac{y_1 - y_2}{2n}\right)^2} - l\cos\theta_0 \tag{2.1}$$

$$\phi = \theta_0 - \arctan\left(\frac{l\sin\theta_0 - \dfrac{y_1 - y_2}{2n}}{\sqrt{l^2 - \left(l\sin\theta_0 - \dfrac{y_1 - y_2}{2n}\right)}}\right) \tag{2.2}$$

显然,变量 x 和 ϕ 与广义坐标 y_1、y_2 具有非线性关系,并且旋转角 ϕ 被限制在 $\theta_0 - \dfrac{\pi}{2} < \phi < \theta_0$ 的范围内。实际上,几何非线性是 BIQS 系统中存在非线性阻尼和非线性刚度的原因,而系统中仅使用纯线性阻尼和弹簧元件。

2.2.2 Lagrange 方程

接下来,使用 Lagrange 法建立 BIQS 系统的动力学方程。弹簧 k_b 保留在初始模型中,之后设置 $k_\mathrm{b}=0$ 来模拟其在太空中的自由漂浮状态。Lagrange 法的基本原理是,首先通过系统的动能和势能表达 Lagrange 函数,其次通过 Lagrange 方程建立 Lagrange 函数与广义力的关系。

图 2.3 所示的 BIQS 系统的动能为

$$T = \frac{1}{2}m_1\dot{y}_1^2 + \frac{1}{2}m_2\dot{y}_2^2 \tag{2.3}$$

考虑到 BIQS 系统中杆和关节的质量远比 m_1 和 m_2 小得多,可以忽略,因此隔振系统的势能可以表示为

$$V = \frac{1}{2}k(x_0 + 2x)^2 + \frac{1}{2}k_\mathrm{b}(x_\mathrm{b} + y_2)^2 \tag{2.4}$$

其中,x_0 和 x_b 分别是初始状态下弹簧 k 的伸长量和弹簧 k_b 的压缩量。如果假设初始状态时两个弹簧未发生形变,则有 $x_0 = 0$ 和 $x_\mathrm{b} = 0$。

非保守力做的虚功为

$$\delta W_n = -2n_x c\dot{\phi}\delta\phi + C_\mathrm{d}(\dot{y}_2 - \dot{y}_1)\delta y_1 - C_\mathrm{d}(\dot{y}_2 - \dot{y}_1)\delta y_2 + F(t)\delta y_1 \tag{2.5}$$

其中，$n_x = 3n + 1$ 代表每一层结构中的关节数；c、C_d 分别是旋转摩擦系数和阻尼系数。

值得注意的是，在式(2.5)右侧的第一项是由旋转关节的摩擦力所做的虚功，第二项和第三项指的是阻尼力所做的虚功。由于此系统由两个广义坐标来确定，那么就有

$$\delta W_n \overset{\text{def}}{=\!=} Q_1 \delta y_1 + Q_2 \delta y_2 \tag{2.6}$$

其中，$Q_i (i = 1, 2)$ 表示非保守力引起的广义力。

比较式(2.5)和式(2.6)，可得

$$Q_1 = -2n_x c \dot{\phi} \frac{\partial \phi}{\partial y_1} + C_d(\dot{y}_2 - \dot{y}_1) + F(t) \tag{2.7}$$

$$Q_2 = -2n_x c \dot{\phi} \frac{\partial \phi}{\partial y_2} + C_d(\dot{y}_1 - \dot{y}_2) \tag{2.8}$$

可以通过 Lagrange 法建立 BIQS 系统在外力作用下的动力学方程：

$$\frac{\mathrm{d}}{\mathrm{d}t}\left(\frac{\partial L}{\partial \dot{y}_i}\right) - \frac{\partial L}{\partial y_i} = Q_i, \quad i = 1, 2 \tag{2.9}$$

其中，$L - T - V$ 为 Lagrange 函数。

具体来说，非保守力主要包括外力 $F(t)$、旋转关节之间的摩擦力以及系统的阻尼力。

将式(2.3)、式(2.4)、式(2.7)和式(2.8)代入 Lagrange 方程，那么可以得到 BIQS 系统的动力学方程如下：

$$m_1 \ddot{y}_1 + 2k(x_0 + 2x)\frac{\partial x}{\partial y_1} + 2n_x c \dot{\phi} \frac{\partial \phi}{\partial y_1} + C_d(\dot{y}_1 - \dot{y}_2) = F(t) \tag{2.10}$$

$$m_2 \ddot{y}_2 + 2k(x_0 + 2x)\frac{\partial x}{\partial y_2} + k_b(x_b + y_2) + 2n_x c \dot{\phi} \frac{\partial \phi}{\partial y_2} + C_d(\dot{y}_2 - \dot{y}_1) = 0 \tag{2.11}$$

根据式(2.1)和式(2.2)，式(2.10)和式(2.11)中变量可以用 y_1 和 y_2 表示为

$$\frac{\partial x}{\partial y_1} = \frac{l\sin\theta_0 - \dfrac{y_1 - y_2}{2n}}{2n\sqrt{l^2 - \left(l\sin\theta_0 - \dfrac{y_1 - y_2}{2n}\right)^2}} \tag{2.12}$$

$$\frac{\partial x}{\partial y_2}=-\frac{l\sin\theta_0-\dfrac{y_1-y_2}{2n}}{2n\sqrt{l^2-\left(l\sin\theta_0-\dfrac{y_1-y_2}{2n}\right)^2}} \tag{2.13}$$

$$\dot{\phi}=\frac{\dot{y}_1-\dot{y}_2}{2n\sqrt{l^2-\left(l\sin\theta_0-\dfrac{y_1-y_2}{2n}\right)^2}} \tag{2.14}$$

$$\frac{\partial \phi}{\partial y_1}=\frac{1}{2n\sqrt{l^2-\left(l\sin\theta_0-\dfrac{y_1-y_2}{2n}\right)^2}} \tag{2.15}$$

$$\frac{\partial \phi}{\partial y_2}=-\frac{1}{2n\sqrt{l^2-\left(l\sin\theta_0-\dfrac{y_1-y_2}{2n}\right)^2}} \tag{2.16}$$

在下面的数值仿真中，假设系统在初始状态时，两个弹簧未发生形变，即 $x_0=0$，$x_b=0$。本章的重点是模拟自由漂浮航天器的隔振研究，因此将连接基座和主平台之间的弹簧去掉，即 $k_b=0$。

将式(2.12)～式(2.16)代入式(2.10)和式(2.11)，可得

$$m_1\ddot{y}_1+\left\{\frac{n_x c}{2n^2\left[l^2-\left(l\sin\theta_0-\dfrac{y_1-y_2}{2n}\right)^2\right]}+C_d\right\}(\dot{y}_1-\dot{y}_2)-\frac{k}{n^2}(y_1-y_2)$$
$$-\frac{2kl\cos\theta_0}{n}\frac{l\sin\theta_0-\dfrac{y_1-y_2}{2n}}{\sqrt{l^2-\left(l\sin\theta_0-\dfrac{y_1-y_2}{2n}\right)^2}}+\frac{2kl\sin\theta_0}{n}=F(t) \tag{2.17}$$

$$m_2\ddot{y}_2-\left\{\frac{n_x c}{2n^2\left[l^2-\left(l\sin\theta_0-\dfrac{y_1-y_2}{2n}\right)^2\right]}+C_d\right\}(\dot{y}_1-\dot{y}_2)+\frac{k}{n^2}(y_1-y_2)$$
$$+\frac{2kl\cos\theta_0}{n}\frac{l\sin\theta_0-\dfrac{y_1-y_2}{2n}}{\sqrt{l^2-\left(l\sin\theta_0-\dfrac{y_1-y_2}{2n}\right)^2}}-\frac{2kl\sin\theta_0}{n}=0 \tag{2.18}$$

方程(2.17)和方程(2.18)是 BIQS 系统在外作用力 $F(t)$ 下的动力学方程。

2.2.3 冲击力作用下的 Lagrange 方程

当抓捕机构 m_1 受到冲击力作用时,需要对系统的 Lagrange 方程进行相应的改进:

$$\frac{\mathrm{d}}{\mathrm{d}t}\left(\frac{\partial L}{\partial \dot{y}_i}\right) - \frac{\partial L}{\partial y_i} = \hat{F}_i(t), \quad i = 1, 2, \cdots, n \tag{2.19}$$

其中,$\hat{F}_i(t)$($t \in [0, \Delta t]$)表示冲击力。当 Δt 无穷小时,$\int_0^{\Delta t} \hat{F}_i(t)\,\mathrm{d}t$ 为常数。在此情形下,BIQS 系统的振动完全是由抓捕机构与空间碎片或故障卫星的碰撞而造成的。

将式(2.19)两边同时乘以 dt 并对其在 0~ Δt 关于 t 积分,可得

$$\int_0^{\Delta t} \mathrm{d}\left(\frac{\partial L}{\partial \dot{y}_i}\right) - \int_0^{\Delta t} \frac{\partial L}{\partial y_i}\mathrm{d}t = \int_0^{\Delta t} \hat{F}_i(t)\,\mathrm{d}t \tag{2.20}$$

由于 $\partial L/\partial y_i$ 在 $t \in [0, \Delta t]$ 内是有限的,所以可以找到一个常数 M,使得 $|\partial L/\partial y_i| < M$。根据 Lagrange 平均值定理可得 $\int_0^{\Delta t}(\partial L/\partial y_i)\,\mathrm{d}t < M\Delta t$。由于 Δt 无穷小,式(2.20)中的第二项可以忽略。因此,式(2.20)可转化为

$$\left.\frac{\partial L}{\partial \dot{y}_i}\right|_0^{\Delta t} = I_i \tag{2.21}$$

其中,$I_i \xlongequal{\text{def}} \int_0^{\Delta t} \hat{F}_i(t)\,\mathrm{d}t$ 是广义动量。

因为冲击力作用在系统上的时间非常短,所以广义动量 I_i 可以称为广义冲量。式(2.21)可用于计算受到冲击作用后系统的瞬时速度。本质上,冲击力对系统的影响可以转换为系统的初始状态。由于冲击力的作用时间非常小,即 $\Delta t \to 0$,冲击作用后的开始时间可以设置为 $t_{\text{start}} = 0^+$。

2.3 求解方法

需要强调的是,在冲击力的情况下,动力学响应并不是周期性的。因此,传

统的四阶 Runge-Kutta（龙格-库塔）方法（简称 RK4 法）用于对动力学方程进行数值积分求解。在使用 RK4 法时，将动力学方程（2.17）和方程（2.18）写成如下的一阶微分方程形式：

$$\dot{y}_1 = y_3 \tag{2.22}$$

$$\dot{y}_2 = y_4 \tag{2.23}$$

$$\begin{aligned}\dot{y}_3 = &-\frac{1}{m_1}\left(\left\{\frac{n_x c}{2n^2\left[l^2-\left(l\sin\theta_0-\dfrac{y_1-y_2}{2n}\right)^2\right]}+C_{\mathrm{d}}\right\}(y_3-y_4)-\frac{k}{n^2}(y_1-y_2)\right)\\ &+\frac{1}{m_1}\left[\frac{2k\cos\theta_0}{n}\frac{l\sin\theta_0-\dfrac{y_1-y_2}{2n}}{\sqrt{l^2-\left(l\sin\theta_0-\dfrac{y_1-y_2}{2n}\right)^2}}-\frac{2k\sin\theta_0}{n}\right]\end{aligned} \tag{2.24}$$

$$\begin{aligned}\dot{y}_4 = &\frac{1}{m_2}\left(\left\{\frac{n_x c}{2n^2\left[l^2-\left(\sin\theta_0-\dfrac{y_1-y_2}{2n}\right)^2\right]}+C_{\mathrm{d}}\right\}(y_3-y_4)-\frac{k}{n^2}(y_1-y_2)\right)\\ &-\frac{1}{m_2}\left[\frac{2k\cos\theta_0}{n}\frac{l\sin\theta_0-\dfrac{y_1-y_2}{2n}}{\sqrt{l^2-\left(l\sin\theta_0-\dfrac{y_1-y_2}{2n}\right)^2}}-\frac{2k\sin\theta_0}{n}\right]\end{aligned} \tag{2.25}$$

在这种情形下，可根据式（2.21）计算在受到冲量 I_i 时的初始变量状态 $y|_{t=0^+}$。

2.3.1　泰勒级数展开

BIQS 系统的幅频响应通过谐波平衡法进行分析，所用的动力学方程为式（2.17）和式（2.18）。在使用谐波平衡法过程中，为了平衡每个谐波的系数，应对所有项进行傅里叶级数展开。因此，式（2.17）和式（2.18）中的非线性项需要用多项式来近似，这里非线性函数进行关于两变量的泰勒级数展开。首先，令

$$\tilde{f}(y_1, y_2) = \frac{1}{l^2 - \left(l\sin\theta_0 - \frac{y_1 - y_2}{2n}\right)^2}, \quad \tilde{g}(y_1, y_2) = \frac{1}{\sqrt{l^2 - \left(l\sin\theta_0 - \frac{y_1 - y_2}{2n}\right)^2}}$$

对$\tilde{f}(y_1, y_2)$和$\tilde{g}(y_1, y_2)$在初始状态（$y_1 = 0$，$y_2 = 0$）处进行三阶泰勒级数展开：

$$\begin{aligned}\tilde{f}_3(y_1, y_2) = &\frac{1}{l^2}\sec^2\theta_0 - \frac{1}{nl^3}\tan\theta_0\sec^3\theta_0(y_1 - y_2)\\ &+ \frac{1}{4n^2l^4}(\sec^6\theta_0 + 3\tan^2\theta_0\sec^4\theta_0)(y_1 - y_2)^2\\ &- \frac{1}{2n^3l^5}(\tan\theta_0\sec^7\theta_0 + \tan^3\theta_0\sec^5\theta_0)(y_1 - y_2)^3\end{aligned}$$

$$\begin{aligned}\tilde{g}_3(y_1, y_2) = &\frac{1}{l}\sec\theta_0 - \frac{1}{2nl^2}\tan\theta_0\sec^2\theta_0(y_1 - y_2)\\ &+ \frac{1}{8n^2l^3}(\sec^5\theta_0 + 2\tan^2\theta_0\sec^3\theta_0)(y_1 - y_2)^2\\ &- \frac{1}{16n^3l^4}(3\tan\theta_0\sec^6\theta_0 + 2\tan^3\theta_0\sec^4\theta_0)(y_1 - y_2)^3\end{aligned}$$

将对非线性项的泰勒级数展开式代入 BIQS 系统的动力学方程(2.17)和方程(2.18)，可得

$$\begin{aligned}m_1\ddot{y}_1 &+ [\gamma_0 + \gamma_1(y_1 - y_2) + \gamma_2(y_1 - y_2)^2 + \gamma_3(y_1 - y_2)^3](\dot{y}_1 - \dot{y}_2)\\ &+ \alpha_1(y_1 - y_2) + \alpha_2(y_1 - y_2)^2 + \alpha_3(y_1 - y_2)^3 + \alpha_4(y_1 - y_2)^4 = F(t)\end{aligned} \tag{2.26}$$

$$\begin{aligned}m_2\ddot{y}_2 &- [\gamma_0 + \gamma_1(y_1 - y_2) + \gamma_2(y_1 - y_2)^2 + \gamma_3(y_1 - y_2)^3](\dot{y}_1 - \dot{y}_2)\\ &- \alpha_1(y_1 - y_2) - \alpha_2(y_1 - y_2)^2 - \alpha_3(y_1 - y_2)^3 - \alpha_4(y_1 - y_2)^4 = 0\end{aligned} \tag{2.27}$$

其中，

$$\gamma_0 = \frac{n_x c}{2n^2l^2}\sec^2\theta_0 + C_d$$

$$\gamma_1 = -\frac{n_x c}{2n^3 l^3}\tan\theta_0 \sec^3\theta_0$$

$$\gamma_2 = \frac{n_x c}{8n^4 l^4}(\sec^6\theta_0 + 3\tan^2\theta_0 \sec^4\theta_0)$$

$$\gamma_3 = -\frac{n_x c}{4n^5 l^5}(\tan\theta_0 \sec^7\theta_0 + \tan^3\theta_0 \sec^5\theta_0)$$

$$\alpha_1 = \frac{k}{n^2}(\sec^2\theta_0 - 1)$$

$$\alpha_2 = -\frac{3k}{4n^3 l}\sec^3\theta_0 \tan\theta_0$$

$$\alpha_3 = -\frac{k}{8n^4 l^2}\sec^6\theta_0(2\cos 2\theta_0 - 3)$$

$$\alpha_4 = -\frac{k}{32n^5 l^3}\sec^6\theta_0(9\sin\theta_0 - \sin 3\theta_0)$$

图 2.4 为非线性函数项 $\tilde{f}(y_1, y_2)$ 及其三阶泰勒级数展开式 $\tilde{f}_3(y_1, y_2)$ 之间的相对误差。在计算中，选取如下的结构参数：$n = 2$、$l = 0.2$、$\theta_0 = \pi/6$，对比区间为 $y_1 \in [-0.10, 0.10]$、$y_2 \in [-0.02, 0.02]$。通过对比可以看出，在允许

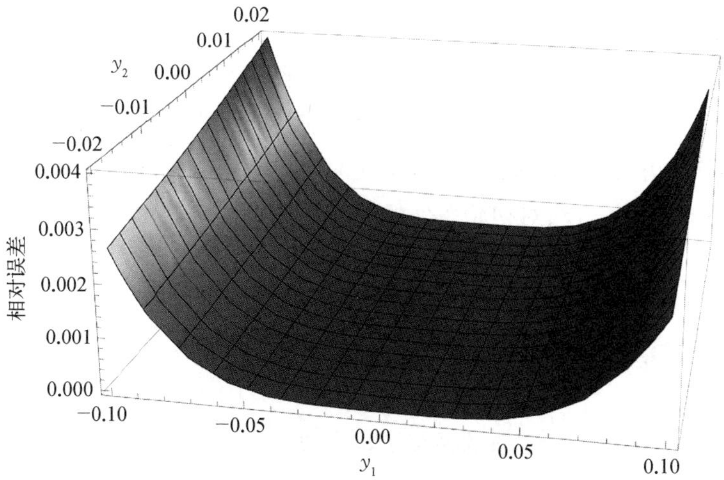

图 2.4　非线性函数项 $\tilde{f}(y_1, y_2)$ 及其三阶泰勒级数展开式 $\tilde{f}_3(y_1, y_2)$ 之间的相对误差

相对误差定义为 $|\tilde{f}_3 - \tilde{f}|/\tilde{f}$

范围内三阶泰勒级数展开式的相对误差小于0.4%。同时,本章分析了一阶和二阶泰勒级数展开的近似精度,其最大误差分别为6%和13%。此外,还分析了$\tilde{g}_3(y_1, y_2)$的三阶泰勒级数展开式的近似精度,最大相对误差小于0.02%。总之,针对本章提出的BIQS系统,使用三阶泰勒级数展开式能够精确逼近原始的非线性函数。

2.3.2 谐波平衡法

下面分别在周期性和冲击性外激励作用下研究BIQS系统的动力学响应。对于前一种情况,假定周期性外力为$F(t) = A\cos \omega t$。对于方程(2.26)和方程(2.27)描述的系统动力学系统,无法得到方程的精确解。本节采用谐波平衡法求解系统的近似周期解。

在使用谐波平衡法时,将势函数假定为截断傅里叶级数展开:

$$y_1 = a_0 + \sum_{i=1}^{N}(a_{2i-1}\cos i\omega t + a_{2i}\sin i\omega t)$$

$$y_2 = b_0 + \sum_{i=1}^{N}(b_{2i-1}\cos i\omega t + b_{2i}\sin i\omega t)$$

其中,a_i和b_i为未知系数;N为谐波平衡法的阶数。将势函数y_1和y_2的表达式代入系统动力学方程(2.26)和方程(2.27),并对比每个谐波的系数,就可以得到一个非线性系统代数方程:$F_i(a_i, b_i) = 0$ $(i = 1, 2, \cdots, 4N+1; j = 0, 1, \cdots, 2N)$;令$\boldsymbol{x} = [a_0, a_1, \cdots, a_{2N}, b_0, b_1, \cdots, b_{2N}]^{\mathrm{T}}$,非线性代数方程可以用标准形式$\boldsymbol{F}(\boldsymbol{x}) = \boldsymbol{0}$重新表达,因而很容易通过非线性迭代法(如Newton-Raphson方法)来求解。在本章中,使用了一种新型的求解非线性代数方程问题无须求解雅可比矩阵的方法,称为最优迭代算法(optimal iterative algorithm, OIA)[42],它比Newton-Raphson方法对初始条件的鲁棒性更高。

2.4 结果与讨论

在接下来的计算中,选取的系统结构参数分别为$m_1 = 2$ kg、$m_2 = 10$ kg、$k = 1\,200$ N/m、$n = 2$、$\theta_0 = \pi/6$、$l = 0.2$ m、$c = 0.2$、$C_{\mathrm{d}} = 0.1$。除非另有说明,否则均使用以上给出的参数值。简单起见,在下面内容中省略了单位。

2.4.1　固有频率

通常标准的两自由度系统必然存在两个固有频率。非线性动力学系统的固有频率通常是从线性化部分得到的。在本系统中,固有频率 Ω_1、Ω_2 可以通过式(2.28)计算得到:

$$|\boldsymbol{K}-\Omega^2\boldsymbol{M}|=0 \tag{2.28}$$

其中,

$$\boldsymbol{K}=\begin{bmatrix}\alpha_1 & -\alpha_1\\ -\alpha_1 & \alpha_1\end{bmatrix},\quad \boldsymbol{M}=\begin{bmatrix}m_1 & 0\\ 0 & m_2\end{bmatrix}$$

通过求解式(2.28),可得

$$\Omega_1=0,\quad \Omega_2=\sqrt{\frac{\alpha_1(m_1+m_2)}{m_1m_2}} \tag{2.29}$$

此系统是一个两自由度欠约束系统,因此必然存在两个固有频率,一个大于零,另一个等于零,对应刚体运动,意味着系统在不改变形状的情况下平移。Ω_1 等于零,意味着超低频力 $\omega\to 0$ 会导致大幅度运动,即几乎恒定的力会不断推开漂浮系统。对于具有上述参考参数值的系统,固有频率为 $\Omega_1=0$、$\Omega_2=7.14$。在下面的分析中,简单起见,Ω_2 用 Ω 表示,称为系统的固有频率。

图 2.5 为固有频率随着结构参数的变化而变化的情况。图 2.5(a)显示了固有频率与弹簧刚度 k 之间的关系,表明固有频率 Ω 随着刚度的增加而增大。图 2.5(b)显示了固有频率与层数之间的关系,表明固有频率 Ω 随着层数 n 的增加而减小。通常情况下,系统的固有频率是由 $\sqrt{k_{eq}/m_{eq}}$ 确定的,其中 k_{eq} 和 m_{eq} 分别表示等效刚度和等效质量。在本系统中,较大的 n 会降低其固有频率[图 2.5(b)],这意味着增加层数将使系统变软,即 k_{eq} 降低。

图 2.5(c)显示了固有频率 Ω 随着 θ_0 的增大而增大,表明更大的安装角 θ_0 可使系统变硬。具体来说,固有频率 Ω 在 $\theta_0\in(0,\ 0.318)$ 区域内随 θ_0 线性增加;超出该范围,则 Ω 增加得更快。从理论上讲,如果 θ_0 接近 90°,则固有频率 Ω 接近无穷大,但在结构设计中不可能出现。图 2.5(d)示出了固有频率与杆长之间的关系,这意味着固有频率 Ω 独立于 l。因此,在实际应用中,可以在不改变固有频率的情况下自由地设计杆的长度。

总之,固有频率相对于结构参数是可以调节的。减少弹簧刚度 k、安装角

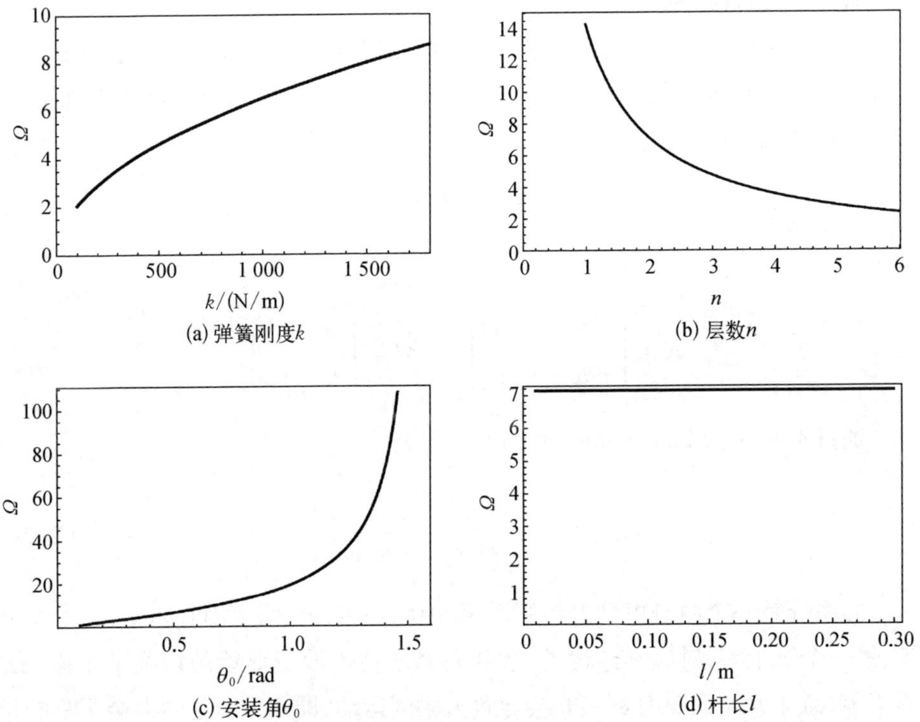

图 2.5 与固有频率 Ω 相关的参数

θ_0，增加结构层数 n，可以降低谐振频率，有利于提升系统的隔振性能。

2.4.2 非线性阻尼

非线性阻尼是 BIQS 系统所具有的特性，下面将对其进行验证以展示其良好的隔振性能。从系统动力学方程(2.17)和(2.18)中，可以得到非线性阻尼项为

$$D(y_1, y_2) = \frac{n_x c}{2n^2\left[l^2 - \left(l\sin\theta_0 - \dfrac{y_1 - y_2}{2n}\right)^2\right]} + C_{\mathrm{d}} \tag{2.30}$$

非线性阻尼项进行三阶泰勒级数展开后即为式(2.26)和式(2.27)中的形式，此时 $D(y_1, y_2)$ 可表示为

$$D(y_1, y_2) \approx \underbrace{\gamma_0}_{\text{线性部分}} + \underbrace{\gamma_1(y_1 - y_2) + \gamma_2(y_1 - y_2)^2 + \gamma_3(y_1 - y_2)^3}_{\text{非线性部分}} \tag{2.31}$$

其中，γ_0 和剩余项分别表示线性部分与非线性部分。

在本节中，考虑到结构参数对非线性阻尼的影响，因此采用 $D(y_1, y_2)$ 在式(2.30)的原始表达式。对隔振性能分析的数值仿真中，利用式(2.31)研究非线性阻尼相对于线性阻尼的优势。

图 2.6 显示了不同结构参数下非线性阻尼 $D(y_1)$ 与 y_1 的关系，其中 $y_2=0$，主要考虑到以下原因：① 卫星主平台的振动，即 y_2 比抓捕机构的振动 y_1 小几个数量级；② y_1 和 y_2 都出现在 $D(y_1, y_2)$ 中且具有简单的减法关系，因此 y_1-y_2 的数值变化可以仅通过改变式(2.30)中的 y_1 来实现。

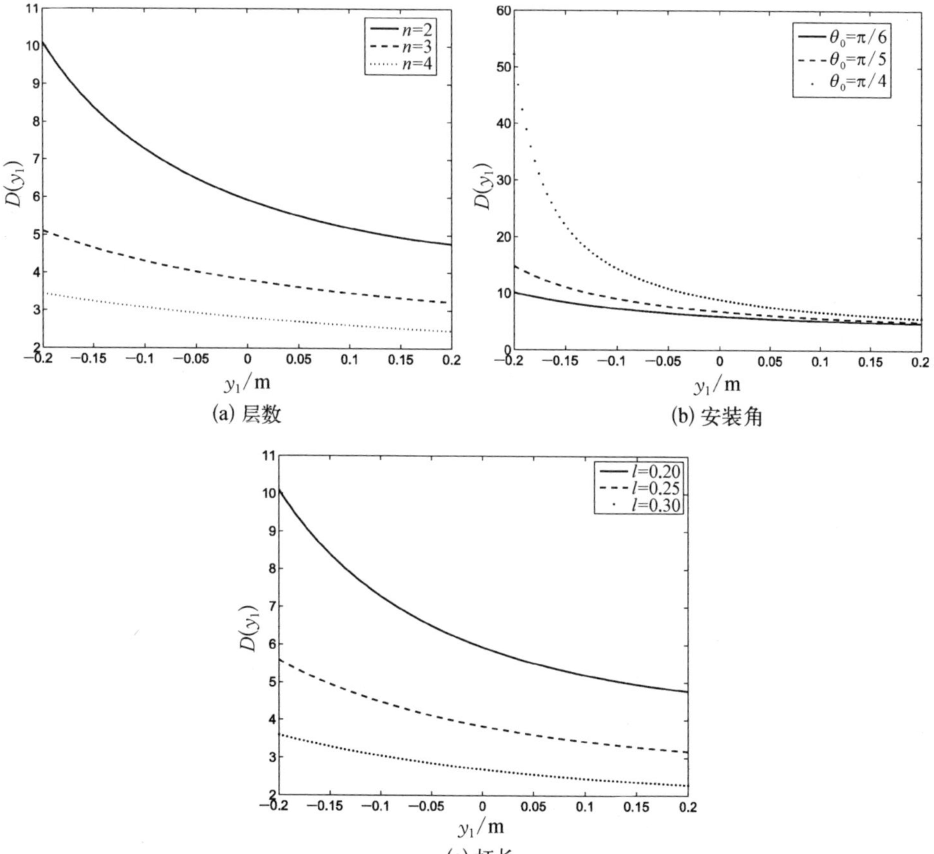

(a) 层数　(b) 安装角　(c) 杆长

图 2.6　不同结构参数的非线性阻尼 $D(y_1)$ 与 y_1 的关系

从图 2.6 中可以看出，较大的安装角 θ_0、较小的层数 n 和杆长 l 会增加非线性阻尼，这更有利于隔振。应该注意的是，增大 n 不会增加阻尼，反而会减小阻尼。可以直观地解释，一旦在 y_1 和 y_2 之间给定的相对运动量中包含更多的层，旋转角就会减小,因此具有减小阻尼的作用。总之,可以通过巧妙地选择结构参数来灵活地改变非线性阻尼,并且在以下数值示例中,采用非线性阻尼的隔振性能将显示出优于线性阻尼的优势。

2.4.3 谐波平衡法的准确性验证

本节通过与 RK4 法进行比较,来验证一阶谐波平衡法(记为 HB1 法)的准确性。从图 2.7 中可以看出,HB1 法的结果与 RK4 法的结果非常吻合,这表明 HB1 法对于解决当前的动力学方程是足够准确的。

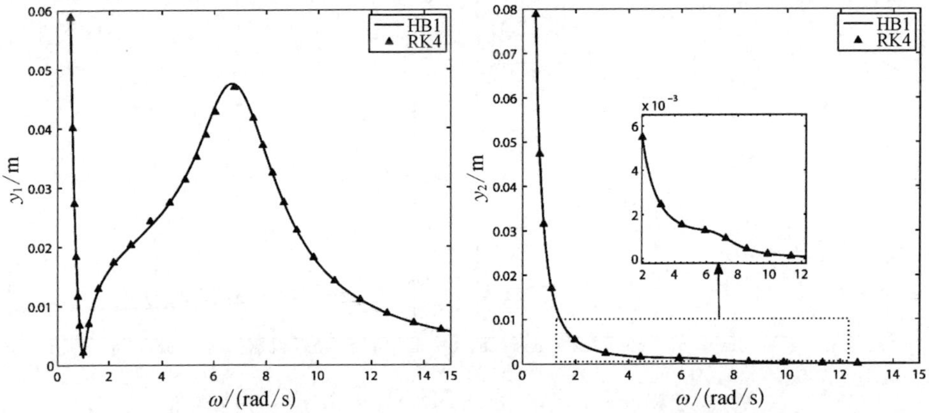

(a) y_1的幅频响应曲线　　(b) y_2的幅频响应曲线

图 2.7 RK4 法和 HB1 法得出的 y_1 和 y_2 的幅频响应关系

在外激励 $F(t) = A\cos\omega t$ 的作用下,系统参数分别取为 $m_1 = 2$, $m_2 = 10$, $k = 1\,200$, $n = 2$, $\theta_0 = \pi/6$, $l = 0.2$, $c = 0.2$, $C_d = 0.1$; RK4 法的积分步长为 $\Delta t = 0.01$, 初始条件为 $y = [0, 0, 0, 0]^T$

图 2.7(a)显示 y_1 的幅频响应曲线在 $\omega = 6.61$ 附近有一个峰值,接近于其线性固有频率 $\Omega = 7.14$。此外,还可以看出,一旦外激励频率 ω 接近零,振幅就接近无穷大。当外激励频率 $\omega \to 0$ 时,外力变为恒定力,整个系统被不断推开,因此 A_{y_1}、A_{y_2} 将达到无穷大。另外,y_1 的幅频响应曲线在频率 $\omega = 1$ 处具有最小值,这表明抓捕机构的振动最小。图 2.7(b)表明,y_2 的振幅随外激励频率的增加而递减。从图 2.7(b)中可以看出,在实际工作条件下,航天器主平台 m_2 的振动比抓捕机构的振动小大约一个数量级。

2.4.4 幅频响应

本节通过分析幅频响应曲线详细地研究系统参数对 BIQS 系统动力学响应

的影响。值得注意的是，超低频范围内的幅频响应未画出，因为当外激励频率 $\omega \to 0$ 时，振幅急剧增加。另外，如图 2.8 所示，当外激励频率远大于固有频率时，系统响应将变得极弱。因此，目前主要研究系统在低频范围上的动力学响应。

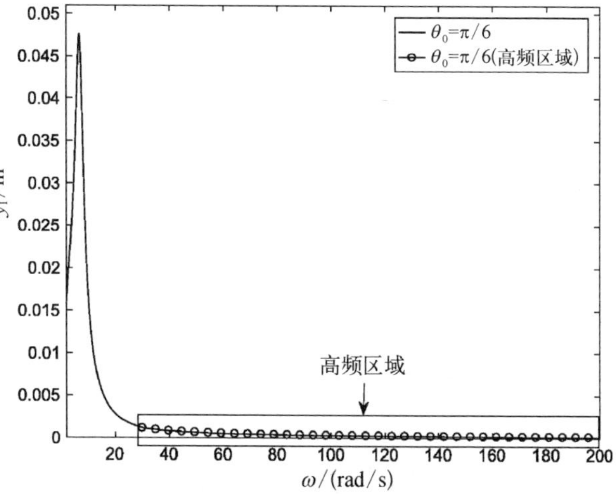

图 2.8　幅频响应曲线

1. 结构参数的影响

在图 2.9~图 2.12 中，针对不同的结构参数绘制了 y_1 和 y_2 的幅频响应曲线。

图 2.9 为具有不同层数 n 的幅频响应曲线。具体来说，$n=2$、3、4 时 A_{y_1} 的最大值分别发生在外激励频率为 6.68、4.40、3.12。由式(2.29)计算得到的固有频

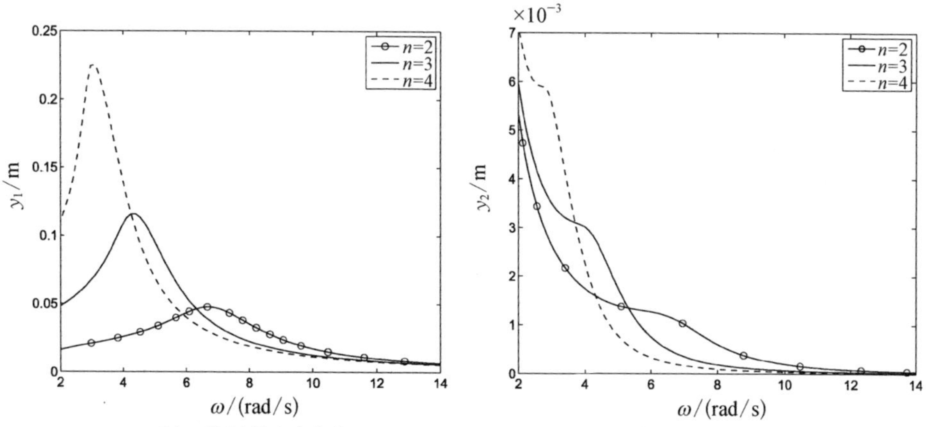

(a) y_1的幅频响应曲线　　(b) y_2的幅频响应曲线

图 2.9　不同结构层数 n 的振幅与外激励频率 ω 的关系

率 $\Omega_{n=2,3,4}$ 为7.14、4.76、3.57，与系统的共振频率相近。当 $n=2$、3、4 时 A_{y_1} 的最大值分别为0.047、0.116、0.225，表明增加层数 n 会显著增大其振幅，这可以由图2.6(a)所示的较大的 n 对应较小的阻尼这一事实来解释。为了进一步分析，根据振动幅值的相对大小可以将整个频率范围分为低频区域、中频区域和高频区域。对于 A_{y_1}，低频区域为 $\omega < 4.25$，其中 $A_{y_1,\, n=2} < A_{y_1,\, n=3} < A_{y_1,\, n=4}$；高频区域为 $\omega > 6.68$，其中 $A_{y_1,\, n=2} > A_{y_1,\, n=3} > A_{y_1,\, n=4}$。在图2.9(b)中观察到 A_{y_2} 的情况类似，其中低频区域和高频区域分别为 $\omega < 3.69$ 和 $\omega > 5.38$。

在实际的空间任务中，外激励频率主要分布在几赫兹到几百赫兹之间，在本系统中可以看作高频激励。因此，增加系统层数可以改善BIQS系统的隔振性能。另外，从图2.9(a)、(b)可以看出，A_{y_2} 比 A_{y_1} 小2~3个数量级，对航天器进行在轨抓捕任务更加有利。因为在整个任务期间，搭载有大量精密仪器的航天器主平台必须保持稳定。

图2.10给出了安装角 θ_0 对系统隔振性能的影响。具体地说，在图2.10(a)中，对于 y_1，$\theta_0=\pi/6$、$\pi/4$、$\pi/3$ 的共振频率分别发生在 $\omega=6.68$、11.93、20.67处，与式(2.29)计算的线性固有频率7.14、12.37、21.42相近。具体而言，共振频率与线性固有频率之间的相对误差分别为6.44%、3.55%和3.50%。相应地，最大幅度为 4.7×10^{-2}、1.8×10^{-2}、5.3×10^{-3}，表明增加安装角会显著降低系统的最大振幅。如图2.6(b)所示，系统阻尼随着安装角的增加而变大。对于 A_{y_1}，低频区域是频率在 $\omega < 11.93$ 内，其中 $A_{y_1,\, \theta_0=\pi/6} > A_{y_1,\, \theta_0=\pi/4} > A_{y_1,\, \theta_0=\pi/3}$；高频区域为频率在 $\omega > 20.67$ 内，其中 $A_{y_1,\, \theta_0=\pi/6} < A_{y_1,\, \theta_0=\pi/4} < A_{y_1,\, \theta_0=\pi/3}$；中等频率区域 $\omega \in$

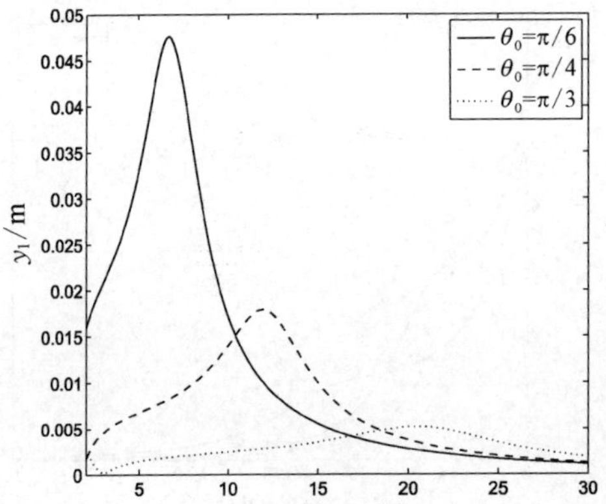

(a) y_1的频率响应曲线

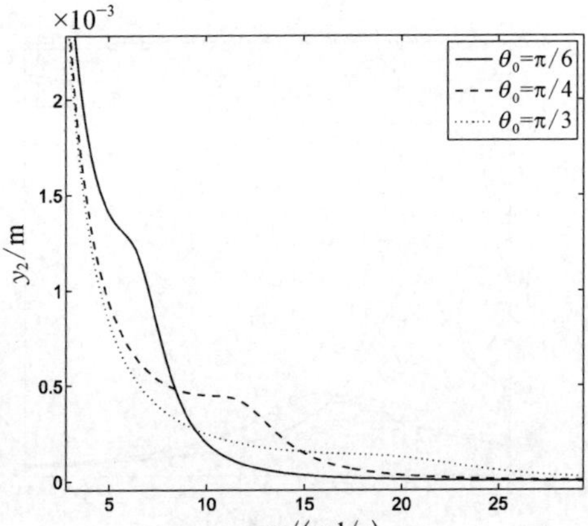

(b) y_2的频率响应曲线

图2.10 不同安装角 θ_0 的振幅与外激励频率 ω 的关系

(11.93, 20.67) 是中间过渡区域。y_2 的幅频响应在图 2.10(b)中给出。通过与图 2.10(a)进行比较可以看出，A_{y_2} 小 2~3 个数量级。太空中的振动主要是高频的，因此在实际应用中最好选择相对较小的安装角 θ_0，以更好地抑制振动。

图 2.11 为不同杆长 l 的频率响应曲线。仿真表明，杆长对共振频率附近的幅频响应有非常重要的影响。具体而言，较小的杆长 l 对应于 $\omega = 6.68$ 附近的较弱振动，与图 2.6(c)一致，即随着 l 的减小，系统阻尼变大。因此，具有较短杆的隔振器不仅重量更轻，而且隔振性能更好。另外，不同的杆长所对应的共振频率是相同的，即固有频率与杆长 l 无关。在实际应用中，还可以根据实际需求来调节杆的尺寸。然而，与 m_1 和 m_2 相比，杆的质量应相对较小。BIQS 系统在微/纳米尺度结构上有潜在的应用，其中的连杆可以采用较轻的材料(如铝合金或碳纤维等)设计和制造，以减小其对系统动力学响应的影响。

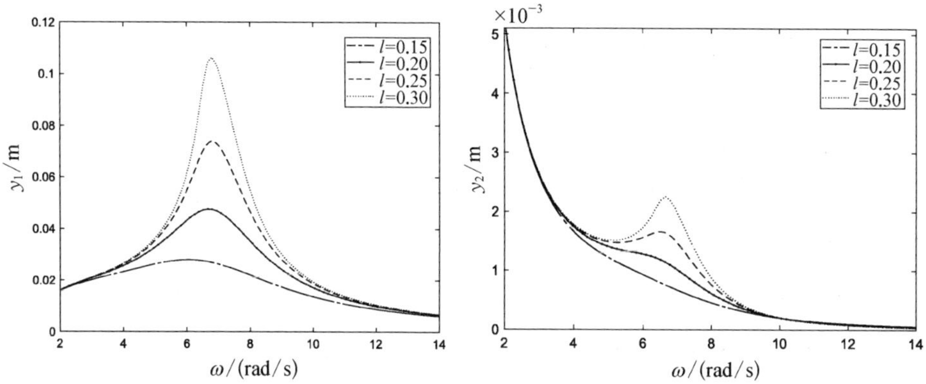

(a) y_1的频率响应曲线　　(b) y_2的频率响应曲线

图 2.11　不同杆长 l 振幅与外激励频率 ω 的关系

总之，较大的层数 n、较小的安装角 θ_0、较小的杆长 l 可以有效地抑制航天器主平台和抓捕机构的振动。

2. 旋转摩擦系数的影响

图 2.12 比较了旋转摩擦系数 c 对幅频响应的影响。从图中可以看出，增加系统阻尼会减小响应幅值，尤其是在谐振频率附近。由图 2.12(a)可以得到，对于 $c = 0.2$、0.3、0.4 的共振频率分别为 $\omega =$ 6.66、6.37、5.81。然而，固有频率计算表达式中显示固有频率值不依赖旋转摩擦系数 c。因此，固有频率和谐振频率之间的差异表明，系统的旋转摩擦系数对固有频率的影响几乎可以忽略，方便起见，固有频率直接由 $|\boldsymbol{K} - \Omega^2\boldsymbol{M}| = 0$ 计算而未考虑旋转阻尼的影响。对于 A_{y_1}，最大振幅 $A_{y_1,\,c=0.2}$、$A_{y_1,\,c=0.3}$、$A_{y_1,\,c=0.4}$ 分别为 0.048、0.032、0.025，其近似与阻尼呈反比。

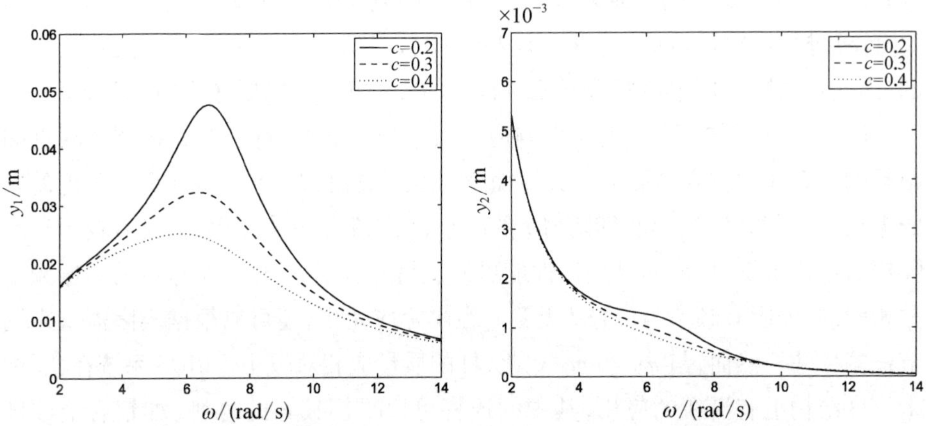

(a) y_1的幅频响应曲线　　(b) y_2的幅频响应曲线

图 2.12　不同旋转摩擦系数 c 的振幅与外激励频率 ω 的关系

图 2.12(a)表明,旋转摩擦系数 c 仅在有限频率区域 $\omega \in (3.8, 9.5)$ 内对 A_{y_2} 有影响,除此之外,阻尼效果不明显。

3. 质量的影响

图 2.13(a)、(b)给出了 m_1 的大小对系统动力学响应的影响,图 2.13(c)和(d)给出了 m_2 的大小对系统动力学响应的影响。

从图 2.13(a)可以看出,当 $m_1 = 2$、3、4 时,系统的固有频率明显不同。而与之相反的是, m_2 不同大小时,系统的固有频率几乎相同。因为 $\Omega \overset{\text{def}}{=\!=} \sqrt{k_{\text{eq}}/m_{\text{eq}}}$, $k_{\text{eq}} = \alpha_1$、$m_{\text{eq}} = m_1 m_2/(m_1 + m_2)$ 通过与式(2.29)得到的固有频率相比可以得到。在本章中, $m_1 \ll m_2$, 因此 $m_1 + m_2 \approx m_2$, $m_{\text{eq}} \approx m_1$。共振频率主要取决于 m_1, m_2 的影响可以忽略不计,这可以从图 2.13(a)和(c)看出。具体来说, $m_1 = 2$、3、4 的共振频率分别是 6.68、5.53、4.82,相应的振幅分别是 0.048、0.057、0.065。图 2.13(a)和(b)都表示出了较大的 m_1 对应着高频区域中较小的振幅。因此,增大 m_1 的质量可以降低谐振频率,同时能够抑制系统在高频区域内的振动。

有趣的是,从图 2.13(c)可以看出, m_2 的变化对 y_1 的响应影响很小,这反映了航天器主平台质量的变化不会显著影响抓捕机构的振动。然而,由图 2.13(d)可知,随着平台质量 m_2 的增加,抓捕机构 y_2 的振动显著减小。

总之,在振动抑制方面,优先使用较重的航天器主平台和抓捕机构。然而,较重的航天器不可避免地会导致发射成本的增加。

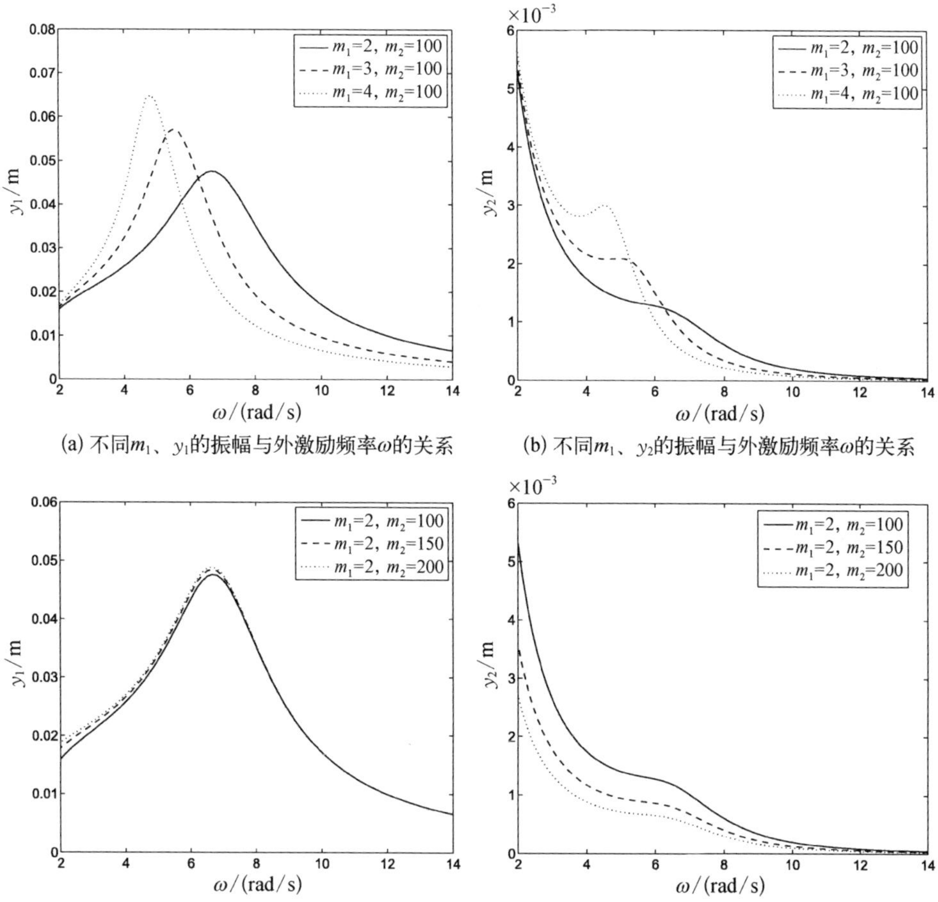

(a) 不同m_1、y_1的振幅与外激励频率ω的关系

(b) 不同m_1、y_2的振幅与外激励频率ω的关系

(c) 不同m_2、y_1的振幅与外激励频率ω的关系

(d) 不同m_2、y_2的振幅与外激励频率ω的关系

图 2.13　振幅与外激励频率 ω 的关系

4. 位移传递率

定义位移传递率(用 T_d 表示)为 y_2 与 y_1 的振动幅度之比,即 $T_d = A_{y_2}/A_{y_1}$。

图 2.14(a)~(f)显示了不同参数下,位移传递率 T_d 随外激励频率 ω 变化的关系。从图 2.14(a)、(b)、(f)可以看出,较大的 n、较小的 θ_0、较大的 m_2 对应于较低的位移传递率 T_d,更加有利于隔振。从图 2.14(c)和(d)可以看出,不同杆长 l 和旋转摩擦系数 c 不影响低频区域的位移传递率,对于杆长 l 表现在外激励频率 $\omega < 5$ 时,对于旋转摩擦系数 c 表现在外激励频率 $\omega < 3.5$ 时。尽管如此,在较高的频率区域,增加杆长 l、减小旋转摩擦系数 c 会降低系统的位移传递率。图 2.14(e)显示了抓捕机构 m_1 的质量大小不会显著影响系统的位移传递率。

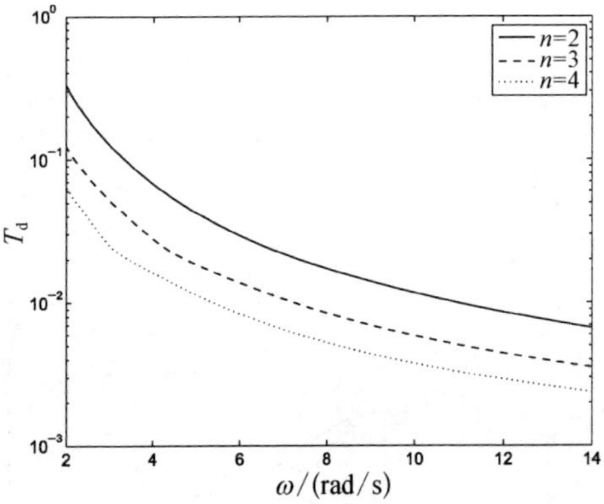

(a) 层数n

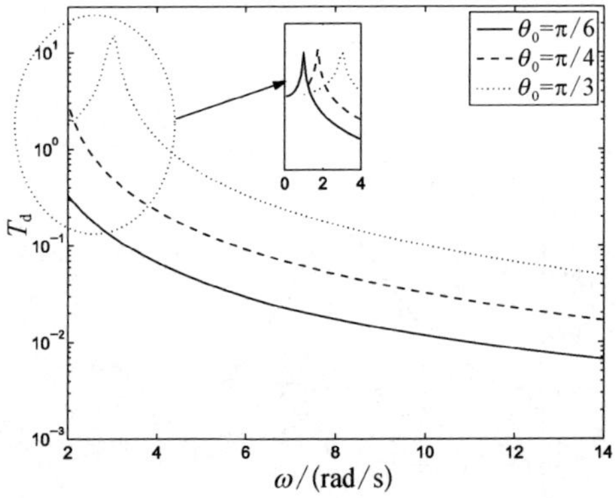

(b) 安装角θ_0

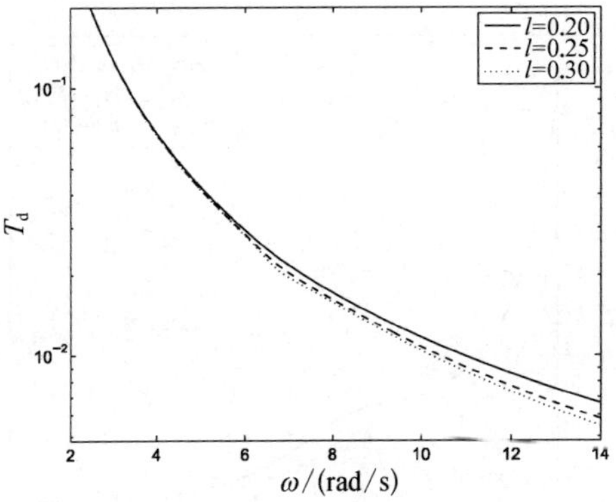

(c) 杆长l

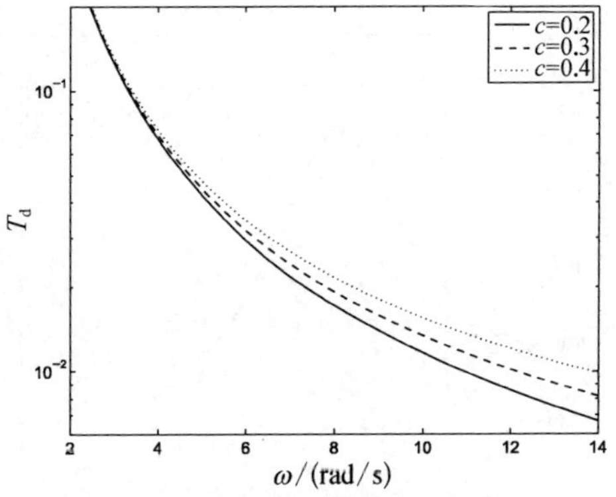

(d) 旋转摩擦系数c

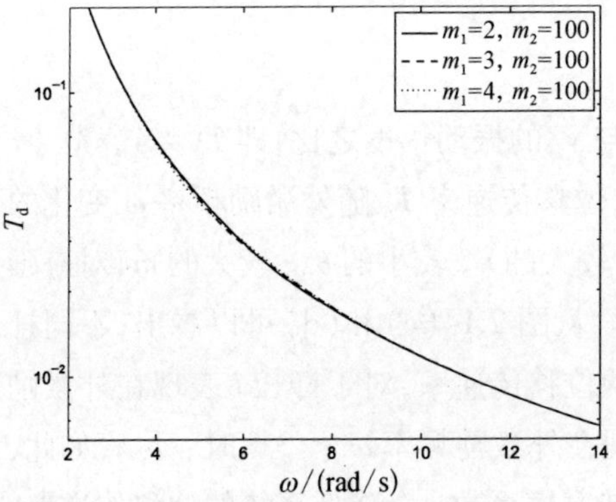

(e) 航天器主平台质量m_1

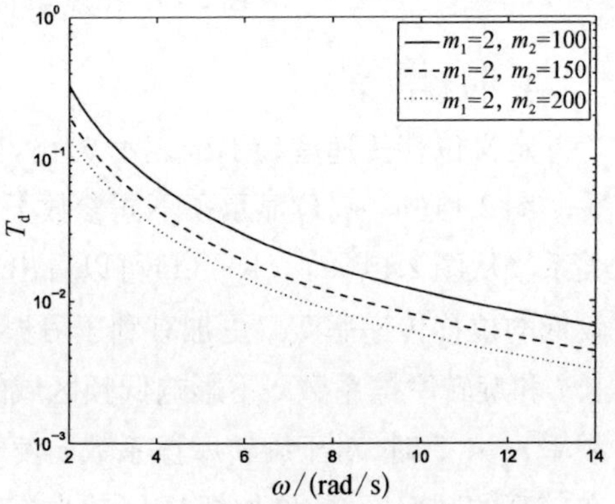

(f) 抓捕机构质量m_2

图 2.14 位移传递率 T_d 与外激励频率 ω 的关系

值得注意的是,位移传递率测量的是航天器主平台和抓捕机构之间的相对振动幅值的大小。

2.4.5　与 SMD 系统对比

本节将对本章提出的 BIQS 系统与典型的 SMD 系统进行比较,如图 2.15 所示。SMD 系统的动力学方程同样可以由 Lagrange 法建立,其动能、势能和非保守力的虚功分别如下:

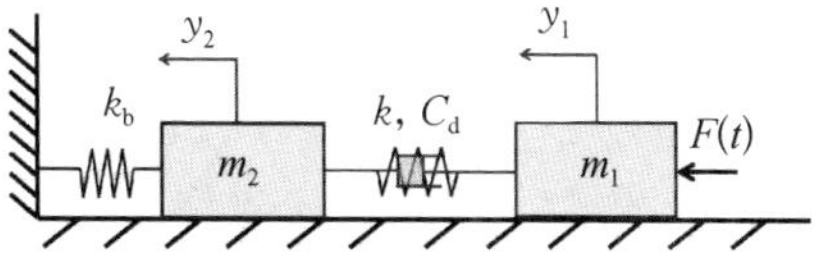

图 2.15　SMD 系统的示意图

空气阻力和地面摩擦为零,在建模过程中使用了左弹簧,随后将其移除以模拟太空自由漂浮环境,即 $k_b = 0$

$$T = \frac{1}{2}m_1\dot{y}_1^2 + \frac{1}{2}m_2\dot{y}_2^2$$

$$V = \frac{1}{2}k(y_1 - y_2)^2 + \frac{1}{2}k_b y_2^2$$

$$\delta W_n = C_d(\dot{y}_2 - \dot{y}_1)\delta y_1 - C_d(\dot{y}_2 - \dot{y}_1)\delta y_2 + F(t)\delta y_1$$

将上式代入 Lagrange 方程中,可以得到 SMD 系统的动力学方程如下:

$$m_1\ddot{y}_1 + k(y_1 - y_2) + C_d(\dot{y}_1 - \dot{y}_2) = F(t) \tag{2.32}$$

$$m_2\ddot{y}_2 - ky_1 + k_b(x_b + y_2) + C_d(\dot{y}_2 - \dot{y}_1) = 0 \tag{2.33}$$

为了在 BIQS 系统和典型的 SMD 隔振器之间进行公平的比较,应该合理选择 SMD 系统的参数。这里,m_1、m_2、k_b 和 $F(t)$ 与 BIQS 系统中完全相同,而阻尼系数 C_d 和刚度 k 被选择为式(2.26)和式(2.27)中的线性阻尼 γ_0 和线性刚度 α_1。

图 2.16 显示了 BIQS 系统和 SMD 系统的位移传递率随外激励频率的变化关系。从图中可以看出,除了在 $\omega = 1$ 附近频率的谐振峰值存在较大差异外,两者大致相同。由图中的放大部分可以看出,在 $c = 0.20$ 时,BIQS 系统和 SMD 系统的位移传递率最大值 T_d 分别为 11.59 和 16.88,证明了本章提出的 BIQS 系统的性能更好。当阻尼 c 增加到 0.29 时,SMD 系统的位移传递率最大值 T_d 与 $c = 0.20$ 时 BIQS 系统的 T_d 值相同。尽管 SMD 系统可以通过增加阻尼来抑制其共振峰值,但是在高频区域中,SMD 系统的位移传递率要远高于 BIQS 系统的位移传递率。

因此,本章提出的 BIQS 系统在高频区域内具有比经典 SMD 系统更好的隔振性能。

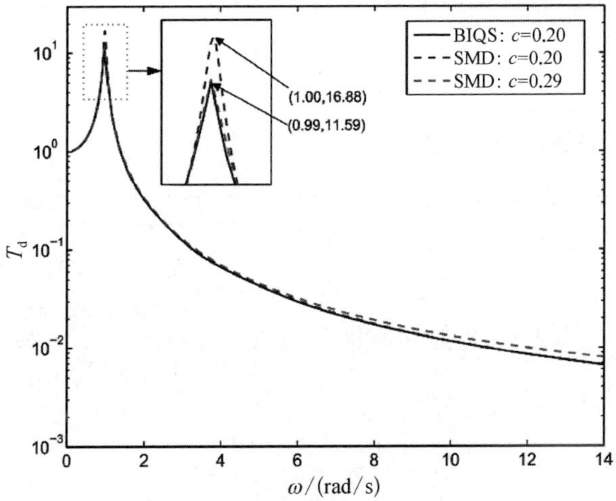

图 2.16 BIQS 系统和 SMD 系统之间的位移传递率随外激励频率变化的仿真对比

前面研究了非线性阻尼和刚度对系统隔振性能的影响。接下来,将通过忽略式(2.26)和式(2.27)中的非线性阻尼分量 $\gamma_1(y_1-y_2)+\gamma_2(y_1-y_2)^2+\gamma_3(y_1-y_2)^3$ 来研究单一非线性阻尼对系统隔振性能的影响。从图 2.17 可以看出,两个模型的曲线在低频区域,即 $\omega<2$ 时,基本保持一致。然而,在高频区域内,BIQS 系统具有的非线性阻尼比线性阻尼表现出更好的隔振性能。

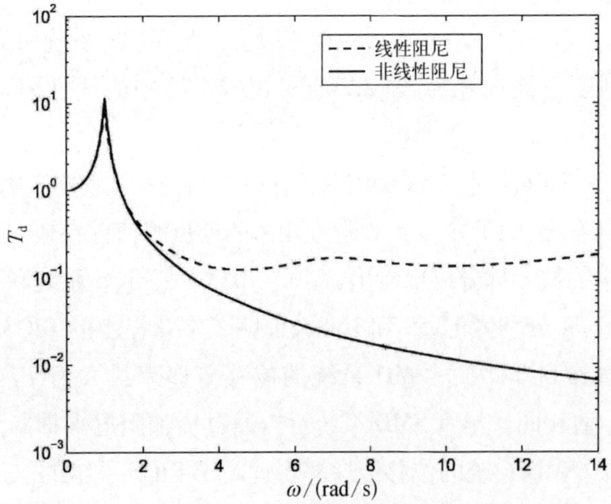

图 2.17 具有非线性和线性阻尼的 BIQS 系统的位移传递率随外激励频率变化的对比 ($c=0.20$)

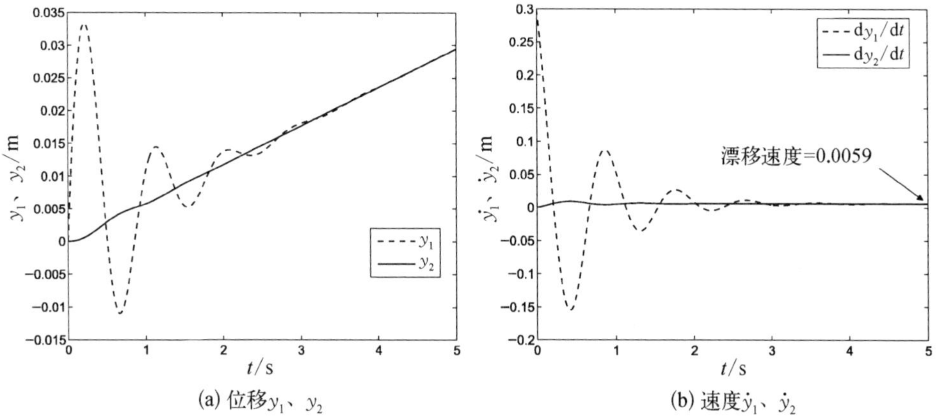

图 2.18　冲量 (I = 0.6) 作用下的位移和速度

2.4.6　冲击激励下的隔振性能

成功抓捕目标是在轨服务中至关重要的一步。服务航天器与目标之间的相对速度始终大于零,因此不可避免地会发生碰撞。为了模拟抓捕空间目标后的动力学响应,本节将分析系统在冲击力 $\hat{F}(t)$ 作用下的动力学响应。根据 2.3 节,可以通过对抓捕机构施加冲量 I 来代替冲击力 $\hat{F}(t)$ 对系统的影响。由于此情形下系统的动力学响应不再是周期性的,所以利用 RK4 法来求解。在仿真计算中,选取的系统结构参数为 $m_1 = 2$、$m_2 = 10$、$k = 1\ 200$、$n = 2$、$\theta_0 = \pi/6$、$l = 0.2$、$c = 0.2$、$C_d = 0.1$。除非另有说明。

图 2.18 显示了冲击作用下的位移和速度随时间的变化关系。从图中可以看出, y_1 和 y_2 的两条曲线都围绕一条斜线振动,意味着此运动包含振动和平动两部分。此外,两条曲线最终都接近斜线,表明振动部分随着时间的进行而衰减。图 2.18(b)显示了 $\dot{y}_1$ 和 $\dot{y}_2$ 随时间变化的关系,从图中可以看出,由于在 m_1 上施加了冲击力, $\dot{y}_1$ 的初始速度为 0.3;与 $|\dot{y}_1|_{max}$ 相比, $|\dot{y}_2|_{max}$ 非常小;而之后 m_1、m_2 未保持静止,而是以 $v_d = 5.9$ cm/s 的速度进行漂移。

为了更好地研究系统在各个自由度上的动力学响应,在图 2.19 中绘制相应的速度和加速度随时间的变化关系。在图 2.19 中,将系统的漂移运动去掉。从图中可以看出, m_1、m_2 的振动在大约 4 s 内完全消失。具体地, $|y_1|_{max}$、$|y_2|_{max}$ 分别是 3.2×10^{-2} 和 6.4×10^{-4}。从图 2.19(c)和(d)中可以看出,最大速度 $|\dot{y}_1|_{max}$、$|\dot{y}_2|_{max}$ 分别是 0.3、9.1×10^{-3}。$|\dot{y}_1|_{max}$ 发生在 $t=0$ 时刻,即受到冲击

作用时,而 $\dot{y}_2$ 从静止开始并在 0.5 s 时达到最大值。$|\dot{y}_2|_{max}$ 小于 1 cm/s, 振动很弱。

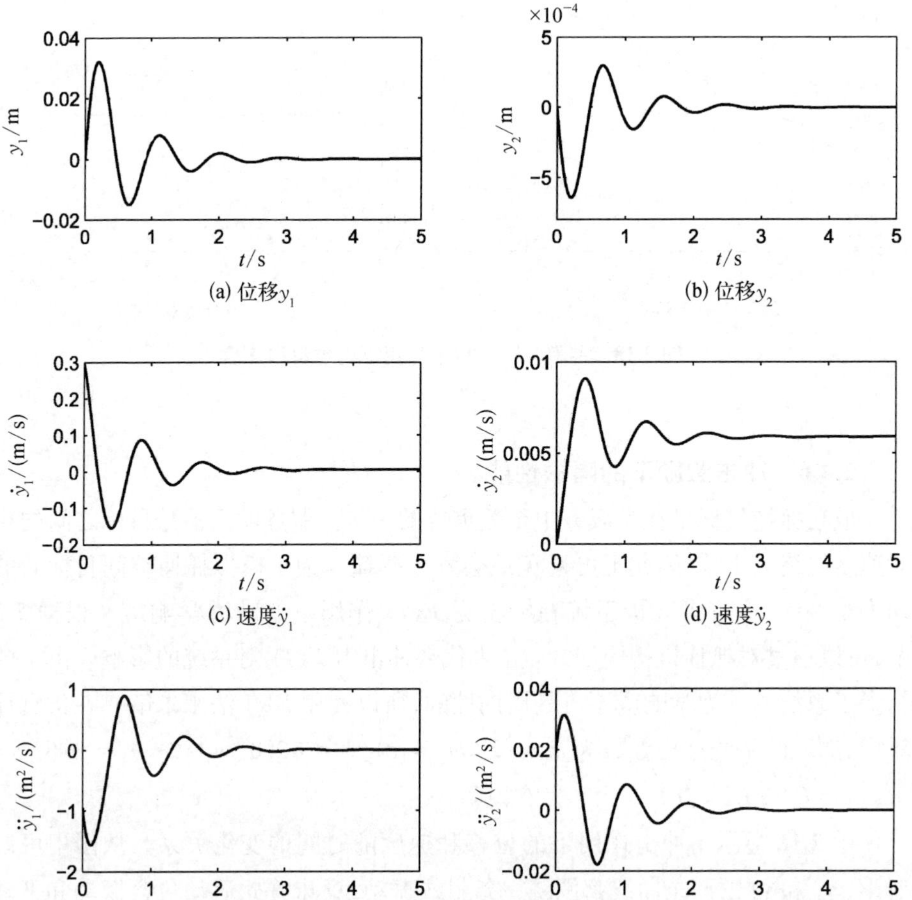

(a) 位移y_1　(b) 位移y_2

(c) 速度$\dot{y}_1$　(d) 速度$\dot{y}_2$

(e) 加速度$\ddot{y}_1$　(f) 加速度$\ddot{y}_2$

图 2.19　冲量 (I = 0.6) 作用下的位移和速度随时间的变化关系

注意,在图 2.19(a)和图 2.19(b)中去掉了漂移运动

加速度是衡量振动大小最重要的指标之一,因为作用在航天器上的惯性力通常与加速度成比例。从图 2.19(e)和(f)可以看出,$|\ddot{y}_1|_{max}$ 和 $|\ddot{y}_2|_{max}$ 分别为 1.5、0.03,航天器主平台的加速度小于 3.1 mg,振动很小,因此具有良好的隔振效果。

图 2.20 显示了 BIQS 系统和传统 SMD 系统的隔振性能的对比情况,表明 BIQS 系统和 SMD 系统的 $|\ddot{y}_1|_{max}$ 分别为 1.56、1.72,而 $|\ddot{y}_2|_{max}$ 分别为 0.031 3、

0.034 3。特别是,SMD 系统的 $|\ddot{y}_1|_{max}$ 和 $|\ddot{y}_2|_{max}$ 分别比 BIQS 系统高 10.3%、9.58%。因此,本章提出的 BIQS 系统比传统的 SMD 系统具有更好的隔振性能。

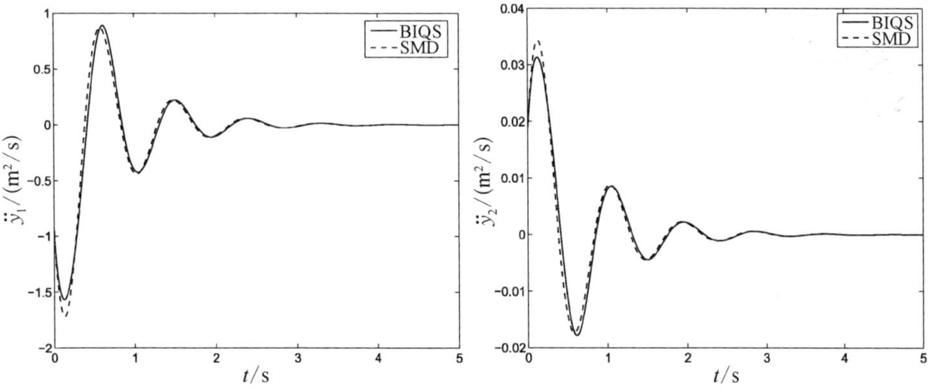

(a) 加速度 $\ddot{y}_1$　　(b) 加速度 $\ddot{y}_2$

图 2.20　当前 BIQS 系统和 SMD 系统的加速度对比

1. 冲量大小的影响

本节研究了冲量大小对系统动力学响应的影响。在图 2.21(a)和(b)中分别显示了冲量 I 为 0.6、0.8、1.0 的最大振幅,其中 $|y_1|_{max}$ 为 0.32、0.44、0.56,$|y_2|_{max}$ 为 6.42×10^{-4}、8.73×10^{-4}、11.11×10^{-4},由此可以推出 y_1 和 y_2 的振幅都与冲量大小成正比。对于图 2.21(c)和(d)中的速度响应,可以看出,由于受到冲击力作用,$|\dot{y}_1|_{max}$ 都发生在初始时刻,而当冲量 I 为 0.6、0.8、1.0 时,$|\dot{y}_2|_{max}$ 分别为 1.5×10^{-2}、1.2×10^{-2}、9.1×10^{-3}。每种情形下,$\dot{y}_1$ 和 $\dot{y}_2$ 的最终漂移速度都完全相同,这意味着航天器主平台和抓捕机构最终会以相同的速度漂移。图 2.21(e)和(f)显示了加速度随时间变化的关系,其中当冲量 I 为 0.6、0.8、1.0 时,$|\ddot{y}_1|_{max}$ 分别为 0.90、1.21、1.51;而 $|\ddot{y}_2|_{max}$ 分别为 0.031、0.040、

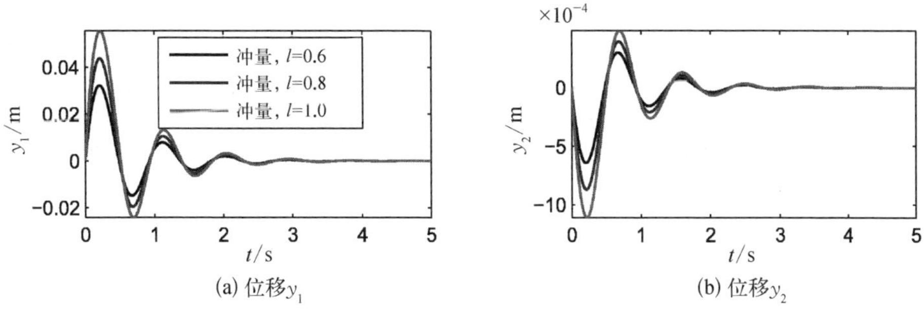

(a) 位移 y_1　　(b) 位移 y_2

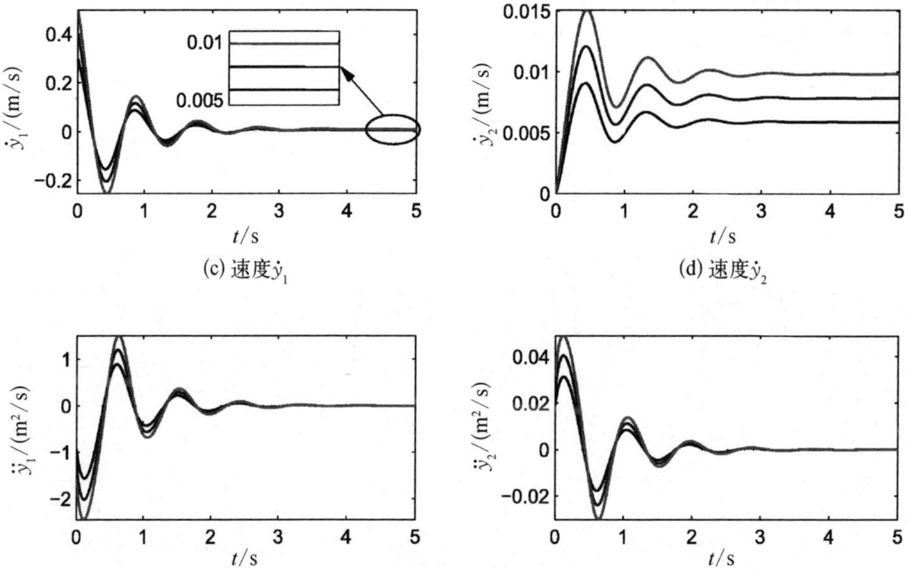

(c) 速度$\dot{y}_1$　(d) 速度$\dot{y}_2$

(e) 加速度$\ddot{y}_1$　(f) 加速度$\ddot{y}_2$

图 2.21　不同大小冲量时 BIQS 系统的仿真对比

0.049。总之,位移、速度和加速度的大小与冲量大小呈正比,而衰减时间仅随冲量的增大而略有增加。

2. 结构参数的影响

在本节中,将详细地研究结构参数(即层数 n、刚度 k、安装角 θ_0、杆长 l)对 BIQS 系统动力学响应的影响。

图 2.22 为不同层数 n 的系统响应曲线。从图 2.22(a)和(b)中可以看出,增加 n 会增加平台和抓捕机构的振幅,并且会增加衰减时间。如图 2.22(c)和(d)所示,速度 $\dot{y}_1$ 和 $\dot{y}_2$ 的大小没有受到显著的影响。更重要的是,在图 2.23(e)和(f)中的加速度变化,当层数 $n=2$、3、4 时最大加速度 $|\ddot{y}_1|_{max}$ 分别为 1.56、1.04、

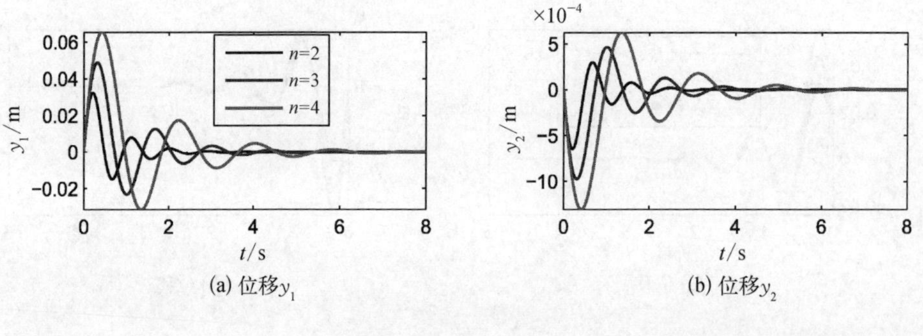

(a) 位移y_1　(b) 位移y_2

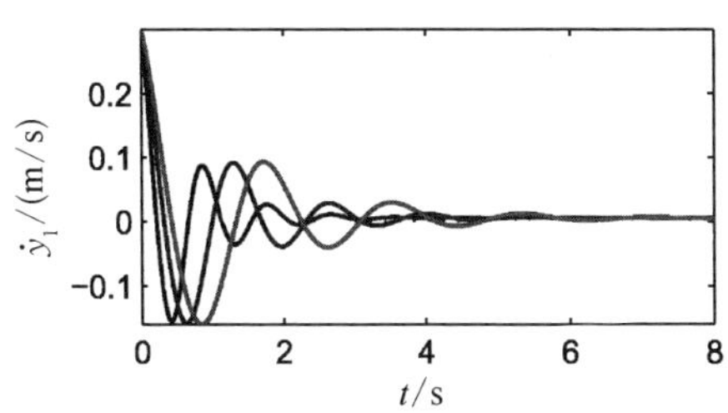

(c) 速度$\dot{y}_1$

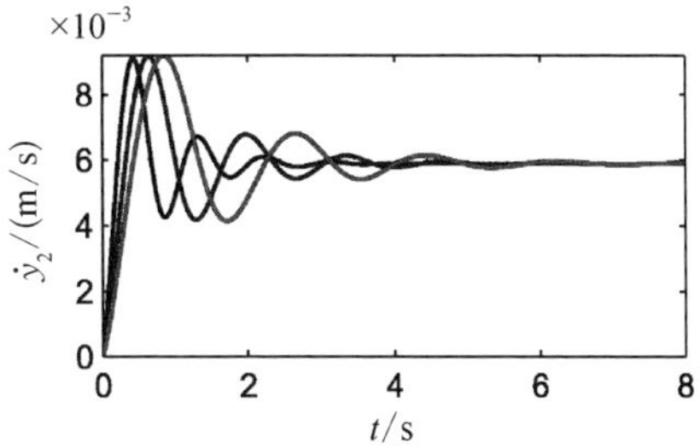

(d) 速度$\dot{y}_2$

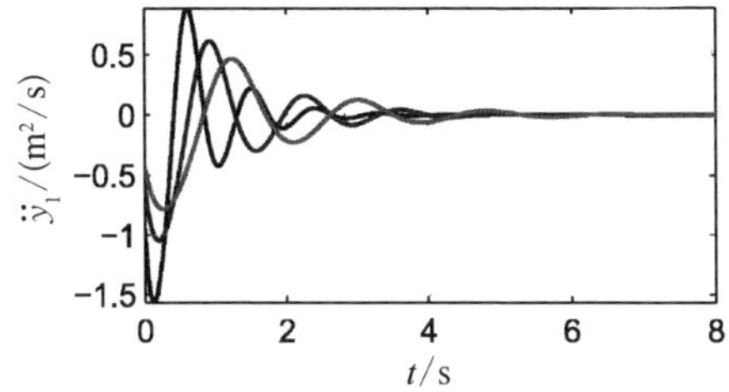

(e) 加速度$\ddot{y}_1$

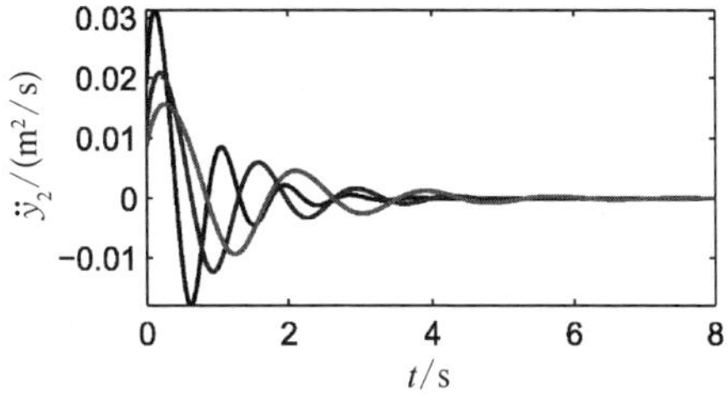

(f) 加速度$\ddot{y}_2$

图 2.22　不同结构层数时 BIQS 系统的仿真对比

0.78，而对于最大加速度 $|\ddot{y}_2|_{max}$ 分别为 0.031 3、0.021、0.015 6。较大的层数 n 会导致 m_1、m_2 的加速度都较小。因此，增加层数可以抑制航天器主平台和抓捕机构的加速度，但也会延长衰减时间。

图 2.23 研究了不同刚度 k 的系统响应曲线。从图 2.23(a)和(b)中可以看出，增加 k 可以稍微减小 y_1 的幅值，而 y_2 的幅值基本保持不变。图 2.23(c)和(d)表明，m_1、m_2 的速度大小几乎相同，并且刚度的变化不改变最终的漂移速度。图 2.23(e)和(f)显示了加速度随时间的变化，可以看出较大的 k 值会导致较大的加速度；具体来说，当刚度 k 为 1 200、1 500、2 000 时，m_1 的最大加速度为 1.56、1.77、2.09，m_2 的最大加速度分别为 0.031 3、0.035 0、0.041 6。此外，衰减时

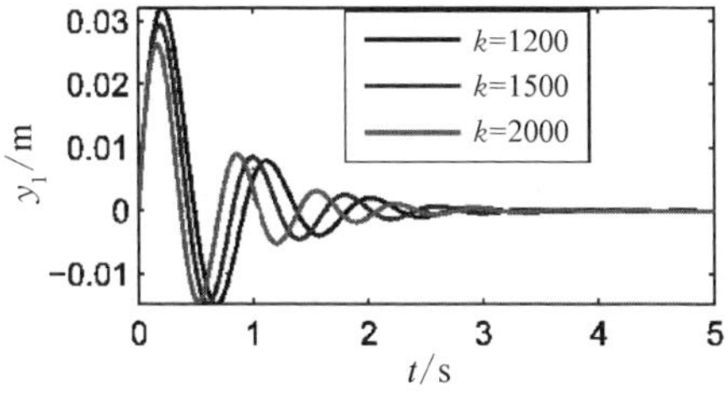

(a) 位移y_1

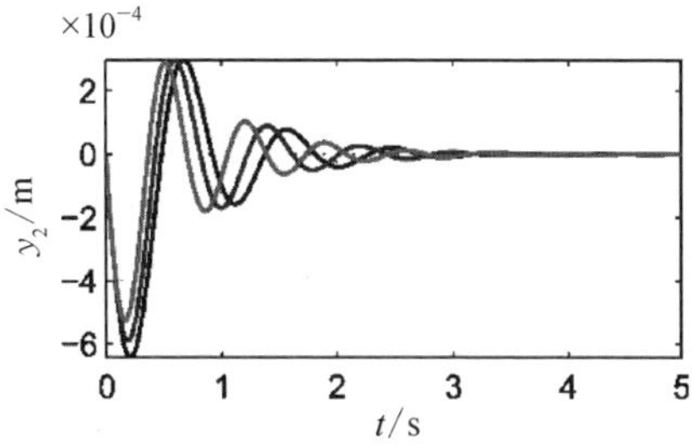

(b) 位移y_2

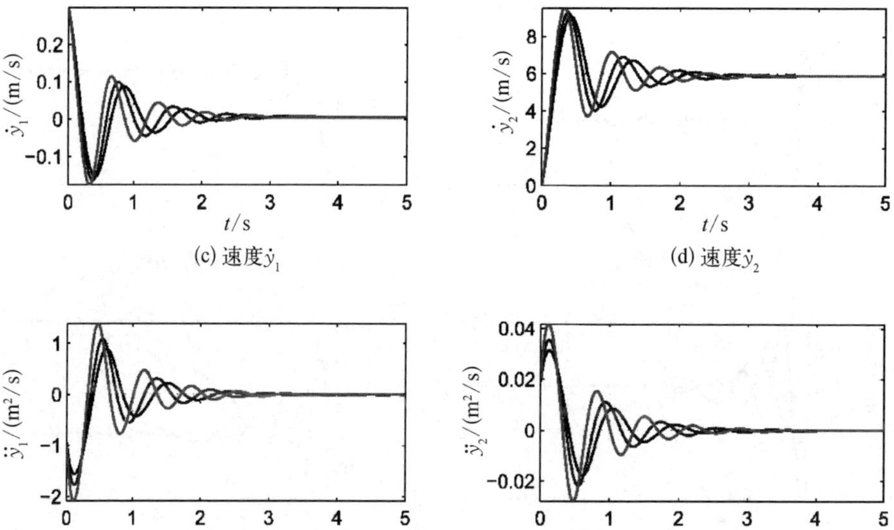

(c) 速度$\dot{y}_1$　　(d) 速度$\dot{y}_2$

(e) 加速度$\ddot{y}_1$　　(f) 加速度$\ddot{y}_2$

图 2.23　不同刚度系数 *k* 时 BIQS 系统的仿真对比

间不会随刚度 k 的变化而改变。因此,较小的刚度 k 有利于 BIQS 系统具有更好的隔振性能。

图 2.24 显示了不同安装角 θ_0 的系统响应曲线。从图 2.24(a)和(b)中可以看出,增大安装角 θ_0 会导致较小的振动幅值,并且缩短了衰减时间。如图 2.24(c)和(d)所示,最大速度受 θ_0 的影响并不明显。另外,增加 θ_0 会导致平台和抓捕机构的加速度增大,不利于隔振。此外,可以发现,当 $\theta_0 = \pi/3$ 时航天器主平台的最大加速度约为 $\theta_0 = \pi/6$ 时最大加速度的 3 倍,这意味着安装角对隔振性能的影响较大。因此,建议选择较小的安装角来降低加速度,但是以延长衰减时间为代价。

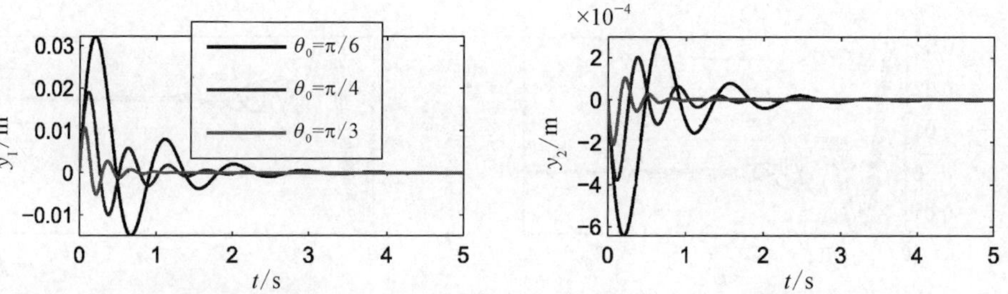

(a) 位移y_1　　(b) 位移y_2

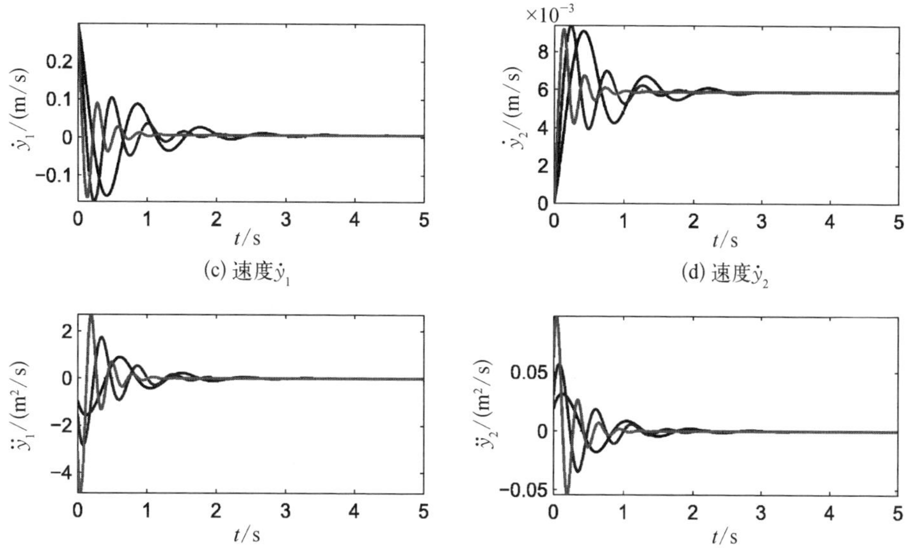

(c) 速度$\dot{y}_1$　(d) 速度$\dot{y}_2$

(e) 加速度$\ddot{y}_1$　(f) 加速度$\ddot{y}_2$

图 2.24　不同安装角 θ_0 时 BIQS 系统的仿真对比

图 2.25 显示了不同杆长 l 时的系统响应曲线。从图中可以看出，减小杆长可以产生如下效果：① 降低 m_1、m_2 的振幅、最大速度和最大加速度；② 缩短衰减时间。因此，只要满足材料强度和运动需求，在 BIQS 系统的设计中使用较短

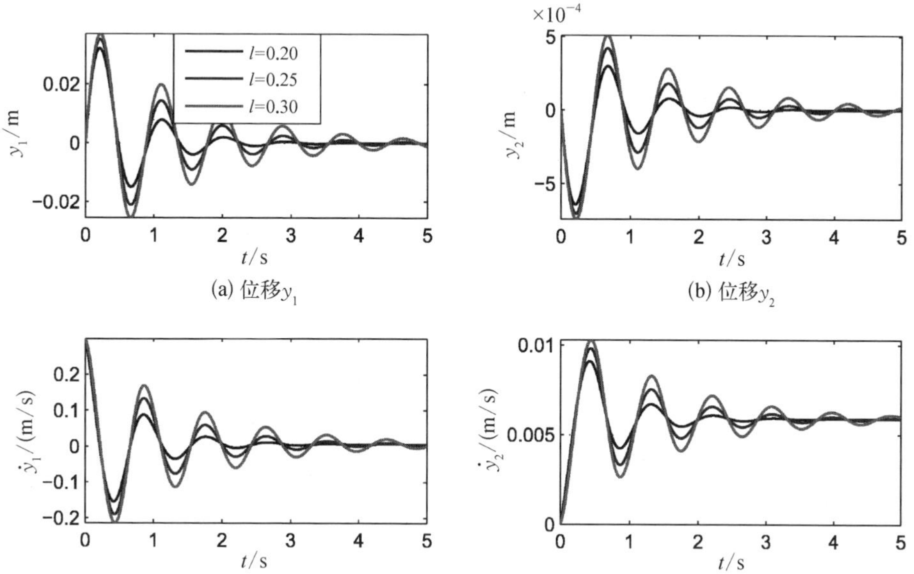

(a) 位移y_1　(b) 位移y_2

(c) 速度$\dot{y}_1$　(d) 速度$\dot{y}_2$

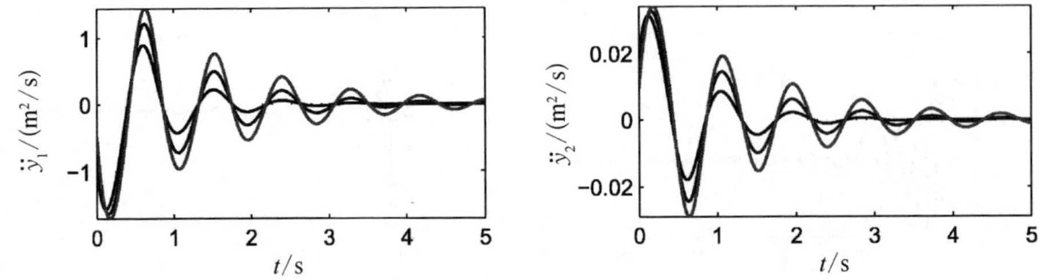

(e) 加速度$\ddot{y}_1$　　(f) 加速度$\ddot{y}_2$

图 2.25　不同杆长 l 时 BIQS 系统的仿真对比

的杆可以提升系统的隔振性能。

3. 旋转摩擦系数的影响

图 2.26 研究了旋转摩擦系数 c 对系统响应的影响。从图中可以看出，增加

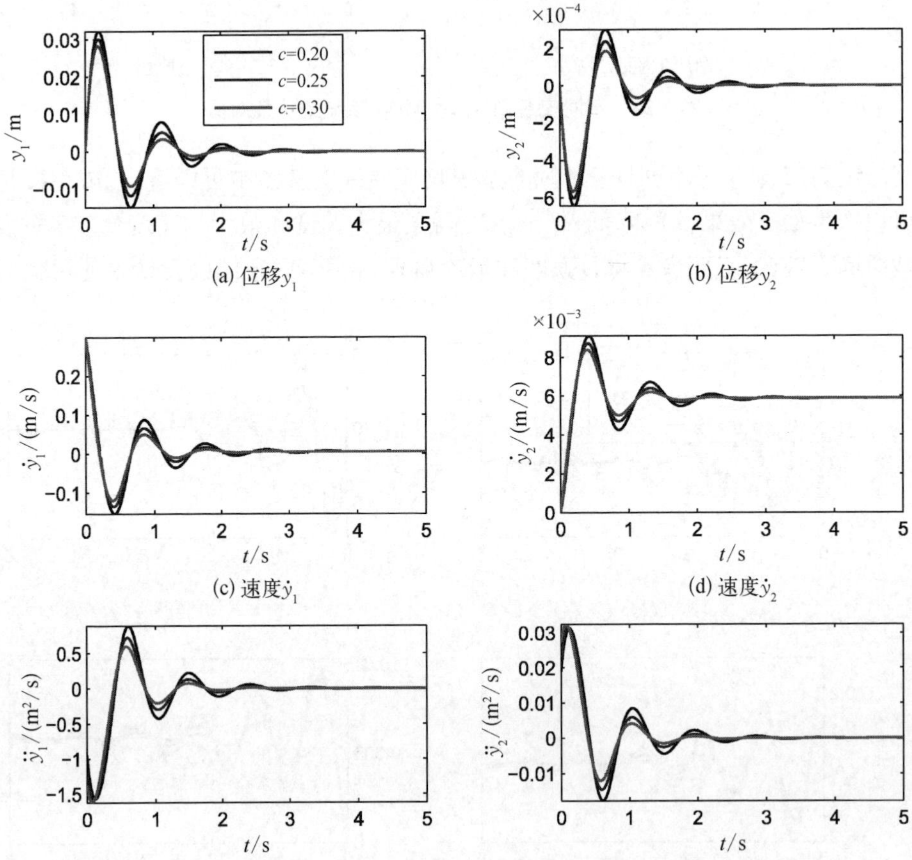

(a) 位移y_1　　(b) 位移y_2

(c) 速度$\dot{y}_1$　　(d) 速度$\dot{y}_2$

(e) 加速度$\ddot{y}_1$　　(f) 加速度$\ddot{y}_2$

图 2.26　不同摩擦系数 c 时 BIQS 系统的仿真对比

c 可以降低振动幅度、速度和加速度。此外,衰减时间也可以通过增大摩擦系数 c 来缩短。因此,增加旋转关节的摩擦系数有利于提升系统的隔振性能。

4. 质量的影响

航天器主平台和抓捕机构的质量是影响 BIQS 系统隔振性能的重要元素。本节研究了 m_1 和 m_2 的变化对系统隔振性能的影响。在图 2.27 中, m_1 变化,而 m_2 保持不变,在图 2.28 中则反之。

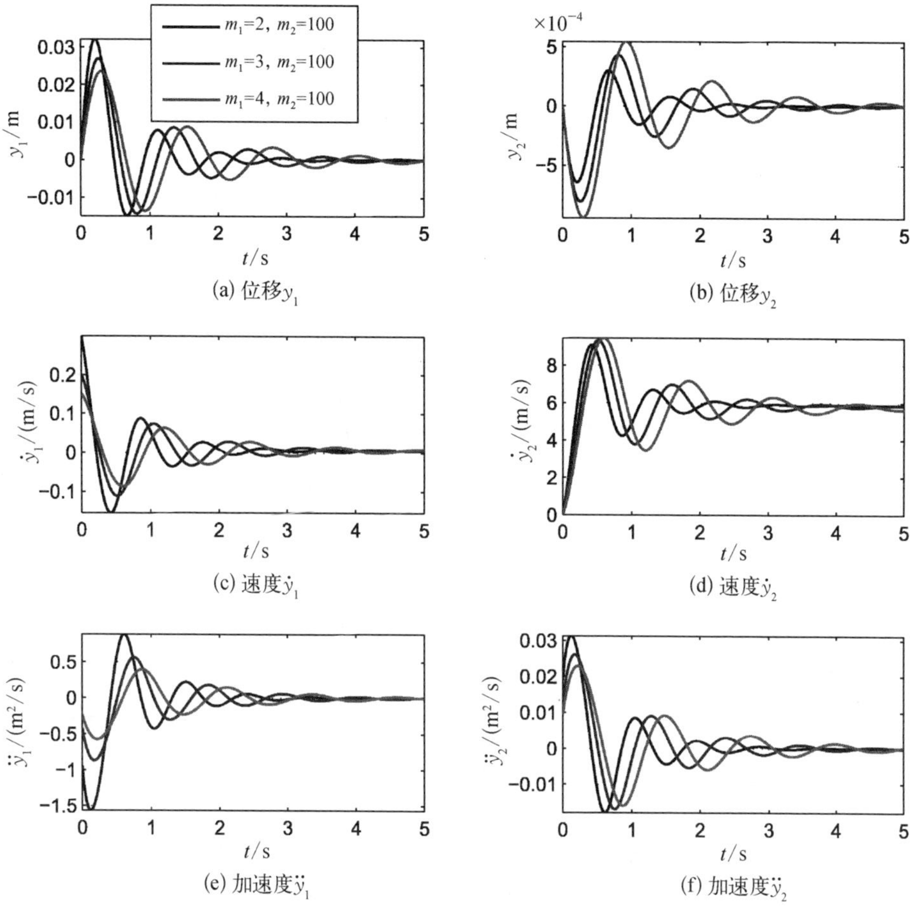

图 2.27　不同质量 m_1 的 BIQS 系统仿真对比

从图 2.27 中可以看出,增加 m_1 的质量可以降低 m_1 的振动幅值和最大速度,但会增加 m_2 的振幅幅值和最大速度。然而,随着 m_1 的增加, m_1 和 m_2 的最大加速度都可以减小。因此,较重的抓捕机构可以实现更好的隔振性能,但需要更长的衰减时间。

从图 2.28 中可以看出，m_2 的变化对 y_1、$\dot{y}_1$、$\ddot{y}_1$ 的影响很小。另外，较大的 m_2 有利于提升对 m_2 的隔振效果。增加 m_2 的质量可以减小航天器主平台的振动幅值、最大速度和最大加速度，与此同时缩短了衰减时间。因此，航天器主平台的质量越大，系统的隔振性能越好。但是，在实际中，发射成本昂贵，因此严格限制了航天器的质量。

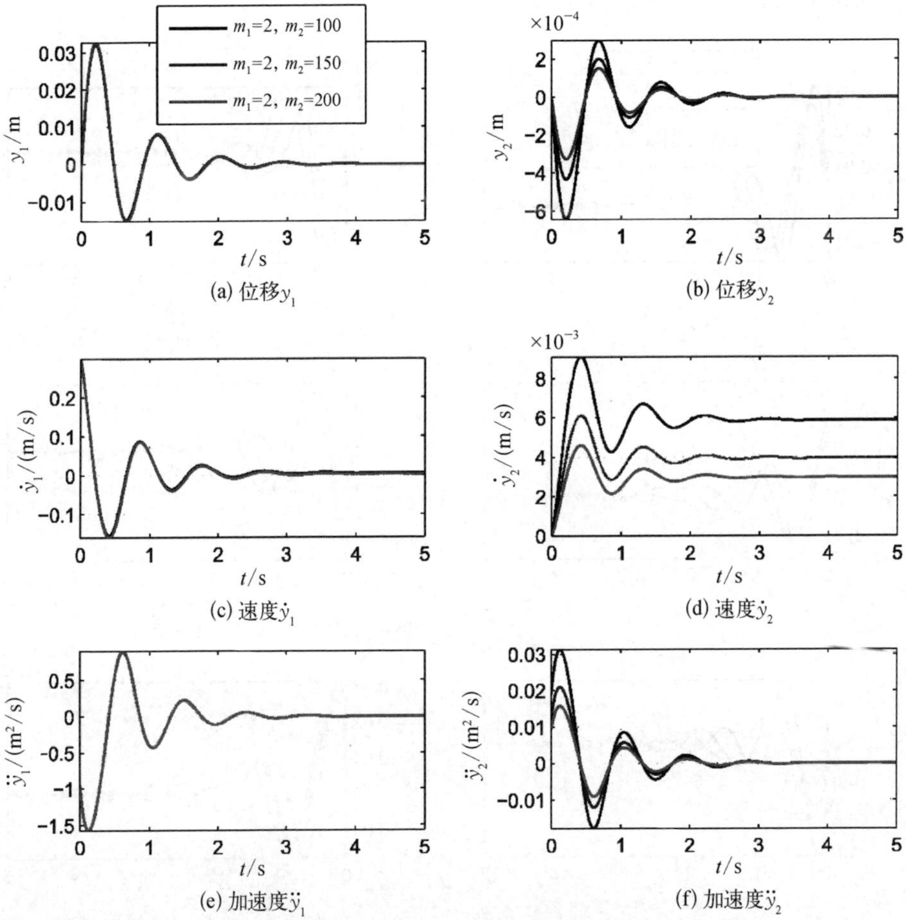

(a) 位移 y_1　(b) 位移 y_2

(c) 速度 $\dot{y}_1$　(d) 速度 $\dot{y}_2$

(e) 加速度 $\ddot{y}_1$　(f) 加速度 $\ddot{y}_2$

图 2.28　不同质量 m_2 的 BIQS 系统仿真对比

2.5　本章小结

本章提出了一种仿生四边形结构系统（简称 BIQS 系统），以抑制自由漂浮航天器受到周期性或冲击力作用下的振动。通过 Lagrange 法建立了此系统的动力学方程,该方程实质上是两自由度欠约束的非线性动力学系统。通过与传统弹簧质量阻尼器(SMD)系统进行比较,验证了 BIQS 系统的高效隔振性能。此外,通过与仅保留线性阻尼的 BIQS 系统相比,非线性阻尼的优势效果得到了证明。在数值仿真中,采用频域、时域分析的方式。对于 BIQS 系统在周期性或冲击激励下,研究了各种系统参数对航天器主平台和抓捕机构的隔振性能的影响,从中可以得出以下结论。

(1) 使用较大的层数 n、较小的安装角 θ_0、刚度 k 会降低航天器主平台和抓捕机构在高频周期性激励或冲击作用下的振动幅值,但要以较长的衰减时间为代价。其中,参数 θ_0 最为敏感,其次是 n 和 k。

(2) 减小杆长 l 可以减小 m_1 和 m_2 的振幅、最大速度和最大加速度,并且可以缩短衰减时间。因此,在满足材料强度和运动需要的前提下,在 BIQS 系统的设计中优先选用较短的杆。

(3) 使用较重的航天器主平台和抓捕机构有利于提升系统的隔振性能。具体而言:① 增加航天器主平台的质量可以更好地抑制高频激励下的振动,而增加抓捕机构的质量可以抑制整个频率范围内的航天器主平台振动,但不会显著影响抓捕机构的振动;② 在冲击作用情况下,增加 m_1 和 m_2 会降低两个物体的最大加速度。

(4) 对加速度来说,BIQS 系统比传统 SMD 系统降低约 10%。具体而言,BIQS 系统(设为 $\theta_0 = \pi/6$) 的最大加速度为 40.8 mg,具有良好的隔振效果。此外,具有非线性阻尼的 BIQS 系统的隔振性能比具有线性阻尼的 BIQS 系统的隔振性能要好得多。

总体而言,本章提出的 BIQS 系统的隔振性能可以通过适当选择不同的系统参数来灵活地调整。BIQS 系统为抓捕后的航天器隔振提供了一种高效的被动控制方法。然而,本系统限于轴向上在轨抓捕的仿真,未来的研究可能集中在 BIQS 系统的三维抓捕和实验分析上。

第3章

单向仿生隔振系统的主动隔振

3.1 引言

服务航天器在轨抓捕空间目标时，特别是对于空间非合作目标，其严重依赖相对视觉导航及滤波技术，因而较大的状态误差和较差的实时性使得两者在接触瞬时可能存在相对速度，这带来了刚性碰撞的风险，从而产生不期望的振动，进而对安装在航天器主平台上的精密仪器的正常工作产生严重的影响。为解决这一问题，文献[117]和文献[118]设计了一种安装在航天器机械臂和抓捕机构之间的仿生隔振系统，来抑制因受到冲击性外激励而引起的抓捕后振动，并通过理论分析和数值实验研究表明其具有良好的振动抑制效果。但是，通过进一步研究可以发现，单纯地依靠被动装置来抑制这些振动往往存在一些问题，如振动抑制的过程相对缓慢，并且当系统存在参数不确定性或者受到比较大的冲击时，可能会破坏整个隔振系统，从而影响整个抓捕任务的正常进行。此外，在利用被动仿生隔振系统抑制由冲击性外激励而产生的振动时会出现漂移现象，这可能会造成抓捕后组合体航天器的不稳定。

本章在仿生隔振系统的基础上，首先从系统稳定性上考虑，对结构进行优化设计，如图3.1所示，并利用Lagrange法建立仿生隔振系统的动力学方程；其次对于一般的Euler-Lagrange系统，基于动态放缩法，引入广义速度观测器以及修正的动态放缩因子，设计一种自适应跟踪控制器，并利用李雅普诺夫函数法证明所设计的控制器能够保证闭环误差的有界性和跟踪误差的渐近收敛性，同时降低参数估计补偿项以及动态增益的设计难度和计算复杂度；最后基于本章所设计的仿生隔振系统，考虑到某些结构参数的不确定性，提出一种主被动混合隔振方法，该方法能够快速地抑制由冲击性外激励而产生的振动且

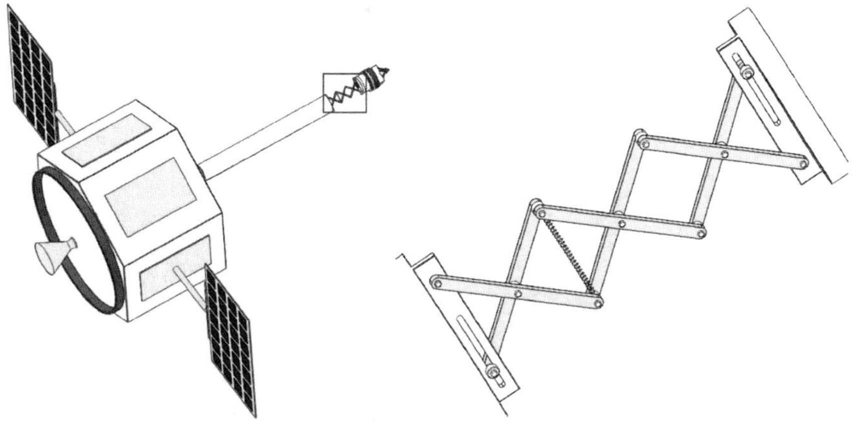

(a) 全局图　　(b) 局部图

图 3.1　服务航天器在轨抓捕任务示意图

能够消除漂移现象,不仅能提高仿生隔振系统的抑振性能,还能提升整个系统的稳定性[119]。

3.2　仿生隔振系统模型的建立

当系统受到外激励 F 作用之后,仿生结构必然发生形变,其形变前后的状态如图 3.2 所示,其中实线和虚线分别表示仿生结构初始时刻和发生形变后的状态。这里,m 包括抓捕机构和目标,而 M 则由服务航天器主平台和机械臂组成。为后面叙述方便,统称 m 为抓捕机构,M 为服务航天器主平台。仿生结构中每

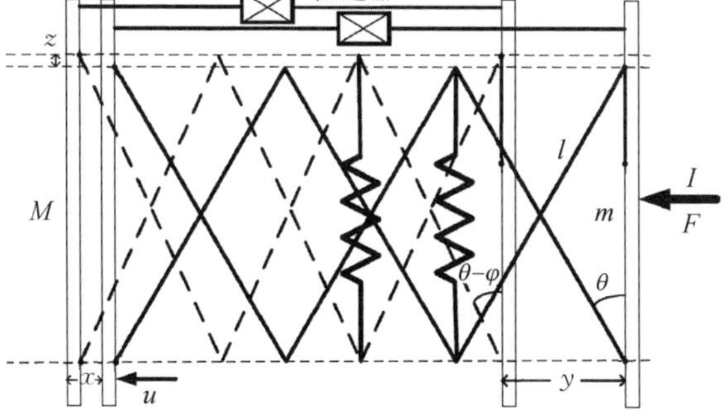

图 3.2　仿生结构初始(实线)时和形变后(虚线)的状态示意图

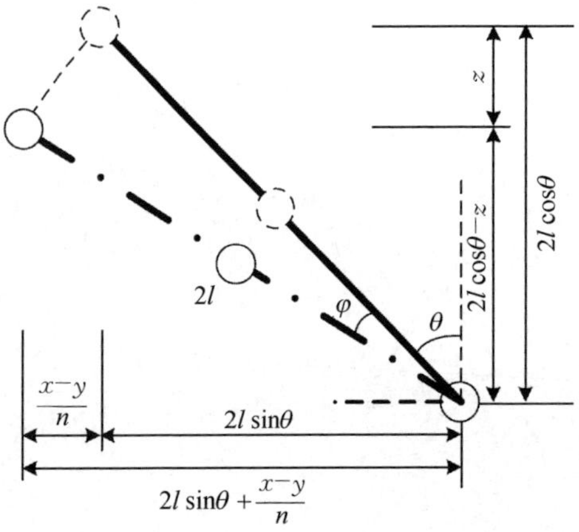

图 3.3 单层仿生结构变化示意图

一层都包含两根长为 $2l$ 的杆,并且杆的初始安装角为 θ, 弹簧刚度为 k。当仿生结构发生形变后,杆绕关节旋转的角度记为 φ。两侧的其中一个支撑关节能够在预先设计好的导轨上自由滑动,z 表示此关节在导轨上的位移,摩擦力忽略不计。x、y 分别表示 M 和 m 在水平方向上的位移。

单层仿生结构形变前后杆之间形成的几何关系如图 3.3 所示,由此可以得到旋转角 φ 和关节位移 z 的表达式:

$$\varphi = \theta - \arctan\left(\frac{l\sin\theta - \dfrac{y-x}{2n}}{l\cos\theta + z/2}\right) \tag{3.1}$$

$$z = 2\sqrt{l^2 - \left(l\sin\theta - \frac{y-x}{2n}\right)^2} - 2l\cos\theta \tag{3.2}$$

仿生隔振系统是一个两自由度系统,由于旋转角 φ 和关节位移 z 都可以用 x 和 y 表示,所以选取 x、y 作为广义坐标。这里由于仿生隔振系统中杆和关节等构件的质量远远小于 m 和 M, 所以在本章建模中忽略杆和关节的影响。

系统的动能可表示为

$$T = \frac{1}{2}M\dot{x}^2 + \frac{1}{2}m\dot{y}^2 \tag{3.3}$$

其中,x、y 分别表示 M、m 在水平方向上的位移。

系统的势能主要来自安装在仿生结构中的弹簧伸缩时产生的弹性势能,可表示为

$$V = \frac{1}{2}k_1z^2 \tag{3.4}$$

其中,k_1 为弹簧刚度,z 为关节位移,即弹簧的形变长度。

系统中由非保守力所做的虚功 δW 为

$$\delta W = - c_1(\dot{y} - \dot{x})\delta(y - x) - 6nc_2\dot{\varphi}\delta\varphi + u\delta x + F\delta y \tag{3.5}$$

其中，n 为仿生结构的层数；c_1 为系统在水平方向上的阻尼系数；c_2 为仿生结构中关节的旋转摩擦系数；F 为作用在 m 上的外激励；u 为施加在航天器上的主动控制力，其可以通过安装在服务航天器主平台上的喷气机构或者反作用飞轮来获得。

系统中由非保守力引起的广义力 Q_x 和 Q_y 可表示为

$$Q_x = c_1(\dot{y} - \dot{x}) - 6nc_2\dot{\varphi}\frac{\partial\varphi}{\partial x} + u \tag{3.6}$$

$$Q_y = c_1(\dot{x} - \dot{y}) - 6nc_2\dot{\varphi}\frac{\partial\varphi}{\partial y} + F \tag{3.7}$$

利用传统的 Lagrange 法，可以得到如下仿生隔振系统的动力学方程：

$$M\ddot{x} + k_1 z\frac{\partial z}{\partial x} + c_1(\dot{x} - \dot{y}) + 6nc_2\dot{\varphi}\frac{\partial\varphi}{\partial x} = u \tag{3.8}$$

$$m\ddot{y} + k_1 z\frac{\partial z}{\partial y} + c_1(\dot{y} - \dot{x}) + 6nc_2\dot{\varphi}\frac{\partial\varphi}{\partial y} = F \tag{3.9}$$

将式(3.1)和式(3.2)代入式(3.8)和式(3.9)后，仿生隔振系统的动力学方程可以转化为

$$M\ddot{x} + \left\{c_1 + \frac{3c_2}{2n\left[l^2 - \left(l\sin\theta - \dfrac{y-x}{2n}\right)^2\right]}\right\}(\dot{x} - \dot{y}) + \frac{k_1}{n^2}(y - x) + \frac{2k_1 l\cos\theta}{n}\frac{l\sin\theta - \dfrac{y-x}{2n}}{\sqrt{l^2 - \left(l\sin\theta - \dfrac{y-x}{2n}\right)^2}} - \frac{2k_1 l\sin\theta}{n} = u \tag{3.10}$$

$$m\ddot{y} + \left\{c_1 + \frac{3c_2}{2n\left[l^2 - \left(l\sin\theta - \dfrac{y-x}{2n}\right)^2\right]}\right\}(\dot{y} - \dot{x}) - \frac{k_1}{n^2}(y - x) - \frac{2k_1 l\cos\theta}{n}\frac{l\sin\theta - \dfrac{y-x}{2n}}{\sqrt{l^2 - \left(l\sin\theta - \dfrac{y-x}{2n}\right)^2}} + \frac{2k_1 l\sin\theta}{n} = F \tag{3.11}$$

接下来,利用三阶泰勒级数展开对式(3.10)和式(3.11)中的非线性函数项进行近似,可得

$$\begin{aligned}M\ddot{x} &- [\alpha_0 + \alpha_1(y-x) + \alpha_2(y-x)^2 + \alpha_3(y-x)^3](\dot{y}-\dot{x}) \\ &- [\beta_1(y-x) + \beta_2(y-x)^2 + \beta_3(y-x)^3 + \beta_4(y-x)^4] = u\end{aligned} \tag{3.12}$$

$$\begin{aligned}m\ddot{y} &+ [\alpha_0 + \alpha_1(y-x) + \alpha_2(y-x)^2 + \alpha_3(y-x)^3](\dot{y}-\dot{x}) \\ &+ [\beta_1(y-x) + \beta_2(y-x)^2 + \beta_3(y-x)^3 + \beta_4(y-x)^4] = F\end{aligned} \tag{3.13}$$

其中,

$$\alpha_0 = c_1 + \frac{3c_2}{2nl^2}\sec^2\theta \tag{3.14}$$

$$\alpha_1 = -\frac{3c_2}{2n^2l^3}\tan\theta\sec^3\theta \tag{3.15}$$

$$\alpha_2 = \frac{3c_2}{8n^3l^4}\sec^4\theta(4\sec^2\theta - 3) \tag{3.16}$$

$$\alpha_3 = -\frac{3c_2}{4n^4l^5}\tan\theta\sec^5\theta(2\sec^2\theta + 1) \tag{3.17}$$

$$\beta_1 = \frac{k_1}{n^2}(\sec^2\theta - 1) \tag{3.18}$$

$$\beta_2 = -\frac{3k_1}{4n^3l}\tan\theta\sec^3\theta \tag{3.19}$$

$$\beta_3 = \frac{k_1}{8n^4l^2}\sec^6\theta(4\sin^2\theta + 1) \tag{3.20}$$

$$\beta_4 = -\frac{5k_1}{64n^5l^3}\sin\theta\sec^8\theta(4\sin^2\theta + 3) \tag{3.21}$$

本章中,所有的系统参数除 c_1、c_2 和 M 外均为已知,下面提出一种基于仿生隔振系统的主被动混合控制方法,来实现系统在受到冲击作用下的快速稳定。

3.3　基于动态放缩法的自适应控制

为了更好地阐述基于动态放缩法的自适应控制方法，将上述的系统动力学方程拓展为 n 自由度 Euler-Lagrange 系统的一般形式，其表达式如下：

$$\dot{\boldsymbol{x}}_1 = \boldsymbol{x}_2 \tag{3.22}$$

$$\boldsymbol{M}(\boldsymbol{x}_1, \boldsymbol{\theta})\dot{\boldsymbol{x}}_2 + \boldsymbol{C}(\boldsymbol{x}_1, \boldsymbol{x}_2, \boldsymbol{\theta})\boldsymbol{x}_2 + \boldsymbol{G}(\boldsymbol{x}_1, \boldsymbol{\theta}) = \boldsymbol{u} \tag{3.23}$$

其中，$\boldsymbol{x}_1 = [x_{11}, x_{12}, \cdots, x_{1n}]^{\mathrm{T}} \in \mathbb{R}^n$、$\boldsymbol{x}_2 = [x_{21}, x_{22}, \cdots, x_{2n}]^{\mathrm{T}} \in \mathbb{R}^n$ 分别表示广义坐标和广义速度向量；$\boldsymbol{u} \in \mathbb{R}^n$ 为控制力矩向量；$\boldsymbol{\theta} = [p_1, p_2, \cdots, p_m]^{\mathrm{T}} \in \mathbb{R}^m$ 为系统未知参数向量，这意味着 $\boldsymbol{M}(\boldsymbol{x}_1, \boldsymbol{\theta})$ 和 $\boldsymbol{C}(\boldsymbol{x}_1, \boldsymbol{x}_2, \boldsymbol{\theta})$ 因 $\boldsymbol{\theta}$ 未知而具有不确定性。

由文献[120]可知，式(3.22)和式(3.23)定义的系统动力学方程满足如下性质：

(1) $\boldsymbol{M}(\boldsymbol{x}_1, \boldsymbol{\theta})$ 和 $\boldsymbol{C}(\boldsymbol{x}_1, \boldsymbol{x}_2, \boldsymbol{\theta})$ 可以表示为关于 $\boldsymbol{\theta}$ 的线性形式，即

$$\boldsymbol{M}(\boldsymbol{x}_1, \boldsymbol{\theta})a + \boldsymbol{C}(\boldsymbol{x}_1, \boldsymbol{x}_2, \boldsymbol{\theta})\boldsymbol{b} + \boldsymbol{G}(\boldsymbol{x}_1, \boldsymbol{\theta}) = \boldsymbol{W}(\boldsymbol{x}_1, \boldsymbol{x}_2)\boldsymbol{\theta}, \quad \forall \boldsymbol{a}, \boldsymbol{b} \in \mathbb{R}^n \tag{3.24}$$

(2) $\boldsymbol{M}(\boldsymbol{x}_1, \boldsymbol{\theta})$ 为正定实对称矩阵，并且满足：

$$\lambda_{\min}\|\boldsymbol{a}\|^2 \leqslant \boldsymbol{a}^{\mathrm{T}}\boldsymbol{M}(\boldsymbol{x}_1, \boldsymbol{\theta})\boldsymbol{a} \leqslant \|\boldsymbol{M}(\boldsymbol{x}_1, \boldsymbol{\theta})\|^2\|\boldsymbol{a}\|^2, \quad \forall \boldsymbol{a} \in \mathbb{R}^n \tag{3.25}$$

其中，$\lambda_{\min} > 0$ 为矩阵 $\boldsymbol{M}(\boldsymbol{x}_1, \boldsymbol{\theta})$ 的最小特征值；$\|\cdot\|$ 代表矩阵或向量的 2-范数。

假设给定一条参考轨迹 $\boldsymbol{x}_{\mathrm{d}} \in \mathbb{R}^n$ 且其一阶、二阶、三阶导数均光滑有界，那么跟踪误差 $\boldsymbol{x}_{\mathrm{e}} = [\boldsymbol{x}_{1\mathrm{e}}, \boldsymbol{x}_{2\mathrm{e}}]^{\mathrm{T}} \in \mathbb{R}^{2n}$ 可表示为 $\boldsymbol{x}_{1\mathrm{e}} = \boldsymbol{x}_1 - \boldsymbol{x}_{\mathrm{d}}$，$\boldsymbol{x}_{2\mathrm{e}} = \boldsymbol{x}_2 - \dot{\boldsymbol{x}}_{\mathrm{d}}$。

因此，整个系统的跟踪误差动力学方程可以写为如下形式：

$$\dot{\boldsymbol{x}}_{1\mathrm{e}} = \boldsymbol{x}_{2\mathrm{e}} \tag{3.26}$$

$$\boldsymbol{M}(\boldsymbol{x}_1, \boldsymbol{\theta})\dot{\boldsymbol{x}}_{2\mathrm{e}} = -\boldsymbol{M}(\boldsymbol{x}_1, \boldsymbol{\theta})\ddot{\boldsymbol{x}}_{\mathrm{d}} - \boldsymbol{C}(\boldsymbol{x}_1, \boldsymbol{x}_2, \boldsymbol{\theta})\boldsymbol{x}_2 - \boldsymbol{G}(\boldsymbol{x}_1, \boldsymbol{\theta}) + \boldsymbol{u} \tag{3.27}$$

假定系统的广义坐标和广义速度都可以通过测量精确得到，那么接下来的目标是设计一个全状态反馈自适应跟踪控制器，使得其能够保证系统跟踪误差的渐近收敛，即满足 $\lim\limits_{t\to\infty}\boldsymbol{x}_{\mathrm{e}}=\boldsymbol{0}$。在原有的浸入与不变自适应控制理论的基础上，基于动态放缩法并引入修正动态放缩因子和广义速度观测器，使其无须得知质量矩阵的下界或使用维数较大的滤波矩阵，从而简化了参数估计器的结构，减小了动态增益的计算复杂度。

3.3.1 广义速度观测器

对于给定的动力学系统(3.22)和(3.23)，定义如下的参数估计误差：

$$z_{\mathrm{f}}=\hat{\boldsymbol{\theta}}-\boldsymbol{\theta}=\boldsymbol{\varepsilon}+\boldsymbol{\beta}-\boldsymbol{\theta} \tag{3.28}$$

其中，$\boldsymbol{\varepsilon}$、$\boldsymbol{\beta}\in\mathbb{R}^{m}$ 为待定函数，且 $\boldsymbol{\varepsilon}+\boldsymbol{\beta}$ 为 $\boldsymbol{\theta}$ 的估计值。

通过改进传统的浸入与不变参数估计过程[121, 122]，设计一种如下形式的广义速度观测器：

$$\dot{\hat{\boldsymbol{x}}}_2=\ddot{\boldsymbol{x}}_{\mathrm{d}}-\alpha\boldsymbol{x}_{1\mathrm{e}}-(k_{\mathrm{e}}+\delta_x)\boldsymbol{x}_{2\mathrm{e}}-\psi_{\hat{x}}(\hat{\boldsymbol{x}}_2-\boldsymbol{x}_2) \tag{3.29}$$

其中，$\hat{\boldsymbol{x}}_2=[\hat{x}_{21},\hat{x}_{22},\cdots,\hat{x}_{2n}]\in\mathbb{R}^{n}$ 表示广义速度 $\boldsymbol{x}_2$ 的估计值；α 和 δ_x 为大于0的常数；$k_{\mathrm{e}}\in\mathbb{R}$ 和 $\psi_{\hat{x}}\in\mathbb{R}$ 为待确定增益。

将回归矩阵 $\boldsymbol{W}(\boldsymbol{x}_2,\boldsymbol{x}_1,\boldsymbol{x}_{\mathrm{d}},\dot{\boldsymbol{x}}_{\mathrm{d}},\ddot{\boldsymbol{x}}_{\mathrm{d}},k_{\mathrm{e}})\in\mathbb{R}^{n\times m}$ 作为 $\left(\dfrac{\partial\boldsymbol{\beta}}{\partial\boldsymbol{x}_2}\right)^{\mathrm{T}}$ 的近似解，则可得

$$\boldsymbol{W}\boldsymbol{\theta}=-\boldsymbol{M}\ddot{\boldsymbol{x}}_{\mathrm{d}}-\boldsymbol{C}\boldsymbol{x}_2-\boldsymbol{G}+\alpha\boldsymbol{M}\boldsymbol{x}_{1\mathrm{e}}+(k_{\mathrm{e}}+\delta_x)\boldsymbol{M}\boldsymbol{x}_{2\mathrm{e}} \tag{3.30}$$

接下来利用 $\boldsymbol{W}$ 和 $\hat{\boldsymbol{x}}_2$ 中的元素构造 $\boldsymbol{\beta}=\boldsymbol{\beta}(\boldsymbol{x}_2,\hat{\boldsymbol{x}}_2,\boldsymbol{x}_1,\boldsymbol{x}_{\mathrm{d}},\dot{\boldsymbol{x}}_{\mathrm{d}},\ddot{\boldsymbol{x}}_{\mathrm{d}},k_{\mathrm{e}})$ 的近似解，形式如下：

$$\boldsymbol{\beta}=\gamma\sum_{i=1}^{n}\boldsymbol{W}_i(\hat{\boldsymbol{x}}_2,\boldsymbol{x}_1,\boldsymbol{x}_{\mathrm{d}},\dot{\boldsymbol{x}}_{\mathrm{d}},\ddot{\boldsymbol{x}}_{\mathrm{d}},k_{\mathrm{e}})\boldsymbol{x}_{2i} \tag{3.31}$$

其中，γ 为正常数。

假设 k_{e} 与 $\boldsymbol{x}_2$ 相互独立，将式(3.22)和式(3.23)以及式(3.31)代入式(3.28)关于时间 t 的导数中，可以得到 z_{f} 的参数估计误差动态方程：

$$\dot{z}_{\mathrm{f}}=\dot{\boldsymbol{\varepsilon}}+\frac{\partial\boldsymbol{\beta}}{\partial\hat{\boldsymbol{x}}_2}\dot{\hat{\boldsymbol{x}}}_2+\frac{\partial\boldsymbol{\beta}}{\partial\boldsymbol{x}_1}\boldsymbol{x}_2+\frac{\partial\boldsymbol{\beta}}{\partial\boldsymbol{x}_{\mathrm{d}}}\dot{\boldsymbol{x}}_{\mathrm{d}}+\frac{\partial\boldsymbol{\beta}}{\partial\dot{\boldsymbol{x}}_{\mathrm{d}}}\ddot{\boldsymbol{x}}_{\mathrm{d}}+\frac{\partial\boldsymbol{\beta}}{\partial\ddot{\boldsymbol{x}}_{\mathrm{d}}}\boldsymbol{x}_{\mathrm{d}}^{(3)}$$

$$+\frac{\partial\boldsymbol{\beta}}{\partial\boldsymbol{k}_{\mathrm{e}}}\dot{k}_{\mathrm{e}}+\frac{\partial\boldsymbol{\beta}}{\partial\boldsymbol{x}_2}\boldsymbol{M}^{-1}(-\boldsymbol{C}\boldsymbol{x}_2-\boldsymbol{G}+\boldsymbol{u}) \tag{3.32}$$

根据式(3.31),对 $\boldsymbol{\beta}$ 关于 $\boldsymbol{x}_2$ 求微分之后,可得

$$\frac{\partial\boldsymbol{\beta}}{\partial\boldsymbol{x}_2}=\gamma\boldsymbol{W}^{\mathrm{T}}+\gamma[\boldsymbol{W}(\hat{\boldsymbol{x}}_2,\boldsymbol{x}_1,\boldsymbol{x}_{\mathrm{d}},\dot{\boldsymbol{x}}_{\mathrm{d}},\ddot{\boldsymbol{x}}_{\mathrm{d}},k_{\mathrm{e}})-\boldsymbol{W}]^{\mathrm{T}} \tag{3.33}$$

其中, $\boldsymbol{W}^{\mathrm{T}}=[\boldsymbol{W}_1,\boldsymbol{W}_2,\cdots,\boldsymbol{W}_n]$, $\boldsymbol{W}_1,\boldsymbol{W}_2,\cdots,\boldsymbol{W}_n\in\mathbb{R}^{m\times 1}$ 分别为 $\boldsymbol{W}^{\mathrm{T}}\in\mathbb{R}^{m\times n}$ 的列向量。

因为式(3.33)中所有的函数均为光滑函数,并且当 $\hat{\boldsymbol{x}}_2=\boldsymbol{x}_2$ 时,有等式 $\frac{\partial\boldsymbol{\beta}}{\partial\boldsymbol{x}_2}=\gamma\boldsymbol{W}^{\mathrm{T}}$ 成立,那么必然存在映射 $\boldsymbol{\Delta}_x(\hat{\boldsymbol{x}}_2-\boldsymbol{x}_2,\boldsymbol{x}_1,\boldsymbol{x}_2,\hat{\boldsymbol{x}}_2,\boldsymbol{x}_{\mathrm{d}},\dot{\boldsymbol{x}}_{\mathrm{d}},\ddot{\boldsymbol{x}}_{\mathrm{d}},k_{\mathrm{e}})$ 满足:

$$\frac{\partial\boldsymbol{\beta}}{\partial\boldsymbol{x}_2}=\gamma[\boldsymbol{W}+\boldsymbol{\Delta}_x(\hat{\boldsymbol{x}}_2-\boldsymbol{x}_2,\boldsymbol{x}_1,\boldsymbol{x}_2,\hat{\boldsymbol{x}}_2,\boldsymbol{x}_{\mathrm{d}},\dot{\boldsymbol{x}}_{\mathrm{d}},\ddot{\boldsymbol{x}}_{\mathrm{d}},k_{\mathrm{e}})]^{\mathrm{T}} \tag{3.34}$$

并且对所有的 $\boldsymbol{x}_1,\boldsymbol{x}_2,\hat{\boldsymbol{x}}_2,\boldsymbol{x}_{\mathrm{d}},\dot{\boldsymbol{x}}_{\mathrm{d}},\ddot{\boldsymbol{x}}_{\mathrm{d}}\in\mathbb{R}^n$ 和 $k_{\mathrm{e}}\in\mathbb{R}$ 都有

$$\boldsymbol{\Delta}_x(0,\boldsymbol{x}_1,\boldsymbol{x}_2,\hat{\boldsymbol{x}}_2,\boldsymbol{x}_{\mathrm{d}},\dot{\boldsymbol{x}}_{\mathrm{d}},\ddot{\boldsymbol{x}}_{\mathrm{d}},k_{\mathrm{e}})=0 \tag{3.35}$$

成立。

式(3.35)能够保证存在映射 $\bar{\boldsymbol{\Delta}}_x(\boldsymbol{x}_1,\boldsymbol{x}_2,\hat{\boldsymbol{x}}_2,\boldsymbol{x}_{\mathrm{d}},\dot{\boldsymbol{x}}_{\mathrm{d}},\ddot{\boldsymbol{x}}_{\mathrm{d}},k_{\mathrm{e}})$ 使得

$$\|\boldsymbol{\Delta}_x\|^2\leqslant\|\bar{\boldsymbol{\Delta}}_x(\boldsymbol{x}_1,\boldsymbol{x}_2,\hat{\boldsymbol{x}}_2,\boldsymbol{x}_{\mathrm{d}},\dot{\boldsymbol{x}}_{\mathrm{d}},\ddot{\boldsymbol{x}}_{\mathrm{d}},k_{\mathrm{e}})\|\|\hat{\boldsymbol{x}}_2-\boldsymbol{x}_2\|^2 \tag{3.36}$$

成立。

通过式(3.30)、式(3.32)和式(3.34),参数估计误差动态 $\dot{z}_{\mathrm{f}}$ 可转化为如下形式:

$$\begin{aligned}\dot{z}_{\mathrm{f}}=&\,\dot{\boldsymbol{\varepsilon}}+\frac{\partial\boldsymbol{\beta}}{\partial\hat{\boldsymbol{x}}_2}\dot{\hat{\boldsymbol{x}}}_2+\frac{\partial\boldsymbol{\beta}}{\partial\boldsymbol{x}_1}\boldsymbol{x}_2+\frac{\partial\boldsymbol{\beta}}{\partial\boldsymbol{x}_{\mathrm{d}}}\dot{\boldsymbol{x}}_{\mathrm{d}}+\frac{\partial\boldsymbol{\beta}}{\partial\dot{\boldsymbol{x}}_{\mathrm{d}}}\ddot{\boldsymbol{x}}_{\mathrm{d}}+\frac{\partial\boldsymbol{\beta}}{\partial\ddot{\boldsymbol{x}}_{\mathrm{d}}}\boldsymbol{x}_{\mathrm{d}}^{(3)}+\frac{\partial\boldsymbol{\beta}}{\partial k_{\mathrm{e}}}\dot{k}_{\mathrm{e}}\\&+\gamma(\boldsymbol{W}+\boldsymbol{\Delta}_x)^{\mathrm{T}}[\ddot{\boldsymbol{x}}_{\mathrm{d}}-\alpha\boldsymbol{x}_{1\mathrm{e}}-(k_{\mathrm{e}}+\delta_x)\boldsymbol{x}_{2\mathrm{e}}]\\&+\gamma(\boldsymbol{W}+\boldsymbol{\Delta}_x)^{\mathrm{T}}\boldsymbol{M}^{-1}(\boldsymbol{W}\boldsymbol{\theta}+\boldsymbol{u})\end{aligned} \tag{3.37}$$

根据式(3.37),设计如下形式的参数估计律 $\dot{\boldsymbol{\varepsilon}}$ 和控制律 $\boldsymbol{u}$:

$$\dot{\boldsymbol{\varepsilon}}=-\frac{\partial\boldsymbol{\beta}}{\partial\hat{\boldsymbol{x}}_2}\dot{\hat{\boldsymbol{x}}}_2-\frac{\partial\boldsymbol{\beta}}{\partial\boldsymbol{x}_1}\boldsymbol{x}_2-\frac{\partial\boldsymbol{\beta}}{\partial\boldsymbol{x}_{\mathrm{d}}}\dot{\boldsymbol{x}}_{\mathrm{d}}-\frac{\partial\boldsymbol{\beta}}{\partial\dot{\boldsymbol{x}}_{\mathrm{d}}}\ddot{\boldsymbol{x}}_{\mathrm{d}}-\frac{\partial\boldsymbol{\beta}}{\partial\ddot{\boldsymbol{x}}_{\mathrm{d}}}\boldsymbol{x}_{\mathrm{d}}^{(3)}$$

$$-\frac{\partial\boldsymbol{\beta}}{\partial k_{\mathrm{e}}}\dot{k}_{\mathrm{e}}-\gamma(\boldsymbol{W}+\boldsymbol{\Delta}_x)^{\mathrm{T}}[\ddot{\boldsymbol{x}}_{\mathrm{d}}-\alpha\boldsymbol{x}_{1\mathrm{e}}-(k_{\mathrm{e}}+\delta_x)\boldsymbol{x}_{2\mathrm{e}}] \tag{3.38}$$

$$\boldsymbol{u}=-\boldsymbol{W}(\varepsilon+\beta) \tag{3.39}$$

通过将式(3.38)和式(3.39)代入式(3.37)后,那么式(3.37)可化简为

$$\begin{aligned}\dot{z}_{\mathrm{f}}&=-\gamma\boldsymbol{W}^{\mathrm{T}}\boldsymbol{M}^{-1}\boldsymbol{W}z_{\mathrm{f}}-\gamma\boldsymbol{\Delta}_x^{\mathrm{T}}\boldsymbol{M}^{-1}\boldsymbol{W}z_{\mathrm{f}}\\&=-\gamma\boldsymbol{W}^{\mathrm{T}}\boldsymbol{M}^{-1}\boldsymbol{W}z_{\mathrm{f}}-\boldsymbol{\phi}(\boldsymbol{\Delta}_x)\end{aligned} \tag{3.40}$$

观察式(3.40)的结构,可以推断出其右端第一项 $-\gamma\boldsymbol{W}^{\mathrm{T}}\boldsymbol{M}^{-1}\boldsymbol{W}z_{\mathrm{f}}$ 为参数估计误差中的收敛项,第二项 $\boldsymbol{\phi}(\boldsymbol{\Delta}_x)$ 为参数估计误差动态 $\dot{z}_{\mathrm{f}}$ 的干扰项,那么接下来要借助动态放缩法来消除此干扰项。

3.3.2 动态放缩法

式(3.40)的收敛项 $-\gamma\boldsymbol{W}^{\mathrm{T}}\boldsymbol{M}^{-1}\boldsymbol{W}z_{\mathrm{f}}$ 满足如下关系:

$$-\gamma\boldsymbol{W}^{\mathrm{T}}\boldsymbol{M}^{-1}\boldsymbol{W}z_{\mathrm{f}}\leqslant\lambda_{\min}\|\boldsymbol{M}^{-1}\boldsymbol{W}z_{\mathrm{f}}\|^2 \tag{3.41}$$

如果直接应用 Karagiannis 等提出的基于动态放缩法的浸入与不变自适应控制方法,需要已知 $\lambda_{\min}$ 的下界信息。为了解决此问题,需要引入修正的动态放缩因子,来使所要设计的控制器能够独立于 $\lambda_{\min}$。

假设存在一个标量函数 $r(t)\in\mathbb{R}$ 且对所有的 $t\geqslant0$ 都有 $r(t)\geqslant1$, 定义如下的放缩参数估计误差:

$$z=\frac{z_{\mathrm{f}}}{\mathrm{e}^{\frac{\sqrt{\ln r+1}}{\lambda_{\min}}}}\cdot\frac{\mathrm{e}^{\frac{1}{2}\left(\frac{1}{\lambda_{\min}^2}+1\right)}}{\sqrt{\lambda_{\min}}} \tag{3.42}$$

其中, $\lambda_{\min}$ 在式(3.25)中已定义。

接下来对 z 关于 t 求微分,得到放缩参数估计误差的动态方程为

$$\dot{z}=\frac{\dot{z}_{\mathrm{f}}}{\mathrm{e}^{\frac{\sqrt{\ln r+1}}{\lambda_{\min}}}}\cdot\frac{\mathrm{e}^{\frac{1}{2}\left(\frac{1}{\lambda_{\min}^2}+1\right)}}{\sqrt{\lambda_{\min}}}-\frac{\dot{r}}{2\lambda_{\min}r\sqrt{\ln r+1}}\cdot z \tag{3.43}$$

将式(3.40)、式(3.42)代入式(3.43)可得

$$\dot{z}=-\gamma\boldsymbol{W}^{\mathrm{T}}\boldsymbol{M}^{-1}\boldsymbol{W}z-\gamma\boldsymbol{\Delta}_x^{\mathrm{T}}\boldsymbol{M}^{-1}\boldsymbol{W}z-\frac{\dot{r}}{2\lambda_{\min}r\sqrt{\ln r+1}}\cdot z \tag{3.44}$$

定义如下的半正定李雅普诺夫函数：

$$V_z = \frac{1}{2\gamma}\boldsymbol{z}^{\mathrm{T}}\boldsymbol{z} \tag{3.45}$$

对 V_z 关于 t 求微分，并利用杨不等式，则有

$$\begin{aligned}\dot{V}_z &= -\boldsymbol{z}^{\mathrm{T}}\boldsymbol{W}^{\mathrm{T}}\boldsymbol{M}^{-1}\boldsymbol{W}\boldsymbol{z} - \boldsymbol{z}^{\mathrm{T}}\boldsymbol{\Delta}_x^{\mathrm{T}}\boldsymbol{M}^{-1}\boldsymbol{W}\boldsymbol{z} - \frac{\dot{r}}{2\gamma\lambda_{\min} r\sqrt{\ln r + 1}}\boldsymbol{z}^{\mathrm{T}}\boldsymbol{z} \\ &\leqslant -\frac{\lambda_{\min}}{2}\|\boldsymbol{M}^{-1}\boldsymbol{W}\boldsymbol{z}\|^2 + \frac{\|\boldsymbol{z}\|^2}{\lambda_{\min}}\left(\frac{\|\boldsymbol{\Delta}_x\|^2}{2} - \frac{\dot{r}}{2\gamma r\sqrt{\ln r + 1}}\right)\end{aligned} \tag{3.46}$$

令

$$\dot{r} = \gamma r\sqrt{\ln r + 1}\,\|\boldsymbol{\Delta}_x\|^2 \tag{3.47}$$

由式(3.47)可知，函数 r 单调递增，即当 r 的初值 $r(0) \geqslant 1$ 时，有 $r(t) \geqslant 1$ 成立。因此，需要保证 $r(0) \geqslant 1$。

接下来，将式(3.47)代入式(3.46)，那么就有

$$\dot{V}_z \leqslant -\frac{\lambda_{\min}}{2}\|\boldsymbol{M}^{-1}\boldsymbol{W}\boldsymbol{z}\|^2 \tag{3.48}$$

根据式(3.48)，可以得到 $\boldsymbol{M}^{-1}\boldsymbol{W}\boldsymbol{z} \in \mathcal{L}_2$，$\boldsymbol{z} \in \mathcal{L}_\infty$。值得注意的是，由 $\boldsymbol{z}$ 和 $\boldsymbol{z}_{\mathrm{f}}$ 之间的关系 $\boldsymbol{z}_{\mathrm{f}} = \mathrm{e}^{\frac{\sqrt{\ln r+1}}{\lambda_{\min}}} \cdot \frac{\sqrt{\lambda_{\min}}}{\mathrm{e}^{\frac{1}{2}\left(\frac{1}{\lambda_{\min}^2}+1\right)}} \cdot \boldsymbol{z}$ 可知，$\boldsymbol{z} \in \mathcal{L}_\infty$ 并不能推出 $\boldsymbol{z}_{\mathrm{f}} \in \mathcal{L}_\infty$，需要保证 r 的有界性。

因此，接下来需要证明函数 r 有界以及 $\hat{\boldsymbol{x}}_2 - \boldsymbol{x}_2$、$\boldsymbol{x}_{1\mathrm{e}}$ 和 $\boldsymbol{x}_{2\mathrm{e}}$ 的渐近收敛性。

3.3.3　闭环系统误差

根据式(3.26)、式(3.27)、式(3.29)和式(3.47)，定义如下的李雅普诺夫函数：

$$V_{\mathrm{e}} = \frac{1}{2}\boldsymbol{x}_{2\mathrm{e}}^{\mathrm{T}}\boldsymbol{x}_{2\mathrm{e}} + \frac{\alpha}{2}\boldsymbol{x}_{1\mathrm{e}}^{\mathrm{T}}\boldsymbol{x}_{1\mathrm{e}} \tag{3.49}$$

$$V_{\hat{x}} = \frac{1}{2}(\hat{\boldsymbol{x}}_2 - \boldsymbol{x}_2)^{\mathrm{T}}(\hat{\boldsymbol{x}}_2 - \boldsymbol{x}_2) \tag{3.50}$$

$$V_{\mathrm{r}}=\frac{k_{\hat{x}}}{\gamma}\sqrt{\ln r+1} \tag{3.51}$$

其中，$k_{\hat{x}}>0$ 是常数。

前面已经要求 $r(0)\geqslant 1$，从而能够保证 V_{r} 是正定的。

对 $V_{\hat{x}}$ 关于时间 t 求微分，结合式(4.23)、式(3.26)、式(3.27)、式(3.39)、式(3.42)和式(3.50)，可以得到如下形式的 $\dot{V}_{\hat{x}}$：

$$\dot{V}_{\hat{x}}=(\hat{\boldsymbol{x}}_2-\boldsymbol{x}_2)^{\mathrm{T}}\boldsymbol{M}^{-1}\boldsymbol{W}\boldsymbol{z}_{\mathrm{f}}-\psi_{\hat{x}}(\hat{\boldsymbol{x}}_2-\boldsymbol{x}_2)^{\mathrm{T}}(\hat{\boldsymbol{x}}_2-\boldsymbol{x}_2) \tag{3.52}$$

因为 $r(0)\geqslant 1$，所以根据式(3.47)，有下面的不等式成立：

$$\mathrm{e}^{\frac{\sqrt{\ln r+1}}{\lambda_{\min}}}\leqslant \mathrm{e}^{\frac{1}{2\lambda_{\min}^{2}}+\frac{\ln r+1}{2}}\leqslant \mathrm{e}^{\frac{1}{2}\left(\frac{1}{\lambda_{\min}^{2}}+1\right)}\cdot\sqrt{r} \tag{3.53}$$

将式(3.42)代入式(3.52)并利用式(3.53)可得

$$\begin{aligned}\dot{V}_{\hat{x}}&=\mathrm{e}^{\frac{\sqrt{\ln r+1}}{\lambda_{\min}}}\cdot\frac{\sqrt{\lambda_{\min}}}{\mathrm{e}^{\frac{1}{2}\left(\frac{1}{\lambda_{\min}^{2}}+1\right)}}(\hat{\boldsymbol{x}}_2-\boldsymbol{x}_2)^{\mathrm{T}}\boldsymbol{M}^{-1}\boldsymbol{W}\boldsymbol{z}-\psi_{\hat{x}}\|\hat{\boldsymbol{x}}_2-\boldsymbol{x}_2\|^2\\&\leqslant\frac{1}{2}\left[\frac{\mathrm{e}^{\frac{\sqrt{\ln r+1}}{\lambda_{\min}}}}{\mathrm{e}^{\frac{1}{2}\left(\frac{1}{\lambda_{\min}^{2}}+1\right)}}\right]^2\|\hat{\boldsymbol{x}}_2-\boldsymbol{x}_2\|^2+\frac{\lambda_{\min}}{2}\|\boldsymbol{M}^{-1}\boldsymbol{W}\boldsymbol{z}\|^2-\psi_{\hat{x}}\|\hat{\boldsymbol{x}}_2-\boldsymbol{x}_2\|^2\\&\leqslant\left(\frac{1}{2}r-\psi_{\hat{x}}\right)\|\hat{\boldsymbol{x}}_2-\boldsymbol{x}_2\|^2+\frac{\lambda_{\min}}{2}\|\boldsymbol{M}^{-1}\boldsymbol{W}\boldsymbol{z}\|^2\end{aligned} \tag{3.54}$$

令

$$V_1=V_z+V_{\hat{x}}+V_{\mathrm{r}} \tag{3.55}$$

利用式(3.36)、式(3.48)和式(3.54)，可以得到 $\dot{V}_1$ 满足：

$$\dot{V}_1=\dot{V}_z+\dot{V}_{\hat{x}}+\dot{V}_{\mathrm{r}}\leqslant\left(\frac{1}{2}r-\psi_{\hat{x}}+\frac{k_{\hat{x}}}{2}\|\bar{\boldsymbol{\Delta}}_x\|\right)\|\hat{\boldsymbol{x}}_2-\boldsymbol{x}_2\|^2 \tag{3.56}$$

选取增益 $\psi_{\hat{x}}$ 为

$$\psi_{\hat{x}}=\frac{1}{2}r+\frac{k_{\hat{x}}}{2}\|\bar{\boldsymbol{\Delta}}_x\| \tag{3.57}$$

那么就有

$$\dot{V}_1\leqslant 0 \tag{3.58}$$

根据式(3.58)，可得 $\hat{\boldsymbol{x}}_2 - \boldsymbol{x}_2 \in \mathcal{L}_\infty$、$r \in \mathcal{L}_\infty$。由式(3.54)可得 $\boldsymbol{M}^{-1}\boldsymbol{W}\boldsymbol{z} \in \mathcal{L}_2$。因为 $\boldsymbol{z}_\mathrm{f} = \mathrm{e}^{\frac{\sqrt{\ln r+1}}{\lambda_{\min}}} \cdot \frac{\sqrt{\boldsymbol{\lambda}_{\min}}}{\mathrm{e}^{\frac{1}{2}\left(\frac{1}{\lambda_{\min}^2}+1\right)}}\boldsymbol{z}$，$\boldsymbol{z} \in \mathcal{L}_\infty$，所以有 $\boldsymbol{M}^{-1}\boldsymbol{W}\boldsymbol{z}_\mathrm{f} \in \mathcal{L}_2$。因此，本章所设计的控制器能够同时保证动态放缩因子以及广义速度观测误差的有界性。同样地，跟踪误差 $\boldsymbol{x}_{1\mathrm{e}}$ 和 $\boldsymbol{x}_{2\mathrm{e}}$ 的渐近收敛性也能够以相同的方式证明。

根据式(3.49)，对 V_e 关于时间 t 求微分，可以得到如下形式：

$$
\begin{aligned}
\dot{V}_\mathrm{e} &= \boldsymbol{x}_{2\mathrm{e}}^\mathrm{T}\boldsymbol{M}^{-1}[-\boldsymbol{W}\boldsymbol{z}_\mathrm{f} - (k_\mathrm{e} + \delta_x)\boldsymbol{M}\boldsymbol{x}_{2\mathrm{e}} - \alpha\boldsymbol{M}\boldsymbol{x}_{1\mathrm{e}}] + \alpha\boldsymbol{x}_{1\mathrm{e}}^\mathrm{T}\boldsymbol{x}_{2\mathrm{e}} \\
&= -\boldsymbol{x}_{2\mathrm{e}}^\mathrm{T}\boldsymbol{M}^{-1}\boldsymbol{W}\boldsymbol{z}_\mathrm{f} - k_\mathrm{e}\|\boldsymbol{x}_{2\mathrm{e}}\|^2 - \delta_x\|\boldsymbol{x}_{2\mathrm{e}}\|^2
\end{aligned} \tag{3.59}
$$

将式(3.42)代入式(3.59)，并利用不等式(3.53)可得

$$
\begin{aligned}
\dot{V}_\mathrm{e} &= -\mathrm{e}^{\frac{\sqrt{\ln r+1}}{\lambda_{\min}}} \cdot \frac{\sqrt{\boldsymbol{\lambda}_{\min}}}{\mathrm{e}^{\frac{1}{2}\left(\frac{1}{\lambda_{\min}^2}+1\right)}}\boldsymbol{x}_{2\mathrm{e}}^\mathrm{T}\boldsymbol{M}^{-1}\boldsymbol{W}\boldsymbol{z} - k_\mathrm{e}\|\boldsymbol{x}_{2\mathrm{e}}\|^2 \\
&\leqslant \left(\frac{1}{2}r - k_\mathrm{e}\right)\|\boldsymbol{x}_{2\mathrm{e}}\|^2 + \frac{\boldsymbol{\lambda}_{\min}}{2}\|\boldsymbol{M}^{-1}\boldsymbol{W}\boldsymbol{z}\|^2 - \delta_x\|\boldsymbol{x}_{2\mathrm{e}}\|^2
\end{aligned} \tag{3.60}
$$

选取控制增益 k_e 为

$$
k_\mathrm{e} = \frac{1}{2}r \tag{3.61}
$$

令

$$
V_2 = V_z + V_\mathrm{e} \tag{3.62}
$$

利用式(3.48)、式(3.60)和式(3.61)，并对 V_2 关于时间 t 微分可得

$$
\dot{V}_2 = \dot{V}_z + \dot{V}_\mathrm{e} \leqslant -\delta_x\|\boldsymbol{x}_{2\mathrm{e}}\|^2 \tag{3.63}
$$

那么可以推出 $\boldsymbol{x}_{1\mathrm{e}} \in \mathcal{L}_\infty$ 和 $\boldsymbol{x}_{2\mathrm{e}} \in \mathcal{L}_2 \cap \mathcal{L}_\infty$。

通过式(3.26)、式(3.27)、式(3.30)、式(3.39)，$\dot{\boldsymbol{x}}_{2\mathrm{e}}$ 可进一步写为

$$
\dot{\boldsymbol{x}}_{2\mathrm{e}} = -\boldsymbol{M}^{-1}\boldsymbol{W}\boldsymbol{z}_\mathrm{f} - (k_\mathrm{e} + \delta_x)\boldsymbol{x}_{2\mathrm{e}} - \alpha\boldsymbol{x}_{1\mathrm{e}} \tag{3.64}
$$

因为 $\boldsymbol{M}^{-1}\boldsymbol{W}\boldsymbol{z}_\mathrm{f} \in \mathcal{L}_2$，利用巴巴拉特(*Barbalat*)引理可以得出 $\lim\limits_{t\to\infty}\boldsymbol{x}_{2\mathrm{e}} = 0$。由于 $\dot{\boldsymbol{z}}_\mathrm{f}$、$\dot{\boldsymbol{W}}$ 和 $\dot{\boldsymbol{M}}(\boldsymbol{x}_1, \boldsymbol{\theta})$ 都是有界的，利用式(3.27)、式(3.30)及式(3.40)，可以得到 $\ddot{\boldsymbol{x}}_{2\mathrm{e}}$ 有界，因此可得 $\lim\limits_{t\to\infty}\dot{\boldsymbol{x}}_{2\mathrm{e}} = \boldsymbol{0}$。

因此，由式(3.64)可以得出 $\lim\limits_{t\to\infty}\boldsymbol{x}_{1e}=\boldsymbol{0}$。此外，根据式(3.23)和式(3.29)，并通过巴巴拉引理，可以推导出 $\lim\limits_{t\to\infty}(\hat{\boldsymbol{x}}_2-\boldsymbol{x}_2)=\boldsymbol{0}$，由此可以得出本章所设计的控制器能够保证跟踪误差和观测误差的渐近收敛性。

3.4 数值仿真分析

本节将3.3节提出的基于动态放缩法的自适应控制作为本章提出的主被动混合隔振方法的主动部分，然后基于仿生隔振系统具有的优良隔振特性，通过数值仿真验证主被动混合控制方法在控制由冲击性外激励产生振动时的有效性和可行性。另外，通过与经典的 *SMD* 系统分别在受冲击性外激励下的系统响应进行对比，阐明仿生隔振系统较于弹簧质量阻尼隔振系统以及主被动混合控制较于被动装置在控制此类振动时的优越性。

3.4.1 无控状态下与SMD系统比较

首先，对比仿生隔振系统和SMD系统在受到冲击性外激励下的振动隔离响应。如前面所述，利用Lagrange法建立SMD系统的数学模型，其动力学方程如下：

$$M\ddot{x}-c(\dot{y}-\dot{x})-k(y-x)=0 \tag{3.65}$$

$$m\ddot{y}+c(\dot{y}-\dot{x})+k(y-x)=F \tag{3.66}$$

其中，x、y 分别表示 M、m 在水平方向上的位移。系统参数 M、m、c、k 的选取都与仿生隔振系统的参数设置完全相同。

根据前面对系统在冲击力作用下的分析，将冲击性外激励 F 看成对服务航天器末端执行器施加冲量 $I=0.6\ \mathrm{kg\cdot m/s}$，因为冲击力的作用时间非常短暂，这相当于在冲击力的作用下使得抓捕机构 m 获得了一定的初始速度 v_i。图3.4(a)、(b)分别展示了航天器主平台 M 和抓捕机构 m 在冲击性外激励下的位移随时间的变化关系，其中实线表示仿生隔振系统，点划线表示SMD系统。从图3.4中可以清楚地看出两种隔振系统存在明显差异，两者在初期阶段都有明显的振动，而随着时间的推进，在仿生隔振系统中，无论是对于 M 还是 m，其位移都会持续增长最后趋近于一条直线，由此可以推断出此运动不仅包含振动，同时也存在平动。仿生隔振系统优良的非线性阻尼特性，使得振动在短时间内快速停止。而在 SMD 系统中，振动并没有在短时间内消失，而是围绕着一条直线进行高频振动，并且降幅较小。图 3.5 显示了两者在冲击性外激励下 M、m 的速度随时间的变化关系，观察发现仿生隔振系统中 m 从初始速度 $v_i = 0.30$ m/s 逐渐减小，并趋于稳定，而 M 的速度则是从零开始逐渐增加至最大值，然后迅速减小，大约 3 s 之后，系统逐渐趋于平稳状态，并以 $v_d = 0.59$ cm/s 的速度漂移。而对于 SMD 系统，M、m 的速度变化明显，并且其速度降幅较小。同样地，从加速度的角度来看，图 3.6 展示了两种隔振系统在冲击性外激励下加速度随时间的变化关系。从图 3.6 中可以看出，相较于弹簧阻尼结构隔振系统，仿生隔振系统的加速度在大约 3 s 后减小为零，从而使 M、m 之间不存在相对运动而保持相对稳定。由此得出，两种隔振系统都具有一定的振动隔离效果，但相较于 SMD 系统，仿生隔振系统在受到冲击性外激励下具有更好的隔振效果。此外，系统在受到冲击性外

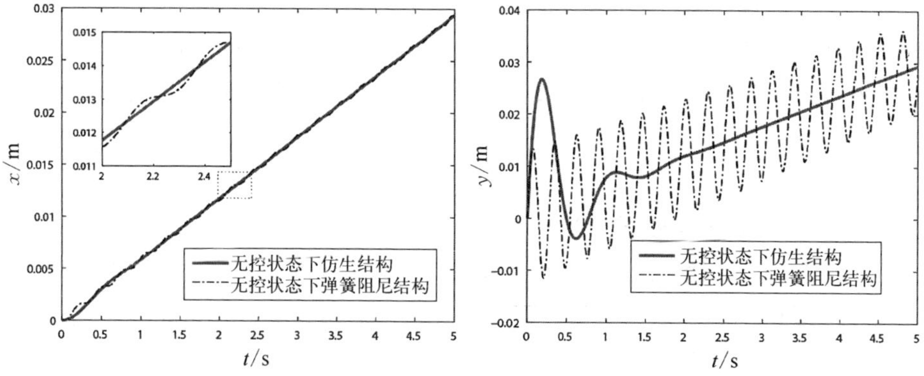

(a) 服务航天器主平台M　　(b) 抓捕机构m

图 3.4　服务航天器主平台 M 和抓捕机构 m 在冲击性外激励下的位移随时间的变化关系

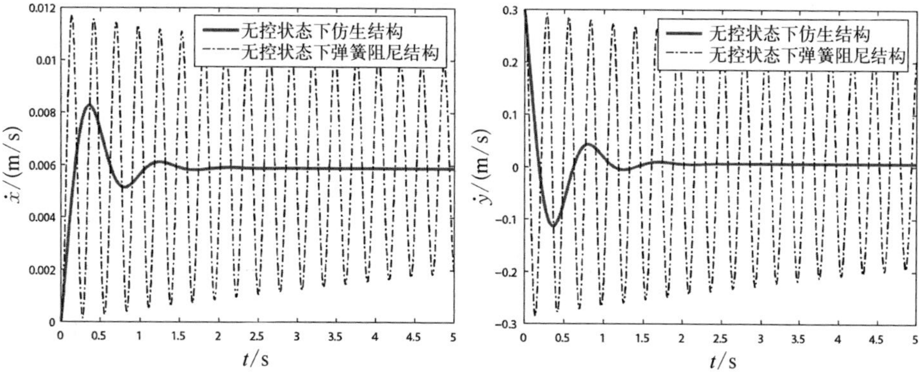

(a) 服务航天器主平台M　　(b) 抓捕机构m

图 3.5　服务航天器主平台 M 和抓捕机构 m 在冲击性外激励下的速度随时间的变化关系

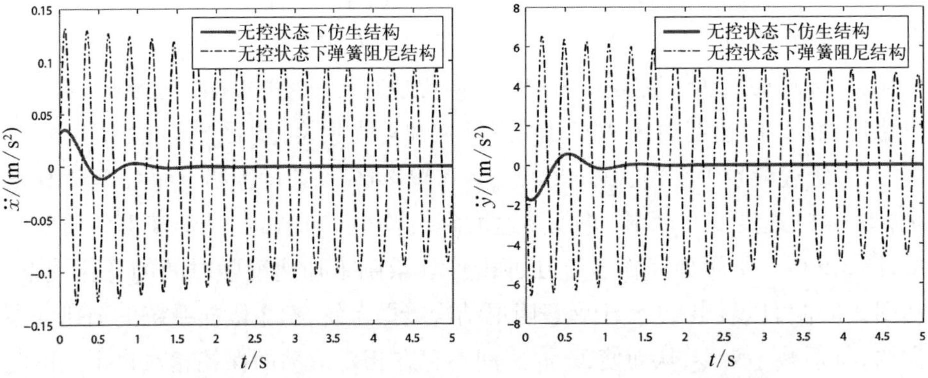

图 3.6 服务航天器主平台 M 和抓捕机构 m 在冲击性外激励下的加速度随时间的变化关系

激励时存在漂移现象,使得抓捕后组合航天器一直处于不稳定状态,从而严重影响安装在航天器主平台上精密仪器的正常工作。因此,接下来希望通过施加主动控制来进一步提高仿生隔振系统的抑振性能,同时消除漂移现象,提高整个系统的稳定性。

3.4.2 自适应控制器设计

考虑在仿生隔振系统中的系统结构参数 $\boldsymbol{c}_1$、$\boldsymbol{c}_2$ 及 $\boldsymbol{M}$ 未知,那么由式(3.14)~式(3.17)可知,$\boldsymbol{\theta}=(\boldsymbol{M},\boldsymbol{\alpha}_0,\boldsymbol{\alpha}_1,\boldsymbol{\alpha}_2,\boldsymbol{\alpha}_3)$ 为未知参数向量。如前面所述,定义如下的参数估计误差:

$$z_{\mathrm{f}}=\boldsymbol{\varepsilon}+\boldsymbol{\beta}-\boldsymbol{\theta}=\hat{\boldsymbol{\theta}}-\boldsymbol{\theta} \tag{3.67}$$

基于动态放缩法的自适应控制中相关的方程如下:

$$\dot{\boldsymbol{x}}_1=\boldsymbol{x}_2 \tag{3.68}$$

$$\begin{aligned}\dot{\boldsymbol{x}}_2=\boldsymbol{M}^{-1}\{&[\boldsymbol{\alpha}_0+\boldsymbol{\alpha}_1(y-x_1)+\boldsymbol{\alpha}_2(y-x_1)^2+\boldsymbol{\alpha}_3(y-x_1)^3](\dot{\boldsymbol{y}}-\boldsymbol{x}_2)\\&+\boldsymbol{\beta}_1(y-x_1)+\boldsymbol{\beta}_2(y-x_1)^2+\boldsymbol{\beta}_3(y-x_1)^3+\boldsymbol{\beta}_4(y-x_1)^4+\boldsymbol{u}\}\end{aligned} \tag{3.69}$$

$$\begin{aligned}\boldsymbol{M}\ddot{\boldsymbol{x}}_1&-[\boldsymbol{\alpha}_0+\boldsymbol{\alpha}_1(y-x_1)+\boldsymbol{\alpha}_2(y-x_1)^2+\boldsymbol{\alpha}_3(y-x_1)^3](\dot{\boldsymbol{y}}-\dot{\boldsymbol{x}}_1)\\&-[\boldsymbol{\beta}_1(y-x_1)+\boldsymbol{\beta}_2(y-x_1)^2+\boldsymbol{\beta}_3(y-x_1)^3+\boldsymbol{\beta}_4(y-x_1)^4]=\boldsymbol{u}\end{aligned} \tag{3.70}$$

$$\boldsymbol{W\theta}=-\boldsymbol{M}\ddot{\boldsymbol{x}}_{\mathrm{d}}+[\boldsymbol{\alpha}_0+\boldsymbol{\alpha}_1(y-x_1)+\boldsymbol{\alpha}_2(y-x_1)^2+\boldsymbol{\alpha}_3(y-x_1)^3](\dot{y}-x_2) \tag{3.71}$$

$$\boldsymbol{\beta} = \gamma \boldsymbol{W}(\hat{\boldsymbol{x}}_2, \boldsymbol{x}_1, \boldsymbol{x}_{\mathrm{d}}, \dot{\boldsymbol{x}}_{\mathrm{d}}, \ddot{\boldsymbol{x}}_{\mathrm{d}}, k_{\mathrm{e}})^{\mathrm{T}} \boldsymbol{x}_2 \tag{3.72}$$

$$\frac{\partial \boldsymbol{\beta}}{\partial \boldsymbol{x}_2} = \gamma [\boldsymbol{W} + \boldsymbol{\Delta}_x(\hat{\boldsymbol{x}}_2 - \boldsymbol{x}_2, \boldsymbol{x}_1, \boldsymbol{x}_2, \hat{\boldsymbol{x}}_2, \boldsymbol{x}_{\mathrm{d}}, \dot{\boldsymbol{x}}_{\mathrm{d}}, \ddot{\boldsymbol{x}}_{\mathrm{d}}, k_{\mathrm{e}})]^{\mathrm{T}} \tag{3.73}$$

$$\begin{aligned}
\dot{z}_{\mathrm{f}} = {} & \dot{\boldsymbol{\varepsilon}} + \frac{\partial \boldsymbol{\beta}}{\partial \hat{\boldsymbol{x}}_2}\dot{\hat{\boldsymbol{x}}}_2 + \frac{\partial \boldsymbol{\beta}}{\partial \boldsymbol{x}_1}\boldsymbol{x}_2 + \frac{\partial \boldsymbol{\beta}}{\partial \boldsymbol{x}_{\mathrm{d}}}\dot{\boldsymbol{x}}_{\mathrm{d}} + \frac{\partial \boldsymbol{\beta}}{\partial \dot{\boldsymbol{x}}_{\mathrm{d}}}\ddot{\boldsymbol{x}}_{\mathrm{d}} + \frac{\partial \boldsymbol{\beta}}{\partial \ddot{\boldsymbol{x}}_{\mathrm{d}}}\boldsymbol{x}_{\mathrm{d}}^{(3)} + \frac{\partial \boldsymbol{\beta}}{\partial \boldsymbol{k}_{\mathrm{e}}}\dot{\boldsymbol{k}}_{\mathrm{e}} \\
& + \frac{\partial \boldsymbol{\beta}}{\partial \boldsymbol{x}_2}\boldsymbol{M}^{-1}\{[\boldsymbol{\alpha}_0 + \boldsymbol{\alpha}_1(y - x_1) + \boldsymbol{\alpha}_2(y - x_1)^2 + \boldsymbol{\alpha}_3(y - x_1)^3](\dot{\boldsymbol{y}} - \boldsymbol{x}_2) \\
& + [\boldsymbol{\beta}_1(y - x_1) + \boldsymbol{\beta}_2(y - x_1)^2 + \boldsymbol{\beta}_3(y - x_1)^3 + \boldsymbol{\beta}_4(y - x_1)^4] + \boldsymbol{u}\}
\end{aligned} \tag{3.74}$$

接下来,根据式(3.74),设计如下形式的参数估计律 $\dot{\boldsymbol{\varepsilon}}$ 和控制律 $\boldsymbol{u}$:

$$\begin{aligned}
\dot{\boldsymbol{\varepsilon}} = {} & -\frac{\partial \boldsymbol{\beta}}{\partial \hat{\boldsymbol{x}}_2}\dot{\hat{\boldsymbol{x}}}_2 - \frac{\partial \boldsymbol{\beta}}{\partial \boldsymbol{x}_1}\boldsymbol{x}_2 - \frac{\partial \boldsymbol{\beta}}{\partial \boldsymbol{x}_{\mathrm{d}}}\dot{\boldsymbol{x}}_{\mathrm{d}} - \frac{\partial \boldsymbol{\beta}}{\partial \dot{\boldsymbol{x}}_{\mathrm{d}}}\ddot{\boldsymbol{x}}_{\mathrm{d}} - \frac{\partial \boldsymbol{\beta}}{\partial \ddot{\boldsymbol{x}}_{\mathrm{d}}}\boldsymbol{x}_{\mathrm{d}}^{(3)} \\
& - \frac{\partial \boldsymbol{\beta}}{\partial \boldsymbol{k}_{\mathrm{e}}}\dot{\boldsymbol{k}}_{\mathrm{e}} - \gamma(\boldsymbol{W} + \boldsymbol{\Delta}_x)^{\mathrm{T}}[\ddot{\boldsymbol{x}}_{\mathrm{d}} - \alpha \boldsymbol{x}_{1\mathrm{e}} - (k_{\mathrm{e}} + \delta_x)\boldsymbol{x}_{2\mathrm{e}}]
\end{aligned} \tag{3.75}$$

$$\boldsymbol{u} = -\boldsymbol{W}(\boldsymbol{\varepsilon} + \boldsymbol{\beta}) - [\boldsymbol{\beta}_1(y - x_1) + \boldsymbol{\beta}_2(y - x_1)^2 + \boldsymbol{\beta}_3(y - x_1)^3 + \boldsymbol{\beta}_4(y - x_1)^4] \tag{3.76}$$

由式(3.71)~式(3.73),可得到如下 $\boldsymbol{\Delta}_x$ 的表达式:

$$\boldsymbol{\Delta}_x = \begin{bmatrix} (k_{\mathrm{e}} + \delta_x)(\hat{\boldsymbol{x}}_2 - \boldsymbol{x}_2) \\ -(\hat{\boldsymbol{x}}_2 - \boldsymbol{x}_2) \\ -(y - x_1)(\hat{\boldsymbol{x}}_2 - \boldsymbol{x}_2) \\ -(y - x_1)^2(\hat{\boldsymbol{x}}_2 - \boldsymbol{x}_2) \\ -(y - x_1)^3(\hat{\boldsymbol{x}}_2 - \boldsymbol{x}_2) \end{bmatrix}^{\mathrm{T}} \tag{3.77}$$

根据式(3.77),可得

$$\boldsymbol{\Delta}_x \boldsymbol{\Delta}_x^{\mathrm{T}} = (\hat{\boldsymbol{x}}_2 - \boldsymbol{x}_2)^{\mathrm{T}} \bar{\Delta}_x (\hat{\boldsymbol{x}}_2 - \boldsymbol{x}_2) \tag{3.78}$$

其中, $\bar{\Delta}_x$ 为

$$\bar{\Delta}_x = (k_{\mathrm{e}} + \delta_x)^2 + 1 + (y - x_1)^2 + (y - x_1)^4 + (y - x_1)^6 \tag{3.79}$$

基于矩阵和向量 2-范数的定义,由式(3.78)可进一步得到如下的不等式:

$$\| \boldsymbol{\Delta}_x \boldsymbol{\Delta}_x^{\mathrm{T}} \| \leqslant \| \boldsymbol{\Delta}_x \|^2 \leqslant \| \bar{\Delta}_x \| \| \hat{\boldsymbol{x}}_2 - \boldsymbol{x}_2 \|^2 \tag{3.80}$$

因此,证明了 $\boldsymbol{\Delta}_x$、$\bar{\Delta}_x$ 的存在性。

将 $\boldsymbol{x}_1$、$\boldsymbol{x}_2$ 及 $\hat{\boldsymbol{x}}_2$ 的初始值设为 $\mathbf{0}$, 选取参考轨迹为 $\boldsymbol{x}_{\mathrm{r}} = \mathbf{0}$。考虑参数不确定性的自适应控制方法由式(3.29)~式(3.31)、式(3.38)、式(3.39)、式(3.47)、式(3.57)、式(3.61)、式(3.77)以及式(3.79)给出。在数值仿真中,同样用冲量 $I = 0.6\ \mathrm{kg \cdot m/s}$ 代替冲击性外激励 F 来研究服务航天器末端执行器在轨抓捕空间目标时受到冲击性外激励下的振动响应。

3.4.3 主动控制对仿生隔振系统隔振性能的影响

本节将较为详细地研究仿生隔振系统结合自适应控制的主被动混合控制方法对在轨抓捕任务中服务航天器末端执行器受到冲击性外激励下的振动抑制效果,并将系统施加主动控制力前后的振动隔离响应进行对比,从而验证基于仿生隔振系统的主被动混合隔振方法在抑制由冲击性外激励下产生振动时的有效性和可行性。

仿生隔振系统的动力学方程已在式(3.12)中给出,而相应的未知系统结构参数为 $\boldsymbol{\theta} = [100,\ 0.3,\ 0.4]^{\mathrm{T}}$。

选取初始参数估计值为

$$\hat{\boldsymbol{\theta}}(0) = \boldsymbol{\varepsilon}(0) + \boldsymbol{\beta}(0) = [120,\ 0.1,\ 0.3]^{\mathrm{T}}$$

控制增益设置如下:

$$\gamma = 10, \quad \alpha = 5.5, \quad k_{\mathrm{e}} = 2.0, \quad \delta_x = 0.5, \quad r(0) = 1.01, \quad k_{\hat{x}} = 2.0$$

首先,研究基于动态放缩法的自适应控制方法应用于仿生隔振系统上在抑制由冲击性外激励产生振动时的性能。图 3.7 和图 3.8 分别展示了服务航天器主平台 M 在施加主动控制之后的位移和位置跟踪误差随时间的变化关系;图 3.9 和图 3.10 分别为服务航天器主平台 M 在施加主动控制之后的速度和速度跟踪误差随时间的变化关系。从图 3.7~图 3.10 中可以看出,本章设计的控制方法能够保证其跟踪误差的渐近收敛性。此外,抓捕机构的位移和速度随时间的变化关系如图 3.11 所示,从图中可以看出抓捕机构 m 在短时间内停止振动而稳定下来。因为本章的主动控制力是施加在服务航天器主平台 M 上的,所以在使服务航天器主平台 M 快速稳定下来的同时,仿生隔振系统中非线性阻尼特性使得抓捕机构 m 的振动也能够快速停止并趋于稳定状态。图 3.12 展示的是速度观测误差的模值,其表明广义速度观测误差渐近收敛于广义速度真值,并且当

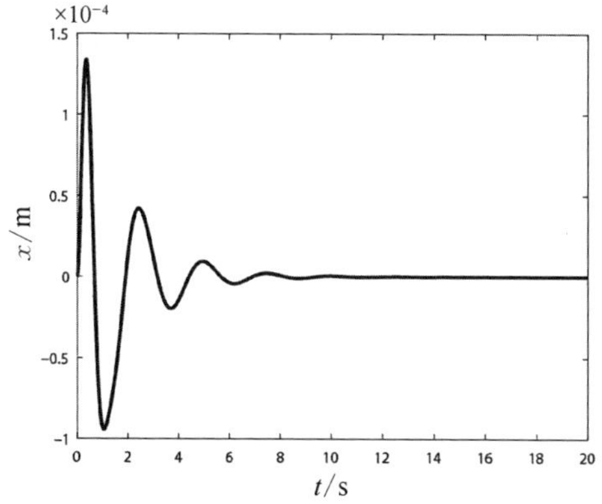

图 3.7　服务航天器主平台 M 的位移

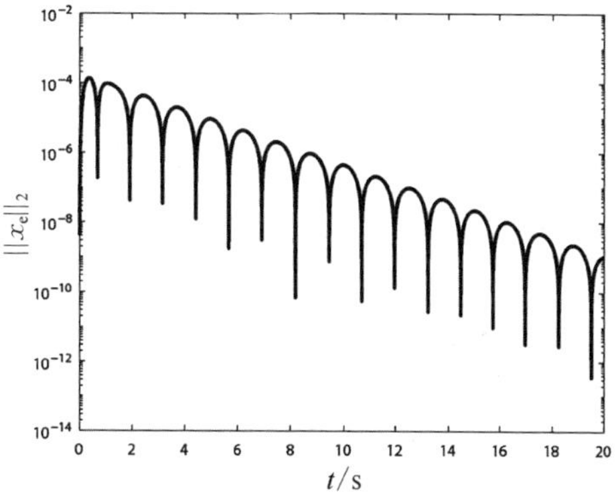

图 3.8　航天器主平台 M 的位置跟踪误差

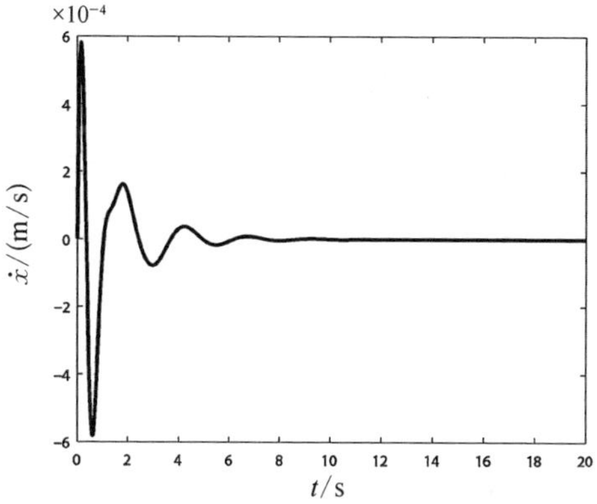

图 3.9　服务航天器主平台 M 的速度

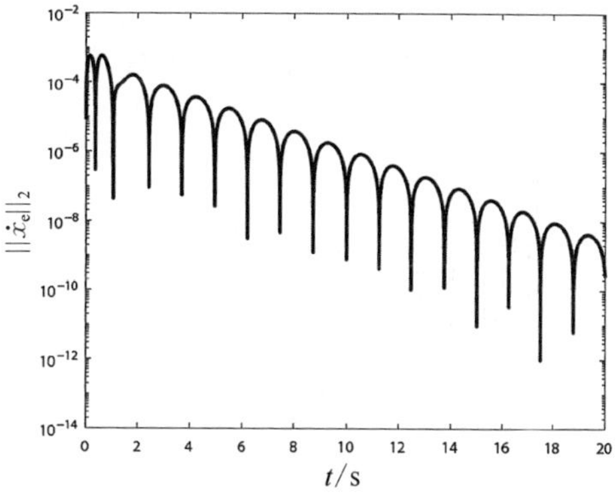

图 3.10　航天器主平台 M 的速度跟踪误差模值

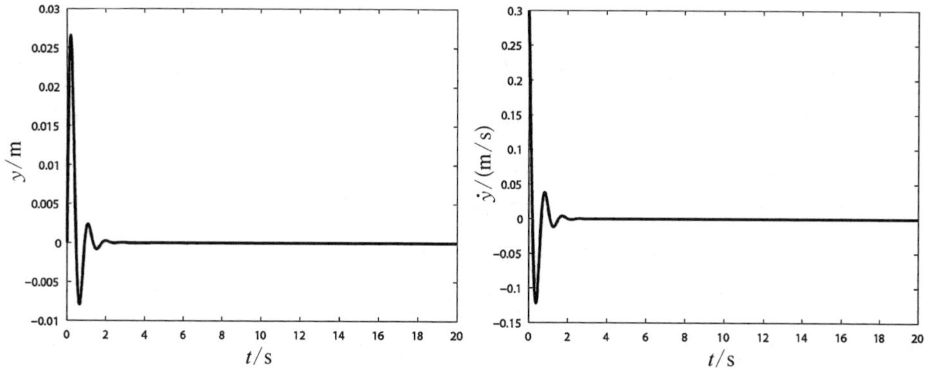

图 3.11　抓捕机构 m 的位移和速度随时间的变化关系

速度观测误差收敛于零时,动态放缩因子 r 将收敛至稳定值,如图 3.13 所示。图 3.15 表明所设计的控制器的参数估计误差到达稳定值。图 3.14 为控制力随时间的变化关系,其在初始时刻的控制力需求稳定,随着时间的增长,其控制力需求出现了峰值,之后逐渐趋于稳定。

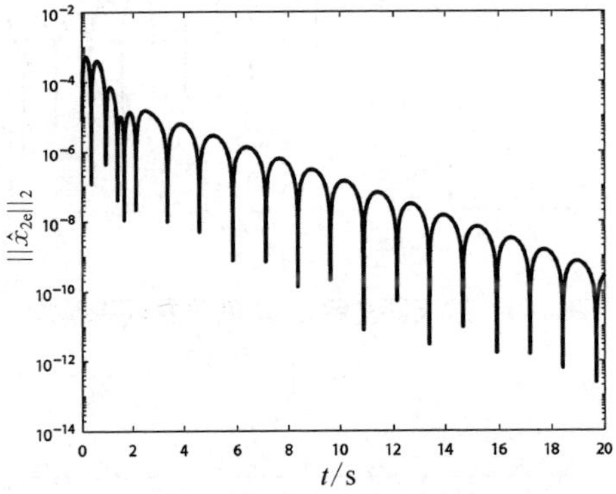

图 3.12 速度观测误差模值

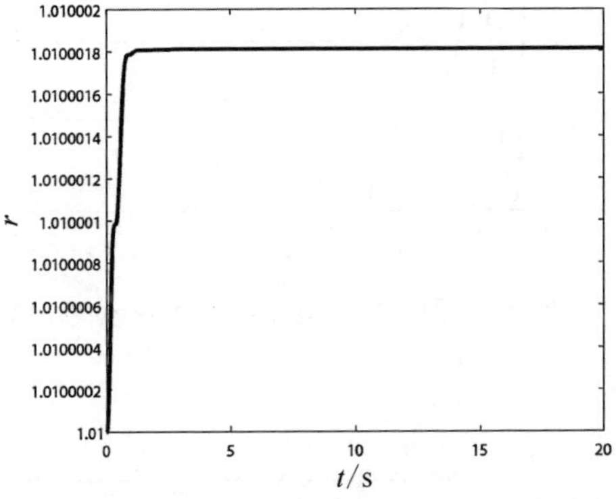

图 3.13 动态放缩因子

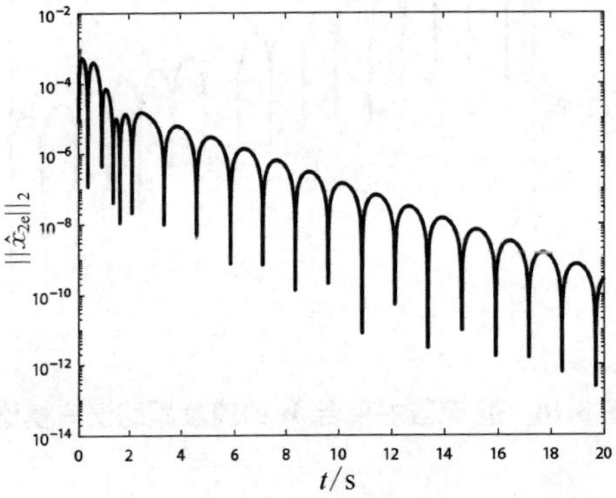

图 3.14 控制力模值

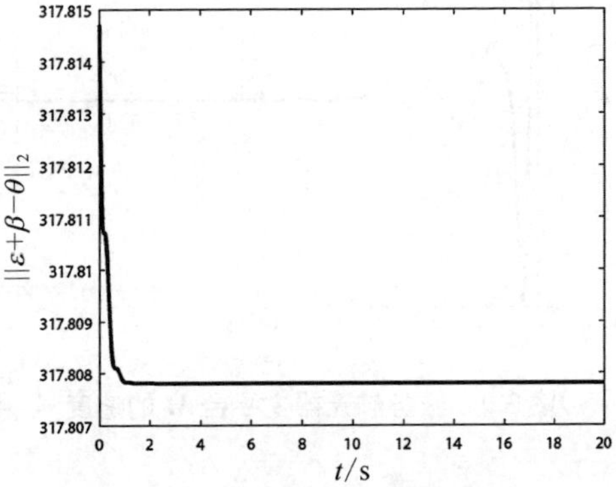

图 3.15 参数估计误差模值

接下来研究对于仿生隔振系统施加主动控制力对系统产生的抑振效果。为了更好地观察隔振的效果,分别用虚线和实线表示施加主动控制前后的状态。图 3.16 分别展示了在冲击性外激励下系统中服务航天器主平台 M 的位移和速度随时间变化的关系。从图 3.16 中可以看出,在施加主动控制之前,服务航天器主平台 M 在一段时间后并未保持稳定,而是以 $v_d = 0.59$ cm/s 的速度漂移。而在施加主动控制之后,可以发现不仅能够使服务航天器主平台 M 迅速稳定下来,而且同时能够使得漂移现象消失。同样地,图 3.17 展示了抓捕机构 m 的位移和速度随时间的变化关系,从中可以发现在施加主动控制之前 m 一直处于运动之中，而且以相同的速度进行漂移。而在对 M 施加控制力之后，由于仿生隔振系统的存在，抓捕机构 m 也能够在短时间内稳定下来。因此，对于 M、m，无论是从位移还是速度上看，在对仿生隔振系统施加主动控制之后，其振动幅度都会明显减小，并且系统到达稳定所需要的时间大大缩短。由此，可以得出相较于被动仿生隔振系统，主动控制的加入提高了系统的隔振性能和抑振性能，从而进一步证明了本章提出的基于仿生隔振系统的主被动混合隔振方法在抑制由冲击性外激励而产生的振动时的有效性和可行性。

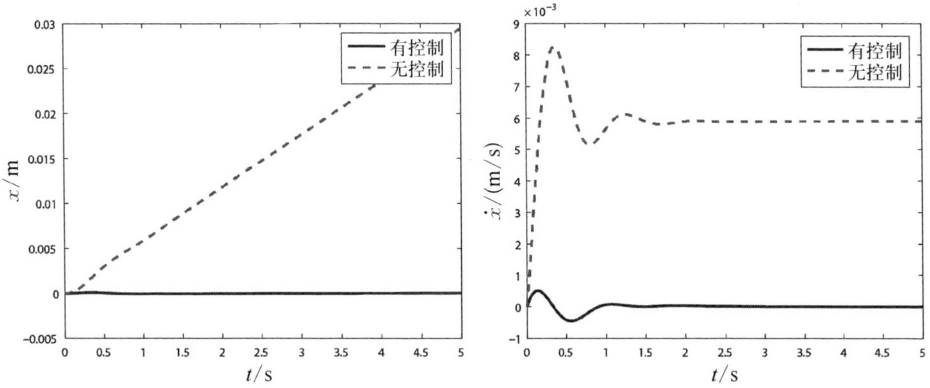

图 3.16　服务航天器主平台 M 在有控和无控状态下的位移和速度随时间的变化关系

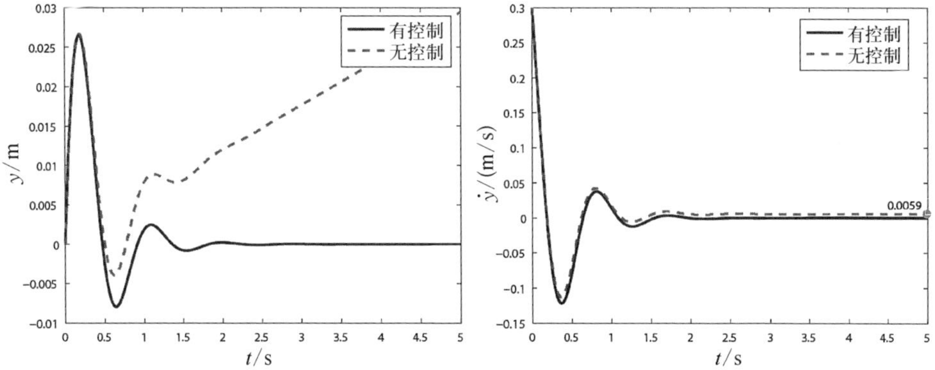

图 3.17　抓捕机构 m 在有控和无控状态下的位移和速度随时间的变化关系

3.5　本章小结

针对服务航天器在轨抓捕空间目标时受到冲击性外激励而产生的振动问

题,本章把具有优良特性的仿生隔振系统安装在航天器机械臂和抓捕机构之间来抑制由此产生的振动。首先,对仿生隔振系统进行局部优化,提高了系统的局部稳定性。其次,针对一般的 Euler-Lagrange 系统,基于动态放缩法以及引入修正的动态放缩因子,设计了一种自适应跟踪控制器,并进行了收敛性证明。最后,在本章设计的仿生隔振系统的基础上,考虑到系统参数的不确定性,提出了一种基于仿生隔振系统的主被动混合控制方法,通过比较可以发现此方法不仅能够使整个系统快速稳定,而且能够消除被动隔振系统中出现的漂移现象,因此提升了系统的隔振性能以及整体稳定性。

第 4 章

仿生抗冲击机械臂系统的理论与实验

4.1 引言

现有的仿生隔振研究[117,118]中均在服务航天器的机械臂和抓捕机构之间串联一个独立的隔振单元，虽然获得了较好的隔振效果，但同时复杂化了抓捕装置的结构设计。另外，抓捕装置设计后，不再具有自适应调节的能力，无法根据不同目标进行性能调节。而实际任务中，抓捕目标的质量和运动特性很可能处于未知状态，服务航天器通常期望对各种目标都有通用的捕获能力，这就需要发展

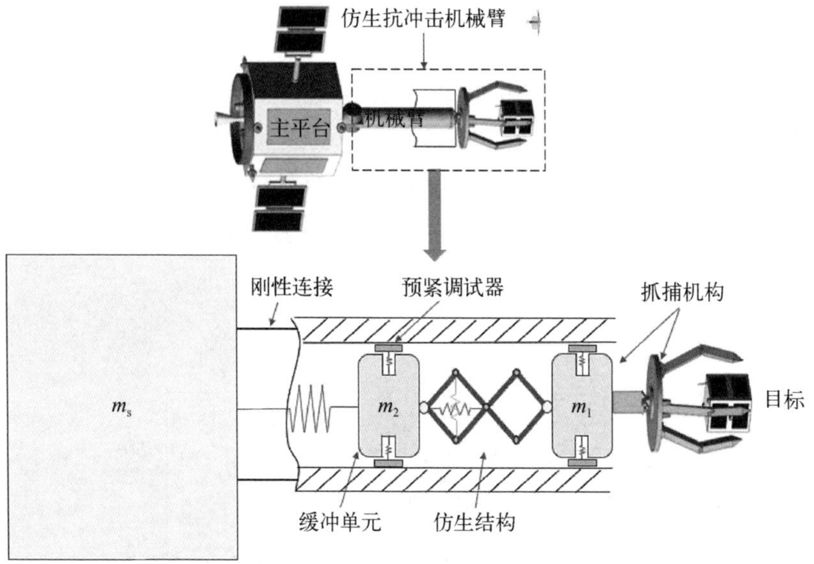

图 4.1　BAM 系统的示意图

图中 m_1、m_2、m_s 分别表示抓捕机构、缓冲单元和航天器主平台

新的设计方法。为解决以上问题,本章设计一种仿生抗冲击元件,没有添加额外的组件,而是将其嵌入机械臂内,形成一种仿生抗冲击机械臂系统(简称 BAM 系统)以减小服务航天器和目标之间撞击产生的影响,如图 4.1 所示。在使用新颖的设计后,在结构的简单性和捕获能力的可调节性方面,本系统优于前述系统。

4.2 节将通过 Lagrange 法建立 BAM 系统的运动方程。4.3 节将简单介绍适用于解决当前不连续系统的 Runge-Kutta-Henon 法。4.4 节将进行数值仿真,首先与传统的 SMD 系统进行比较,验证当前 BAM 系统的隔振性能,然后深入地研究各个系统参数对系统隔振性能的影响。4.5 节将设计相应的地面实验,以证明数学模型和理论分析的准确性。

4.2 模型的建立

在本节中,将建立 BAM 系统的运动方程。首先,通过分析可以得到 BAM 系统中杆、关节、m_1 以及 m_2 位置之间的几何关系,其中 m_1、m_2 分别代表抓捕目标和缓冲单元的质量;然后,使用 Lagrange 法得出 BAM 系统的动力学方程,并且在建模中采用 Karnopp 摩擦模型来描述 m_1、m_2 和机械臂之间的摩擦力。

4.2.1 几何关系

图 4.2 为包含 n 层仿生结构的 BAM 系统结构示意图。第一层仿生结构在初始和形变后的几何关系如图 4.3 所示,其中实线和虚线分别代表初始和形变后的状态。考虑到 BAM 系统中 m_1 和 m_2 的运动是两自由度运动,因此选取 m_1、m_2 的坐标 y_1、y_2 为广义坐标。为便于分析,在建模过程中使用两个附加坐标 x

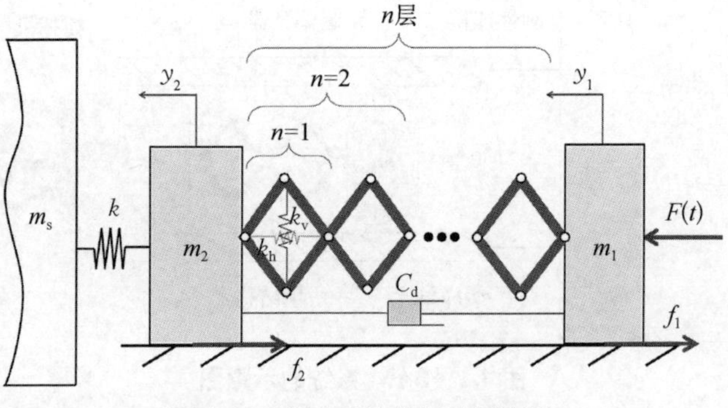

图 4.2 BAM 系统的结构示意图

和 ϕ 作为中间变量，其中 x 是连接关节 B 的水平位移，ϕ 是连杆 OB 的旋转角。l 和 θ_0 分别代表杆长和初始安装角，第一层结构中心的垂直位移由 h 表示，其正方向在图 4.3 中给出。

一旦给定了坐标 y_1 和 y_2，就可以唯一确定 x 和 ϕ。根据关节 B 水平方向和垂直方向上的运动，可得

$$l\cos\theta_0 + x = l\cos(\theta_0 - \phi) \tag{4.1}$$

$$l\sin\theta_0 - h = l\sin(\theta_0 - \phi) \tag{4.2}$$

中间变量 x、ϕ 用广义坐标 y_1、y_2 分别表示为

$$x = \sqrt{l^2 - (l\sin\theta_0 + h)^2} - l\cos\theta_0 \tag{4.3}$$

$$\phi = \theta_0 - \arctan\left(\frac{l\sin\theta_0 + h}{\sqrt{l^2 - (l\sin\theta_0 + h)^2}}\right) \tag{4.4}$$

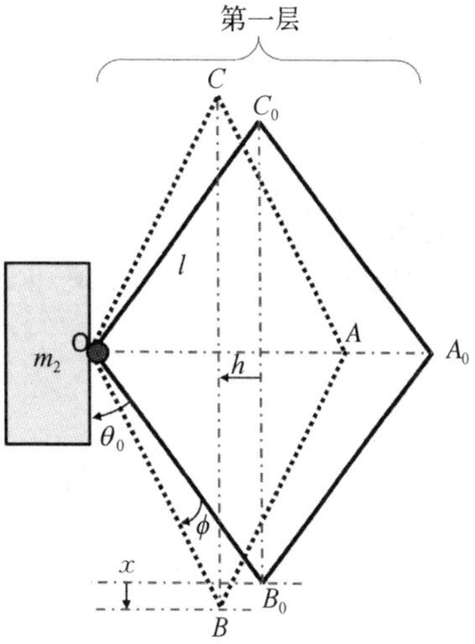

图 4.3　初始和形变后状态之间的几何关系

其中，旋转角 ϕ 的运动范围为 $\theta_0 - 90° < \phi < \theta_0$。

4.2.2　Lagrange 方程

与第 3 章的推导类似，在使用 Lagrange 法建立系统的动力学方程之前，应先求得系统动能、势能以及非保守力做的虚功的表达式。BAM 系统的总动能由六个分量构成，主要包括 m_1、m_2 的平动动能以及系统中所有杆和关节的转动动能。

对于动能，需要求得杆和关节的速度。图 4.4 为第 i 层结构中杆和关节中心的速度关系，每一层包括四个杆（分别用 O_{i1}、O_{i2}、O_{i3}、O_{i4} 表示）和三个关节（分别用 A_i、B_i、C_i 表示）。值得注意的是，关节 A_{i-1} 属于第 $i-1$ 层。

质心 O_{i1} 在水平方向和垂直方向上的速度分别为 $v_{i1,x} = \frac{1}{2}\dot{x}$ 和 $v_{i1,y} = \dot{y}_2 - \frac{1}{2}(4i-3)\dot{h}$。同理，$O_{i2}$ 在水平方向和垂直方向上的速度分别为 $v_{i2,x} = \frac{1}{2}\dot{x}$ 和 $v_{i2,y} = \dot{y}_2 - \frac{1}{2}(4i-1)\dot{h}$。

对于转动运动，杆 O_{i1}、O_{i2} 具有相同的角速度 $\dot{\phi}$。因此，杆 O_{i1}、O_{i2} 的动能

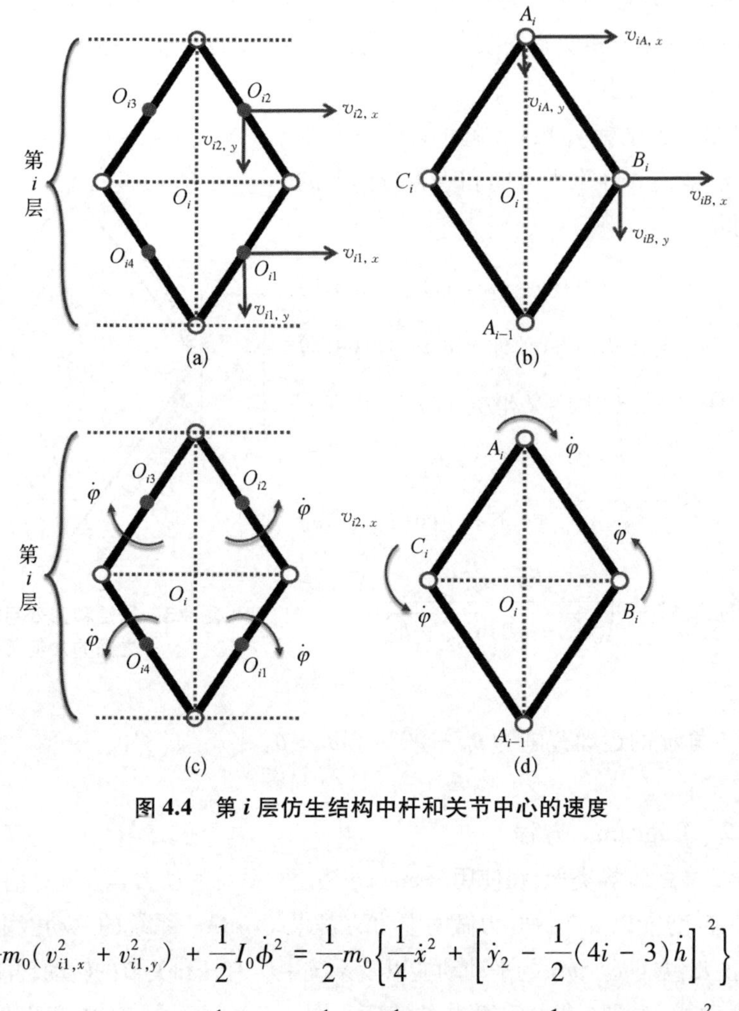

图 4.4　第 i 层仿生结构中杆和关节中心的速度

分别为

$$T_{O_{i1}} = \frac{1}{2}m_0(v_{i1,x}^2 + v_{i1,y}^2) + \frac{1}{2}I_0\dot{\phi}^2 = \frac{1}{2}m_0\left\{\frac{1}{4}\dot{x}^2 + \left[\dot{y}_2 - \frac{1}{2}(4i-3)\dot{h}\right]^2\right\} + \frac{1}{2}I_0\dot{\phi}^2$$

$$T_{O_{i2}} = \frac{1}{2}m_0(v_{i2,x}^2 + v_{i2,y}^2) + \frac{1}{2}I_0\dot{\phi}^2 = \frac{1}{2}m_0\left\{\frac{1}{4}\dot{x}^2 + \left[\dot{y}_2 - \frac{1}{2}(4i-1)\dot{h}\right]^2\right\} + \frac{1}{2}I_0\dot{\phi}^2$$

其中，m_0、$I_0 = \frac{1}{12}m_0 l^2$ 分别表示杆的质量和杆绕质心的惯性矩。

由于结构的对称性，杆 O_{i3}、O_{i4} 分别与杆 O_{i1}、O_{i2} 的动能相同。因此，$T_{O_{i3}} = T_{O_{i2}}$，$T_{O_{i4}} = T_{O_{i1}}$。

关节 A_i 在水平方向和垂直方向上的速度分别为 $v_{iA,x} = 0$ 和 $v_{iA,y} = \dot{y}_2 - 2i\dot{h}$；关节 B_i 在水平方向和垂直方向上的速度分别为 $v_{iB,x} = \dot{x}$ 和 $v_{iB,y} = \dot{y}_2 - (2i - 1)\dot{h}$。关节 A_i 和 B_i 的角速度均为 $\dot{\phi}$。

因此，关节 A_i 和 B_i 的动能为

$$T_{A_i} = \frac{1}{2}m_j v_{iA,y}^2 + \frac{1}{2}I_j\dot{\phi}^2 = \frac{1}{2}m_j(\dot{y}_2 - 2ih)^2 + \frac{1}{2}I_j\dot{\phi}^2$$

$$T_{B_i} = \frac{1}{2}m_j(v_{iB,x}^2 + v_{iB,y}^2) + \frac{1}{2}I_j\dot{\phi}^2 = \frac{1}{2}m_j\{\dot{x}^2 + [\dot{y}_2 - (2i-1)\dot{h}]^2\} + \frac{1}{2}I_j\dot{\phi}^2$$

其中，m_j、$I_j = \frac{1}{2}m_j r^2$ 分别表示关节的质量和关节绕质心的惯性矩，r 为关节半径，即圆柱螺栓的半径。

综上所述，BAM 系统的总动能可以表示为

$$\begin{aligned}T &= T_{m1} + T_{m2} + \sum_{i=1}^{n} 2(T_{O_{i1}} + T_{O_{i2}} + T_{B_i}) + \sum_{i=0}^{n} T_{A_i} \\ &= \frac{1}{2}m_1\dot{y}_1^2 + \frac{1}{2}m_2\dot{y}_2^2 + \sum_{i=1}^{n} m_0\left\{\frac{1}{2}\dot{x} + \left[\dot{y}_2 - \frac{1}{2}(4i-1)\dot{h}\right]^2\right. \\ &\quad \left. + [\dot{y}_2 - (2i-1)\dot{h}]^2\right\} + 2nI_0\dot{\phi}^2 + \sum_{i=1}^{n} m_i\{\dot{x} + [\dot{y}_2 - (2i-1)\dot{h}]^2\} \\ &\quad + \sum_{i=1}^{n}\frac{1}{2}m_i(\dot{y}_2 - 2ih)^2 + \frac{1}{2}(3n+1)I_j\dot{\phi}^2\end{aligned} \tag{4.5}$$

值得注意的是，关节 A_i 的编号为 $n+1$（$i=0, 1, \cdots, n$）。A_0 和 A_n 分别为连接在 m_2 和 m_1 上的关节。

系统的总势能可以写成：

$$V = \frac{1}{2}ky_2^2 + \frac{1}{2}k_v(x_0 + 2x)^2 + \frac{1}{2}k_h(y_0 + 2h)^2 \tag{4.6}$$

其中，x_0 和 y_0 分别为平衡状态时垂直弹簧 k_v 和水平弹簧 k_h 的形变量。

在建立 BAM 系统的动力学方程之前，初始状态中垂直方向和水平方向上的弹簧 k_v 与 k_h 的初始伸长量 x_0 和 y_0 需要确定。在式(4.6)中 x_0、y_0 是未知常数，其可以通过虚功原理进行计算。

BAM 系统的虚功为

$$\delta W = \delta W_c + \delta W_n \tag{4.7}$$

其中，δW_c 和 δW_n 分别为保守力和非保守力所做的虚功。具体而言，由保守力做的虚功，即重力和弹簧力做的功，可以表示为

$$\delta W_c = -\sum_{i=1}^{2} \frac{\partial V}{\partial y_i}\delta y_i \tag{4.8}$$

非保守力所做的虚功,即旋转关节的摩擦力和阻尼力所做的功为

$$\delta W_n = -2n_x c\dot{\phi}\delta\phi + C_d(\dot{y}_2 - \dot{y}_1)\delta y_1 - C_d(\dot{y}_2 - \dot{y}_1)\delta y_2 - f_1\delta y_1 - f_2\delta y_2 \tag{4.9}$$

其中,$n_x = 3n + 1$ 为关节总数;c、C_d 分别为关节的旋转摩擦系数和阻尼系数。

在 BAM 系统中摩擦力 f_1、f_2 的表达式分别如下:

$$f_1 = \begin{cases} N_1\mu_k \operatorname{sgn}(\dot{y}_1), & |\dot{y}_1| > \eta \\ -N_1\mu_s \operatorname{sgn}(g_x), & |\dot{y}_1| \leqslant \eta \text{ 且 } |\dot{g}_x| > f_{s1} \\ -g_x, & |\dot{y}_1| \leqslant \eta \text{ 且 } |\dot{g}_x| \leqslant f_{s1} \end{cases} \tag{4.10}$$

$$f_2 = \begin{cases} N_2\mu_k \operatorname{sgn}(\dot{y}_2), & |\dot{y}_2| > \eta \\ N_2\mu_s \operatorname{sgn}(g_x), & |\dot{y}_2| \leqslant \eta \text{ 且 } |g_x - ky_2| > f_{s2} \\ g_x, & |\dot{y}_2| \leqslant \eta \text{ 且 } |g_x - ky_2| \leqslant f_{s2} \end{cases} \tag{4.11}$$

其中,N_1 和 N_2 是预紧力。静摩擦力分别为 $f_{s1} = N_1\mu_s$、$f_{s2} = N_2\mu_s$,弹簧 k_v 和 k_h 形变引起之间的压力为

$$g_x(y_1, y_2) = 2k_v x\tan(\theta_0 - \phi) - 2k_h h \tag{4.12}$$

此系统由两个广义坐标确定,因此有

$$\delta W_n \overset{\text{def}}{=\!=} Q_1\delta y_1 + Q_2\delta y_2 \tag{4.13}$$

其中,$Q_i (i = 1, 2)$ 是由保守力和非保守力产生的广义力。

将式(4.6)、式(4.8)和式(4.9)代入式(4.7)中,可得

$$\begin{aligned} \delta W_n = & -\sum_{i=1}^{2} \frac{\partial V}{\partial y_i}\delta y_i - 2n_x c\dot{\phi}\delta\phi + C_d(\dot{y}_2 - \dot{y}_1)\delta y_1 \\ & - C_d(\dot{y}_2 - \dot{y}_1)\delta y_2 - f_1\delta y_1 - f_2\delta y_2 \\ = & \left[-2k_v(x_0 + 2x)\frac{\partial x}{\partial y_1} - 2k_h(y_0 + 2h)\frac{\partial h}{\partial y_1} \right. \\ & \left. - 2n_x c\dot{\phi}\frac{\partial \phi}{\partial y_1} + C_d(\dot{y}_2 - \dot{y}_1) - f_1 \right]\delta y_1 \\ & + \left[-ky_2 - 2k_v(x_0 + 2x)\frac{\partial x}{\partial y_2} - 2k_h(y_0 + 2h)\frac{\partial h}{\partial y_2} \right. \end{aligned}$$

$$- 2n_x c\dot{\phi}\frac{\partial\phi}{\partial y_2} - C_d(\dot{y}_2 - \dot{y}_1) - f_2\Big]\delta y_2 \tag{4.14}$$

根据式(4.13)和式(4.14),可得

$$\begin{aligned} Q_1 = &- 2k_v(x_0 + 2x)\frac{\partial x}{\partial y_1} - 2k_h(y_0 + 2h)\frac{\partial h}{\partial y_1} \\ &- 2n_x c\dot{\phi}\frac{\partial\phi}{\partial y_1} + C_d(\dot{y}_2 - \dot{y}_1) - f_1 \end{aligned} \tag{4.15}$$

$$\begin{aligned} Q_2 = &- ky_2 - 2k_v(x_0 + 2x)\frac{\partial x}{\partial y_2} - 2k_h(y_0 + 2h)\frac{\partial h}{\partial y_2} \\ &- 2n_x c\dot{\phi}\frac{\partial\phi}{\partial y_2} - C_d(\dot{y}_2 - \dot{y}_1) - f_2 \end{aligned} \tag{4.16}$$

当系统处于平衡状态时,有

$$Q_1 = Q_2 = 0 \tag{4.17}$$

此时,状态量 $y_1 = y_2 = \dot{y}_1 = \dot{y}_2 = 0$ 和 $\dot{\phi} = 0$。

由式(4.17)可得系统中 x_0、y_0 之间的关系为

$$y_0 = \frac{k_v}{k_h}x_0\tan\theta_0 \tag{4.18}$$

通过 Lagrange 法可以得出 BAM 系统的动力学方程:

$$\frac{d}{dt}\left(\frac{\partial L}{\partial\dot{y}_i}\right) - \frac{\partial L}{\partial y_i} = Q_i, \quad i = 1,2 \tag{4.19}$$

其中, Q_i 是式(4.15)和式(4.16)中的广义力。将式(4.5)、式(4.15)、式(4.16)代入 Lagrange 方程式(4.19)之后,可得

$$\begin{aligned} &m_1\ddot{y}_1 + \frac{n(m_0p^2 + 4I_0 + 2m_jp^2) + (3n + 1)I_j}{4n^2(l^2 - p^2)}(\ddot{y}_1 - \ddot{y}_2) \\ &+ \sum_{i=1}^{n} m_0\left[\frac{4i - 2}{n}\ddot{y}_2 + \frac{(4i - 1)^2 + (4i - 3)^2}{8n^2}(\ddot{y}_1 - \ddot{y}_2)\right] \\ &+ \sum_{i=1}^{n} m_j\left[\frac{3i - 1}{n}\ddot{y}_2 + \frac{2i^2 + (2i - 1)^2}{2n^2}(\ddot{y}_1 - \ddot{y}_2)\right] \end{aligned}$$

$$
-\frac{np(m_0l^2+4I_0+2m_jl^2)+(3n+1)I_jp}{4n^3(l^2-p^2)^2}(\dot{y}_1-\dot{y}_2)^2
$$

$$
+\left[C_d+\frac{(3n+1)c}{2n^2(l^2-p^2)}\right](\dot{y}_1-\dot{y}_2)-\frac{k_v}{n^2}(y_1-y_2)+\frac{2k_vl\sin\theta_0}{n}
$$

$$
+\frac{k_vp(x_0-2l\cos\theta_0)}{n\sqrt{l^2-p^2}}-\frac{k_v}{n}(y_0+2h)+f_1=F(t) \tag{4.20}
$$

$$
(m_2+m_j)\ddot{y}_2+\frac{n(m_0p^2+4I_0+2m_jp^2)+(3n+1)I_j}{4n^2(l^2-p^2)}(\ddot{y}_2-\ddot{y}_1)
$$

$$
+\sum_{i=1}^{n}m_0\left\{\left(4-\frac{4i-2}{n}\right)\ddot{y}_2+\left[\frac{(4i-1)^2+(4i-3)^2}{8n^2}-\frac{4i-2}{n}\right](\ddot{y}_2-\ddot{y}_1)\right\}
$$

$$
+\sum_{i=1}^{n}m_j\left\{\left(3-\frac{3i-1}{n}\right)\ddot{y}_2+\left[\frac{2i^2+(2i-1)^2}{2n^2}-\frac{3i-1}{n}\right](\ddot{y}_2-\ddot{y}_1)\right\}
$$

$$
+\frac{n(m_0p^2+4I_0+2m_jp^2)+(3n+1)I_jp}{4n^3(l^2-p^2)^2}(\dot{y}_2-\dot{y}_1)^2
$$

$$
+\left[C_d+\frac{(3n+1)c}{2n^2(l^2-p^2)}\right](\dot{y}_2-\dot{y}_1)-\frac{k_v}{n^2}(y_2-y_1)
$$

$$
+ky_2-\frac{2k_vl\sin\theta_0}{n}-\frac{k_vp(x_0-2l\cos\theta_0)}{n\sqrt{l^2-p^2}}+\frac{k_h}{n}(y_0+2h)+f_2=0 \tag{4.21}
$$

其中，$p \stackrel{\text{def}}{=\!=} l\sin\theta_0+h$。因此，式(4.20)和式(4.21)即BAM系统的动力学方程。

在上述建模过程中，不考虑航天器主平台 m_s 的运动，即 m_1 和 m_2 的运动是相对于机械臂的。考虑到摩擦力 f_1 和 f_2 将反作用于安装在航天器主平台上的机械臂。因此，m_s 并非一直静止，应考虑 m_s 的运动。因此，该系统是由 m_s、m_1 和 m_2 组成的耦合系统，三者之间的运动相互影响。在实际的在轨服务任务中，由于 $m_s \gg m_1$，$m_s \gg m_2$，因此 m_s 的运动远小于 m_1 和 m_2 的运动，y_3、$\dot{y}_3$ 对 y_1、y_2、$\dot{y}_1$、$\dot{y}_2$ 的变化影响被忽略。因此，可以通过式(4.20)和式(4.21)以及一个附加方程来描述由 m_s、m_1 和 m_2 组成的BAM系统的运动。

$$m_s \ddot{y}_3 = f_1 + f_2 + k_2 y_2 \tag{4.22}$$

其通过分析图 4.5 中航天器主平台的受力即可得到。

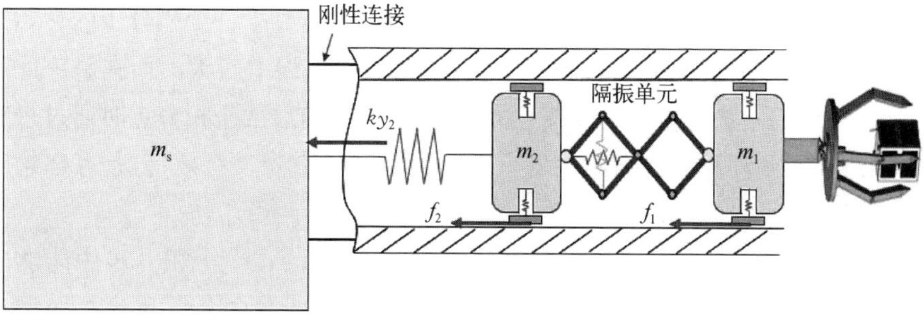

图 4.5　作用在服务航天器主平台上的力

由式(4.20)、式(4.21)以及式(4.22)可得 BAM 系统的完整动力学方程。将其转化为如下状态空间的形式：

$$\begin{cases} \dot{y}_1 = f_1(\boldsymbol{y}) \\ \dot{y}_2 = f_2(\boldsymbol{y}) \\ \dot{y}_3 = f_3(\boldsymbol{y}) \\ \dot{y}_4 = f_4(\boldsymbol{y}) \\ \dot{y}_5 = f_5(\boldsymbol{y}) \\ \dot{y}_6 = f_6(\boldsymbol{y}) \end{cases} \tag{4.23}$$

其中，各项 $f_i(y)$ $(i = 1, 2, \cdots, 6)$ 的具体表达式见附录。

4.3　求解方法

在 4.2 节的动力学建模中，使用 Karnopp 摩擦模型准确描述了重要的预紧摩擦力，得到了一个非光滑的常微分方程组。由于系统中存在间隙切换点，所以常规的数值积分方法无法获得精确的数值解。尽管高阶插值方法可以降低数值误差，但是效率极低。为解决此问题，应使用 Henon 法与传统的数值积分相结合的方法——Runge-Kutta-Henon 法。

在建模过程中，由于摩擦力的存在，系统中存在间隙切换点，而这些间隙切换点将系统分成两个子系统。因此,在对整个系统进行数值积分时,需要能够精确地找到间隙切换点,并且能够在间隙切换点处快速地完成子系统之间的切换。然而,在利用如 Runge-Kutta 法等传统数值积分方法求解含有间隙非线性的微分方程时,无法自动完成系统的切换,因为它只能在进行到下一个积分步的初始点时才进行状态判断以完成切换,这样必然会造成数值误差较大。而在解决此类问题时,传统的做法是对其进行线性插值,即在跨越前后两个积分点时通过进行多次插值来得到间隙切换点的位置。这种方法虽然直观且有效,但是存在精度低、计算效率低等缺点。

Henon 法[123–125]可以通过重新排列状态空间方程,在一个积分步中能够非常精确地找到系统中存在的间隙切换点,其技巧就是将自变量和状态变量互换。因此,系统方程会在此时发生变化,时间变成因变量。通过将转换后的 Henon 形式的微分方程在选取的状态变量上进行一步积分,系统到达给定面的时间与其他状态变量一起作为因变量返回。而这里需要说明的是,转换之后的新系统只是在跨越间隙切换点时使用一次,在找到间隙切换点之后,再使用传统的数值积分法——Runge-Kutta 法从间隙切换点开始继续以 t 为自变量对系统进行数值积分,直至下一个间隙切换点出现。为了更加直观地展示 Henon 法的工作机制,这里给出传统积分法的误差产生机制及 Henon 法的积分过程,如图 4.6 所示。

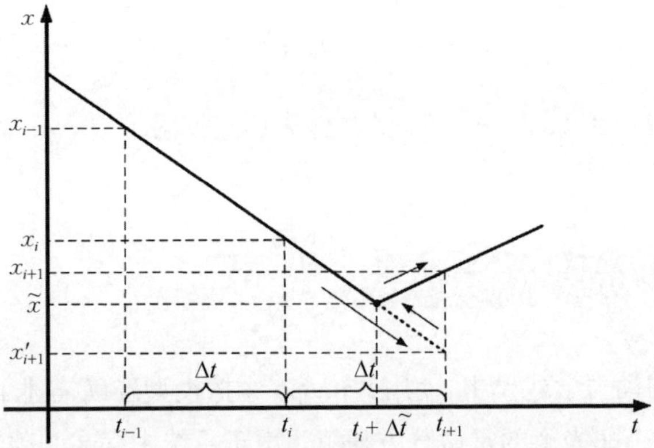

图 4.6 传统积分法的误差产生机制及 Henon 法的积分过程示意图

Henon 法的基本步骤(图 4.7)如下。

(1) 将系统动力学方程写成如下的状态空间形式:

$$\frac{\mathrm{d}}{\mathrm{d}t}\begin{bmatrix} x_1 \\ x_2 \\ \vdots \\ x_i \\ \vdots \\ x_N \end{bmatrix} = \begin{bmatrix} f_1(x_1, x_2, \cdots, x_i, \cdots, x_N) \\ f_2(x_1, x_2, \cdots, x_i, \cdots, x_N) \\ \vdots \\ f_i(x_1, x_2, \cdots, x_i, \cdots, x_N) \\ \vdots \\ f_N(x_1, x_2, \cdots, x_i, \cdots, x_N) \end{bmatrix} \tag{4.24}$$

其中，$x_i(i=1, 2, \cdots, N)$ 为其中一个状态变量，这将在下面 Henon 积分中用到。

（2）使用定时间步长的传统数值积分方法——Runge-Kutta 法，对系统动力学方程进行积分，如图 4.7(a)所示，直至检测到系统跨越给定边界。

（3）计算出从当前位置到进入下一个子系统边界的穿越距离 Δx_i。

（4）将原来以 t 为自变量的系统转化成以 x_i 为自变量的新系统，如图 4.7(b)所示[具体做法是将式(4.24)的所有 N 个方程都除以 $\mathrm{d}x_i/\mathrm{d}t=f_i$，然后用 $\mathrm{d}t/\mathrm{d}x_i=1/f_i$ 替换第 i 个方程，得到以 x_i 为自变量的 Henon 形式新系统]。

$$\frac{\mathrm{d}}{\mathrm{d}x_i}\begin{bmatrix} x_1 \\ x_2 \\ \vdots \\ t \\ \vdots \\ x_N \end{bmatrix} = \begin{bmatrix} f_1/f_i \\ f_2/f_i \\ \vdots \\ 1/f_i \\ \vdots \\ f_N/f_i \end{bmatrix} \tag{4.25}$$

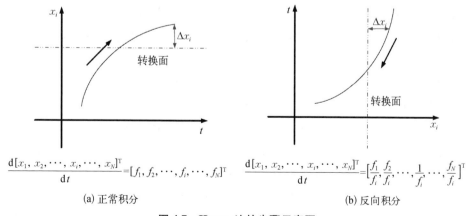

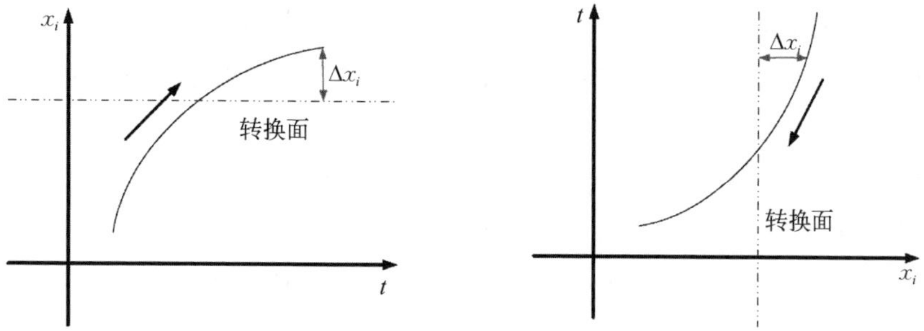

$$\frac{\mathrm{d}[x_1, x_2, \cdots, x_i, \cdots, x_N]^{\mathrm{T}}}{\mathrm{d}t}=[f_1, f_2, \cdots, f_i, \cdots, f_N]^{\mathrm{T}}$$

(a) 正常积分

$$\frac{\mathrm{d}[x_1, x_2, \cdots, x_i, \cdots, x_N]^{\mathrm{T}}}{\mathrm{d}t}=\left[\frac{f_1}{f_i}, \frac{f_2}{f_i}, \cdots, \frac{1}{f_i}, \cdots, \frac{f_N}{f_i}\right]^{\mathrm{T}}$$

(b) 反向积分

图 4.7　Henon 法的步骤示意图

(5) 以 x_i 的穿越距离为步长,往回进行一步积分就可以精确地找到系统的切换点。

(6) 从切换点开始,再利用 Runge-Kutta 法继续进行积分,直到出现下一个间隙切换点。

4.4 数值仿真

本节将对 BAM 系统进行数值仿真。首先,与传统的 SMD 系统进行抗冲击性能对比,即将 BAM 系统中的仿生结构用 SMD 结构代替;然后,研究系统参数对 BAM 系统抗冲击性能的影响。

在计算中,系统参数分别设置为: $m_1 = 20$ kg, $m_2 = 2$ kg, $m_s = 1\,500$ kg, $k = 400$ N/m, $k_v = 400$ N/m, $k_h = 600$ N/m, $n = 2$, $l = 0.2$ m, $\theta_0 = \pi/6$, $N_1 = N_2 = 35$ N, $m_0 = 0.02$ kg, $m_j = 0.004$ kg, $x_0 = 0.05$, $c = 0.05$, $C_d = 0.02$。简单起见,在下面内容中省略了单位。

4.4.1 与 SMD 系统对比

首先,将 BAM 系统与传统的 SMD 系统进行对比。在实际的在轨抓捕任务中,普遍关注的问题是减少服务航天器主平台的振动,为安装在平台上的精密仪器提供较为稳定的工作环境。

特别地,本节研究了外力作用下航天器平台 m_s 加速度的变化,同时比较了代表抓捕机构抓捕目标后振动强度的 m_1 的加速度大小。为了公平地进行比较,将 SMD 系统的系统参数与 BAM 系统的系统参数完全相同,即 SMD 系统中的弹簧刚度等于 BAM 系统在平衡状态时的线性化刚度。仿真中, $I = 6.912$, $N_1 = N_2 = 20$ N, $n = 3$。

图 4.8 显示了在冲击作用下 BAM 系统和 SMD 系统中 m_1、m_s 的加速度随时间的变化关系。从图中可以看出,对于 BAM 系统和 SMD 系统, m_1 的最大加速度分别为 0.441 9 和 0.486 5, m_s 的最大加速度分别为 0.006 12 和 0.006 53。BAM 系统中 $|\ddot{y}_1|_{max}$ 和 $|\ddot{y}_3|_{max}$ 比 SMD 系统分别小 9.1%和 6.3%。此外,SMD 系统中 $\ddot{y}_1$ 的衰减时间为 25.35 s,而 BAM 系统中 $\ddot{y}_1$ 的衰减时间为 19.91 s,比 SMD 系统的衰减时间减少 21.5%。BAM 系统中 $\ddot{y}_3$ 的衰减时间为 19.91 s,比 SMD 系统的衰减时间 23.20 s 减少 14.2%。因此,与 SMD 系统相

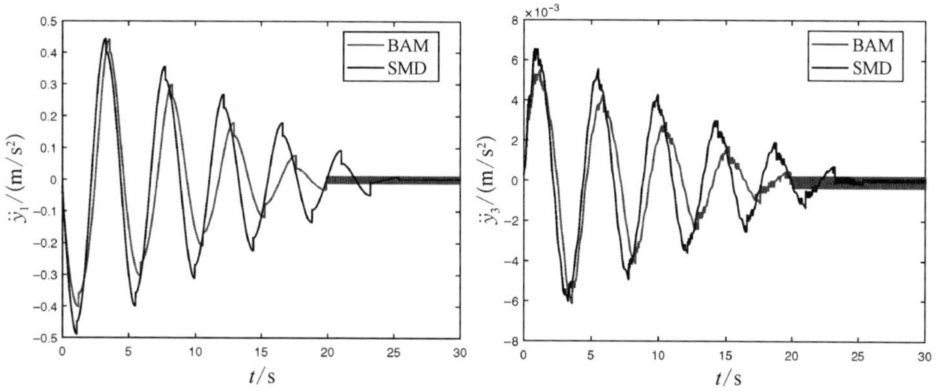

(a) m_1　　(b) m_s

图 4.8　BAM 系统和 SMD 系统在冲击作用下 m_1 和 m_s 的加速度仿真对比

比,本章提出的 BAM 系统具有更短的衰减时间和更小的加速度幅值,因而其具有更好的隔振性能。

4.4.2　冲量大小的影响

在轨任务中,抓捕机构与目标之间的碰撞会随着目标的变化而变化。因此,下面研究冲量大小对 BAM 系统隔振性能的影响。

在图 4.9(a)、(b)中,在冲量 I = 6、7、8 时,$|y_1|_{max}$ 分别为 0.117、0.138、0.159,而 $|y_3|_{max}$ 分别为 1.6×10^{-3}、1.9×10^{-3}、2.2×10^{-3}。因此,可以推断出 y_1 和 y_3 的最大幅值与冲量大小呈正比。对于 y_1 和 y_3 的速度,与位移具有相似的特性。具体而言,由于受到冲击力的作用,m_1 的最大速度出现在初始时刻。对于冲量 I=6、7、8 时,m_s 的最大速度分别出现在 0.154、0.179、0.205 时刻,其最大速度分别为 0.007 5、0.008 9、0.010 0。图 4.9(e)和(f)表明,加速度也与冲量大小呈正比。此外,衰减时间随着冲量大小的增加而增加。

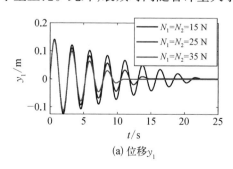

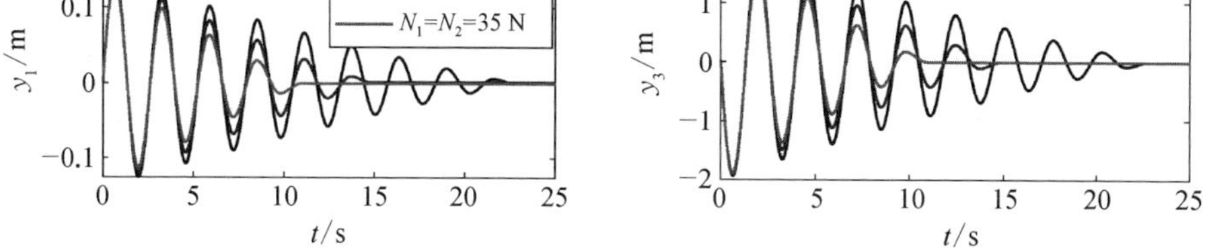

(a) 位移y_1　　(b) 位移y_3

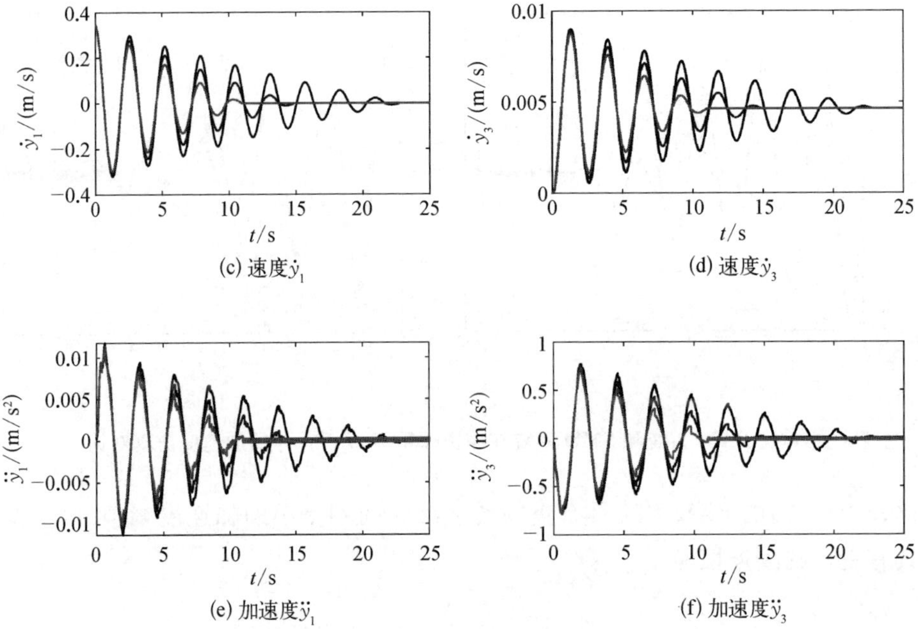

图 4.9　不同大小冲量时 BAM 系统的仿真对比

值得注意的是,图 4.9(e)中在 m_1 和 m_s 的加速度曲线中出现了一个跳变现象。原因在于所建立的 BAM 系统的动力方程中存在间隙摩擦,即由于最大静摩擦力大于滑动摩擦力而出现的一种黏滑现象。通过仔细观察可以发现,当速度曲线越过零时会发生黏滑现象;当速度增加到大于 1 时,作用在 m_1 和 m_s 上的摩擦会立即从最大静摩擦转变为滑动摩擦,从而导致加速度出现跳跃。

4.4.3　系统参数的影响

本节将详细地研究系统参数对 BAM 系统抗冲击性能的影响。

1. 预紧力的影响

图 4.10 显示了在不同预紧力下,m_1、m_s 的位移、速度和加速度随时间变化的关系。从图中可以看出,最大位移、最大速度、最大加速度随预紧力 N_1 和 N_2 的增加而略有降低。然而,当预紧力增大时,衰减时间会急剧减少。当 $N_1 = N_2 =$ 15 N、25 N、35 N 时,衰减时间分别为 22.81 s、14.88 s、11.02 s。而当预紧力 N_1 和 N_2 增加到相对较大值时,m_2 将被锁定。在这种情况下,BAM 系统的性能较弱。

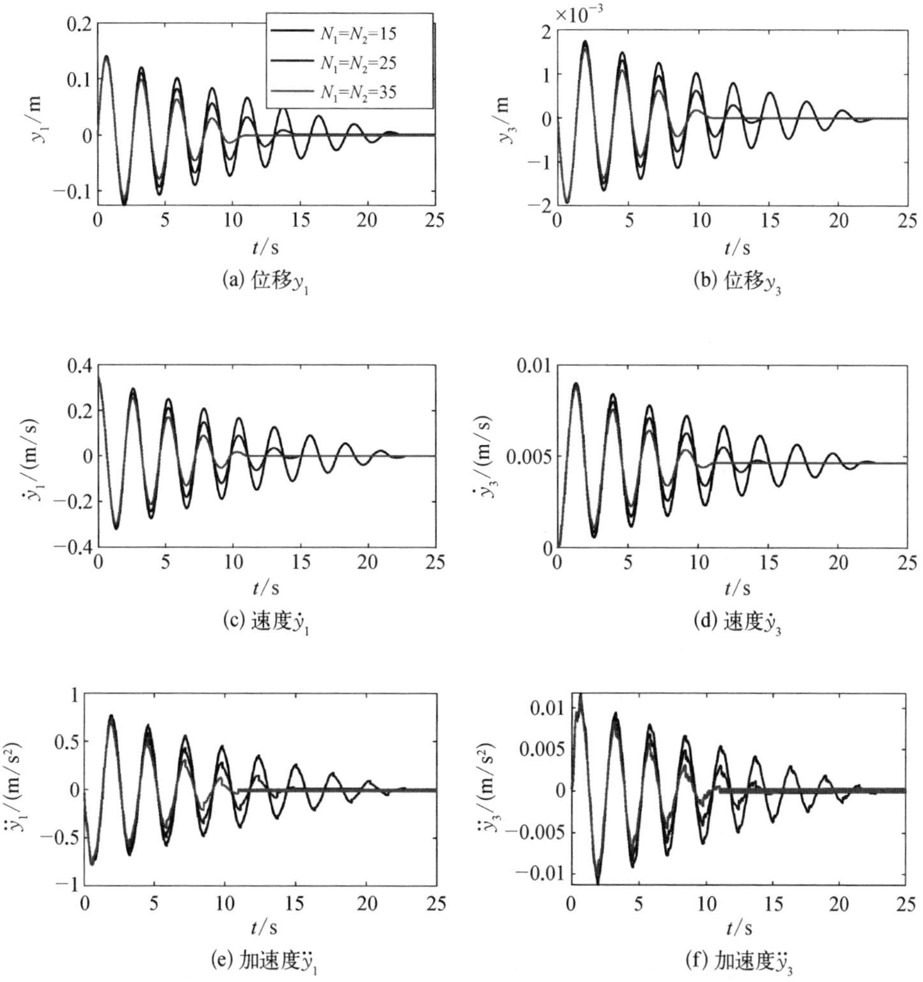

(a) 位移y_1　(b) 位移y_3

(c) 速度$\dot{y}_1$　(d) 速度$\dot{y}_3$

(e) 加速度$\ddot{y}_1$　(f) 加速度$\ddot{y}_3$

图 4.10　不同预紧力时 BAM 系统的仿真对比

为了验证这一点,更进一步绘制了图 4.11。当 N_1 和 N_2 小于临界点时, m_s 的最大加速度减小,但是当它们大于临界点时, m_s 的最大加速度增大。为了解释这一点,应分析式(4.22),即 $m_s\ddot{y}_3=f_1+f_2+k_2y_2$。在式(4.22)的右侧,$f_1$、$f_2$ 分别与 N_1、N_2 成正比,这意味着增加 N_1、N_2 可以增加 f_1、f_2。但是,增加预紧力也可以减小 m_1、m_2 的位移,意味着当 N_1 和 N_2 增加时,等式右侧的第三项将减小。因此,当 N_1、N_2 小于临界点时,f_1、f_2 的增大小于 k_2y_2 的减小,并且减小量比 N_1、N_2 增长带来的增大量更大,因此解释了 $|\ddot{y}_3|_{max}$ 呈现出先减小后增长的趋势的原因。

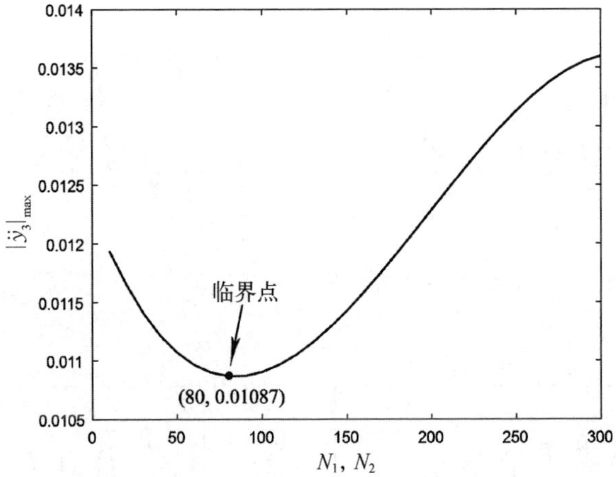

图 4.11　最大加速度 $|\ddot{y}_3|_{max}$ 和预紧力的关系

因此,建议将预紧力 N_1 和 N_2 设置在临界点附近,从而可以使 BAM 系统获得更好的隔振性能。

2. 结构参数的影响

本节将分别研究结构参数对系统隔振性能的影响,其中的结构参数主要包括:层数 n;弹簧刚度 k、k_h、k_v;安装角 θ_0;杆长 l;旋转摩擦系数 c;阻尼系数 C_d。

图 4.12 给出了层数 n 对系统动力响应的影响。从图中可以看出,y_1 和 y_3 的最大位移会随着层数 n 的增大而增加,并且衰减时间同样随着层数 n 的增加而略有增加。在轨抓捕任务中,服务航天器主平台加速度的大小是我们主要关注的。从图 4.12(e)和(f)可以看出,较大的层数 n 将会导致加速度 $\ddot{y}_1$ 和 $\ddot{y}_3$ 变得较小。因此,较多的层数 n 更有利于提升系统的隔振性能。

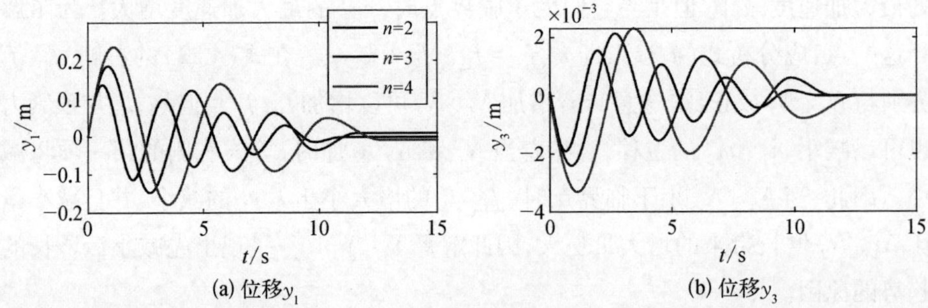

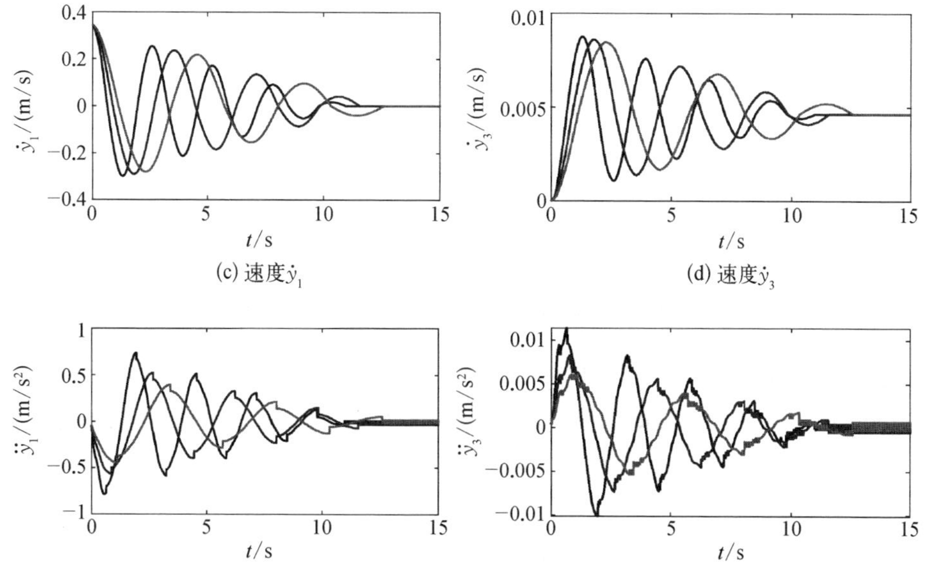

(c) 速度$\dot{y}_1$　(d) 速度$\dot{y}_3$

(e) 加速度$\ddot{y}_1$　(f) 加速度$\ddot{y}_3$

图 4.12　不同层数 n 时 BAM 系统的仿真对比

图 4.13 为不同安装角 θ_0 时的系统动力学响应曲线。从图中可以看出，增大安装角 θ_0 将减小 y_1、y_3 的位移。但是，安装角对速度的影响非常小。加速度 $\ddot{y}_1$、$\ddot{y}_3$ 随安装角 θ_0 的增加略有增加。因此，为了限制加速度的增加，如果仿生结构的工

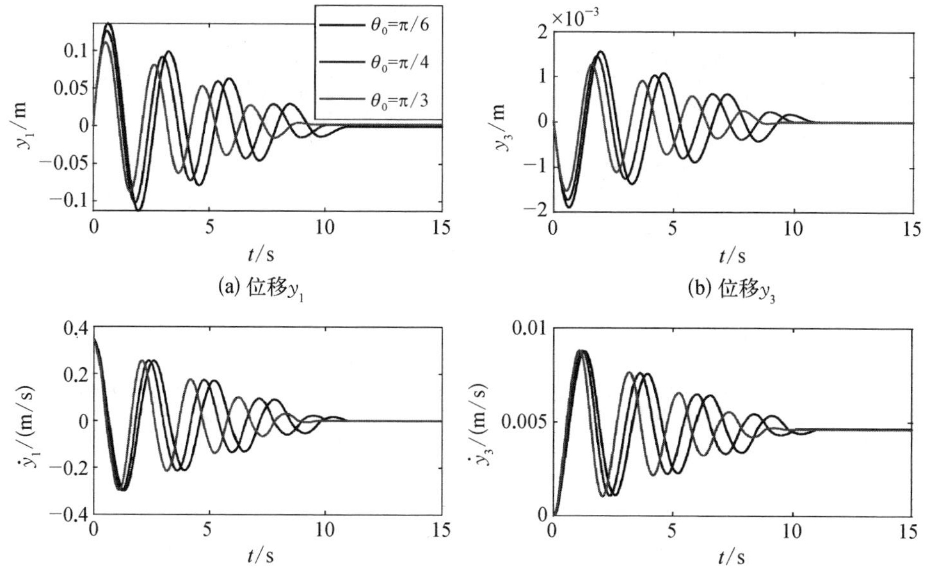

(a) 位移y_1　(b) 位移y_3

(c) 速度$\dot{y}_1$　(d) 速度$\dot{y}_3$

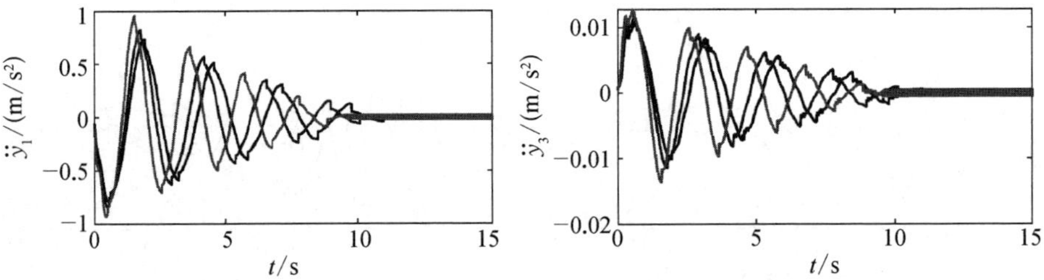

(e) 加速度$\ddot{y}_1$　　(f) 加速度$\ddot{y}_3$

图 4.13　不同安装角 $\boldsymbol{\theta_0}$ 时 BAM 系统的仿真对比

作范围对于 m_1 和 m_2 的滑动距离足够大,则建议 BAM 系统采用较小的安装角。

图 4.14 显示了不同刚度 k 时的系统动力学响应曲线。从图中可以看出,增

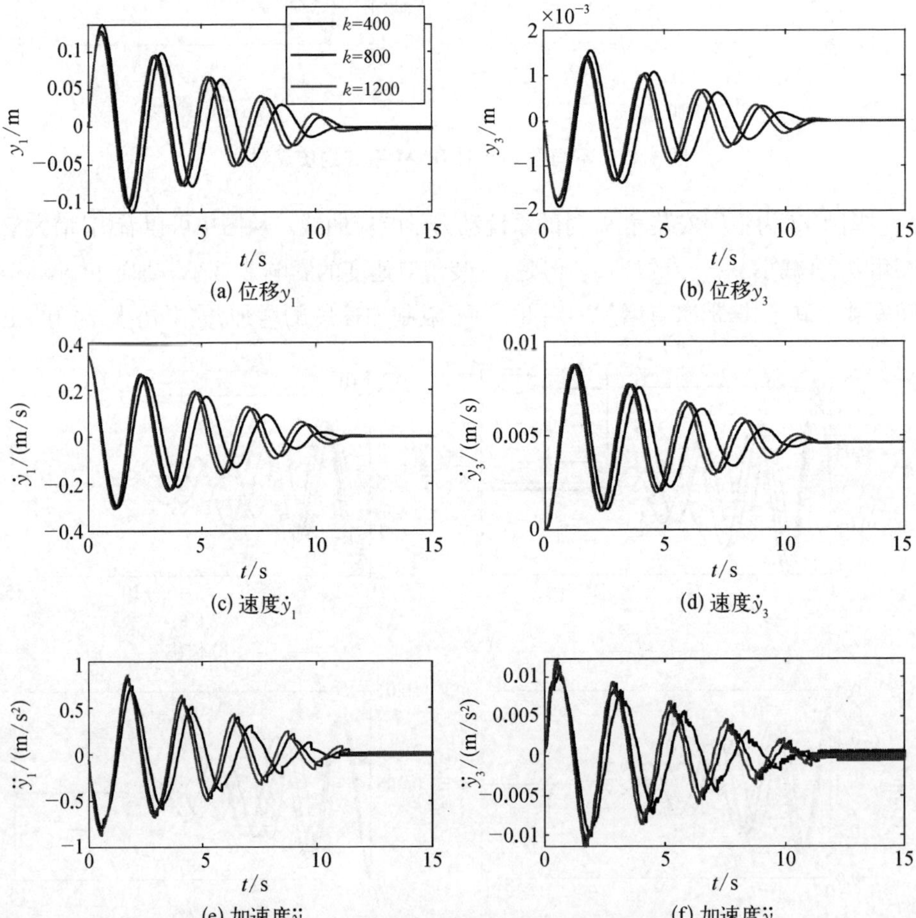

(a) 位移y_1　　(b) 位移y_3

(c) 速度$\dot{y}_1$　　(d) 速度$\dot{y}_3$

(e) 加速度$\ddot{y}_1$　　(f) 加速度$\ddot{y}_3$

图 4.14　不同刚度 $\boldsymbol{k}$ 时 BAM 系统的仿真对比

大弹簧刚度 k 可以减小 m_1、m_s 的最大位移。对于速度，增加 k 会略微增加 $|\dot{y}_1|_{max}$ 和 $|\dot{y}_3|_{max}$。对于加速度，$|\ddot{y}_1|_{max}$ 和 $|\ddot{y}_3|_{max}$ 随 k 的增加而增加。我们主要关注的是航天器主平台的加速度，因此相对较小的 k 有利于提升 BAM 系统的隔振性能。

图 4.15 研究了不同刚度 k_h 时的系统动力学响应曲线。从图中可以看出，随着刚度 k_h 的增加，m_1 和 m_s 的最大位移减小，$\dot{y}_1$ 和 $\dot{y}_3$ 则保持在相同的水平。而对于加速度，较大的 k_h 可以增大加速度 $|\ddot{y}_1|_{max}$ 和 $|\ddot{y}_3|_{max}$。因此，选用较小的刚度 k_h 更有利于提升系统的隔振性能。

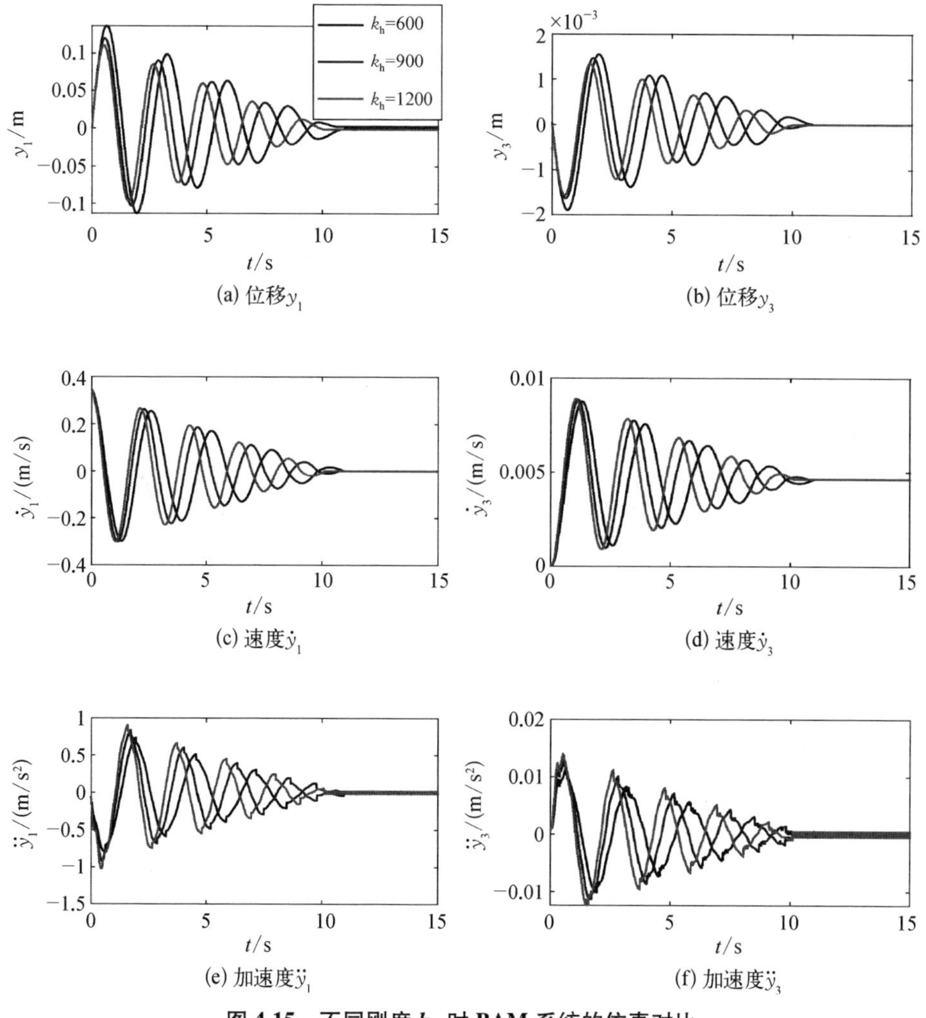

图 4.15　不同刚度 k_h 时 BAM 系统的仿真对比

此外，本节同样分别详细地研究了刚度 k_v、杆长 l、旋转摩擦系数 c、阻尼系数 C_d 对系统隔振性能的影响，但它们对时间响应曲线的影响很小。

综上所述，较大的层数 n、较小的安装角 θ_0、较小的刚度 k、k_h 可以更加有效地抑制服务航天器主平台和抓捕机构的振动。

3. 缓冲质量的影响

本节将主要研究缓冲质量 m_2 对系统隔振性能的影响。

图 4.16 显示了缓冲质量 m_2 对系统动力学响应的影响。从图中可以看出，m_2 的大小对动力学响应快慢的影响非常小。但是，如前所述，由缓冲块 m_2 引起的预紧力在调节本系统的抗冲击性能中起着非常重要的作用。

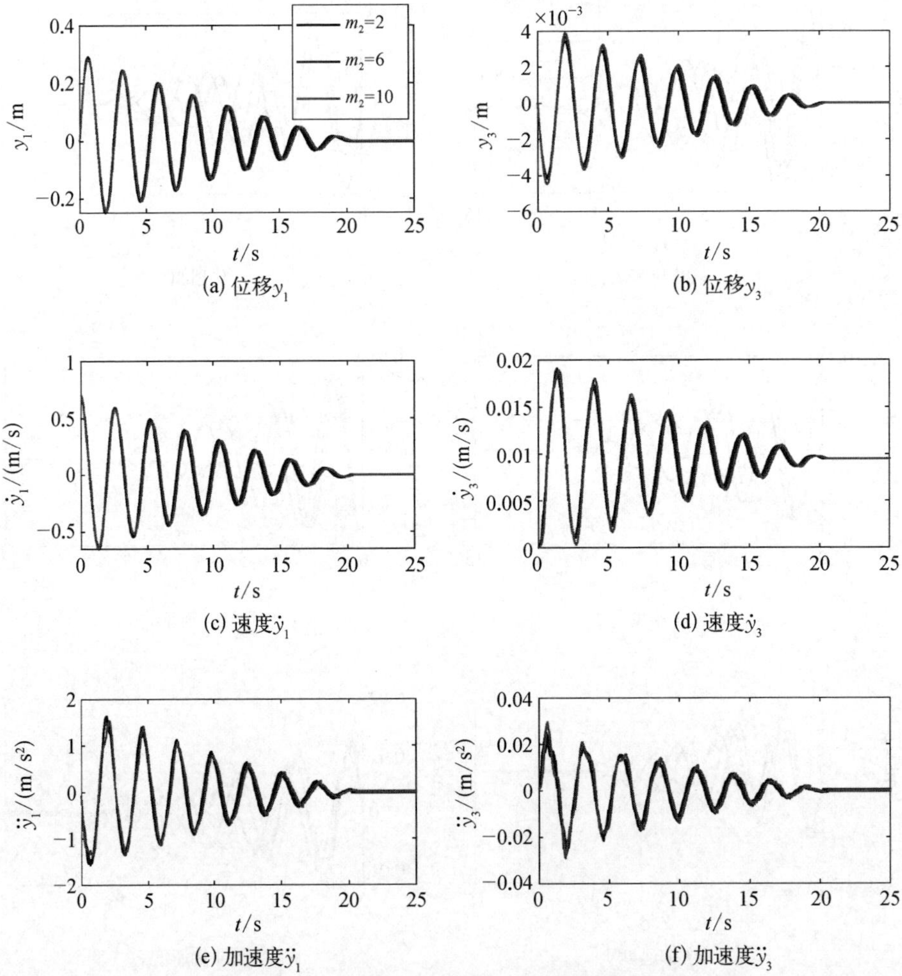

图 4.16 不同质量 m_2 时 BAM 系统的仿真对比

4. 系统参数对缓冲元件的影响

在空间任务中，服务航天器的尺寸有限，所以机械臂的尺寸也有限。因此，应考虑缓冲元件 m_2 的最大位移，以避免其与机械臂本身发生碰撞。本节将研究系统参数对缓冲元件滑动距离的影响，机械臂中缓冲单元的滑动距离限制为 0.25 m。在仿真中，抓捕目标的质量为 15 kg，其抓捕时刻的相对速度为 0.1～1 m/s，抓捕机构的质量为 5 kg。因此，冲量为 2～20 kg · m/s，质量为 20 kg。图 4.17(a)显示了在不同预紧力情况下最大位移 $|y_2|_{max}$ 与冲量大小之间的关系。从图中可以看出，$|y_2|_{max}$ 与冲量大小近似成正比，并且随着预紧力的增加而减小。机械臂的长度限制了 m_2 的位移。例如，当系统受到 $I = 35$ kg · m/s 的强烈冲击时，如果将 N_1 和 N_2 设置为 20 N，则缓冲元件的位移为 0.28 m，超出位移限制；为了避免碰撞，将预紧力 N_1 和 N_2 更改为 150 N，从而将行进距离减小为 0.23 m，满足约束条件。因此，可以根据不同的目标调整预紧力。此外，增加预紧力的大小会导致缓冲元件的行程变得更短。

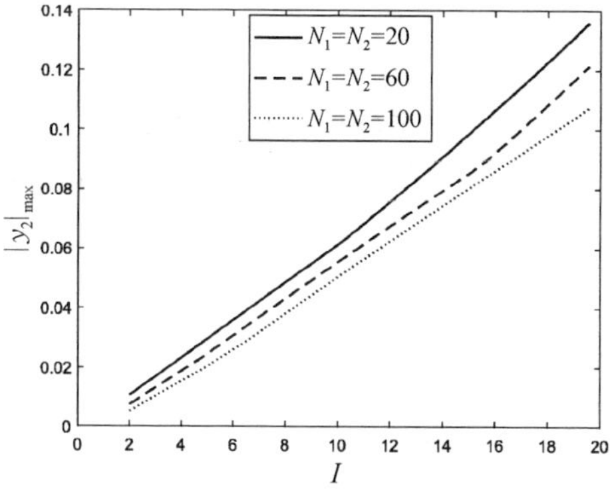

(a) 预紧力N

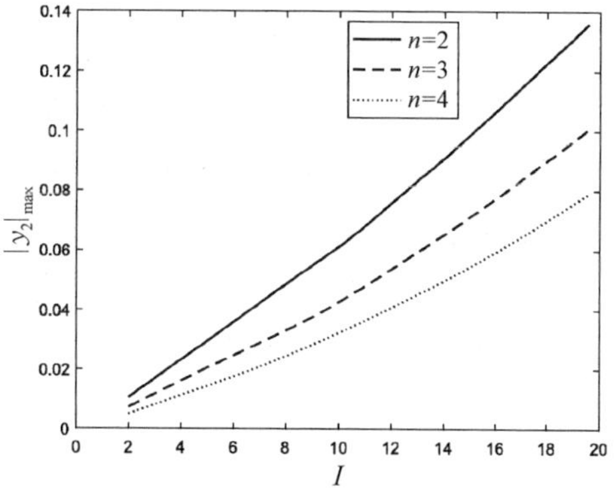

(b) 层数n

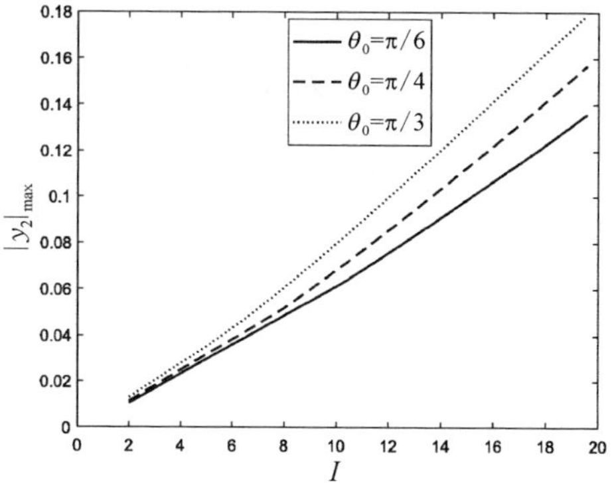

(c) 安装角θ_0

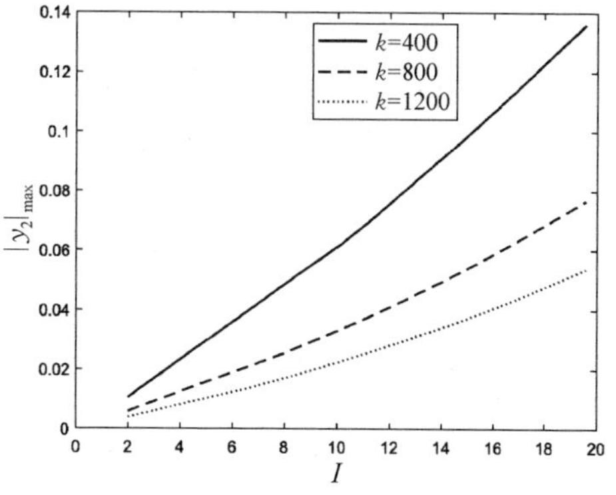

(d) 刚度k

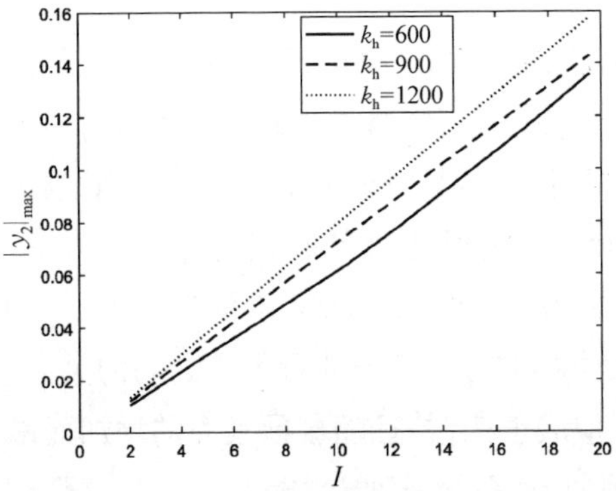

(e) 刚度k_h

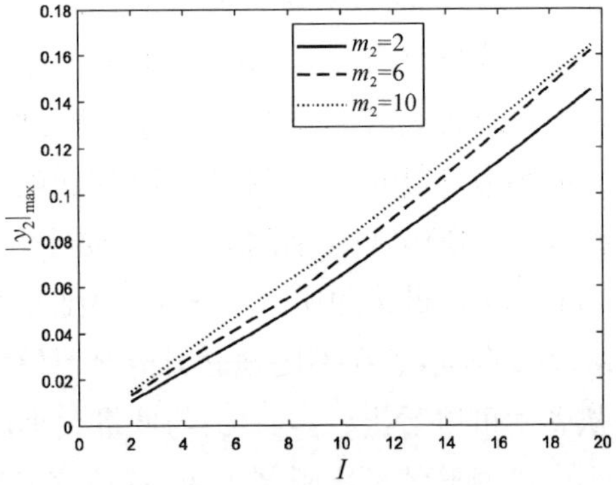

(f) 质量m_2

图 4.17　不同系统参数时最大位移 $|y_2|_{max}$ 与冲量大小之间的关系

图 4.17(b)~(e)显示了层数 n、刚度 k、k_h，以及安装角 θ_0 对最大位移 $|y_2|_{max}$ 的影响。从图中可以看出,较大的层数 n 和弹簧刚度 k，以及较小的安装角 θ_0 和刚度 k_h 会使其获得较小的 $|y_2|_{max}$。增加 m_2 的质量,最大位移 $|y_2|_{max}$ 略有增加,如图 4.17(f)所示。

当系统受到较小的冲击力作用时,系统参数只会对 $|y_2|_{max}$ 的最大位移产生轻微的影响。但是,当系统受到较强的冲击力作用时,系统参数对 $|y_2|_{max}$ 有非常大的影响。

因此,较大的层数 n、较大的刚度 k、较小的刚度 k_h、较小的安装角 θ_0 以及较小的缓冲质量 m_2 有利于减小 m_2 的位移。

4.5　地面实验验证

为了验证本章提出的 BAM 系统的理论模型以及数值仿真的准确性,本节设计了一套基于仿生隔振结构的地面实验系统。

4.5.1　地面实验系统的组成

基于仿生隔振结构的地面实验系统如图 4.18 所示,主要包括三个子系统,分别是机械子系统、测量子系统和 Speedgoat 实时仿真子系统。机械子系统主要包括质量块 m_1、m_2、仿生隔振结构以及两根导轨。此外,两个位移传感器分别安装在导轨的左、右两侧,而两个加速度传感器分别安装在质量块 m_1、m_2

上。在地面实验中,可以使用锤子敲击的方式获得冲击力。本实验通过高速相机来记录两个质量块的运动,并且离线地计算出两者的速度。为了更好地将实验数据与仿真结果进行对比,将刚度 k 设置为零。抗冲击元件和机械臂内侧之间的摩擦力系数设置与两质量块和导轨之间的摩擦系数相同。其他各项系统结构参数经测量和计算之后得到的结果如下: $m_1 = 0.838\,75$, $m_2 = 1.697\,43$, $N_1 = 8.219\,75$, $N_2 = 16.634\,7$, $\mu_k = 0.02$, $l = 0.094\,8$, $\theta_0 = 0.436\,3$, $k = 0$, $k_v = 400$, $k_h = 600$。

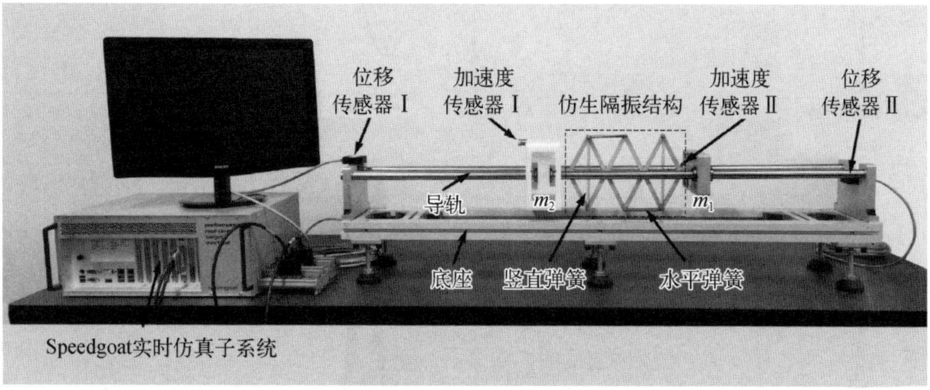

图 4.18　地面实验系统

4.5.2　实验结果对比分析

本节将基于仿生隔振结构的地面实验系统分别在三种不同大小的冲量下对地面实验和数值仿真的系统动力学响应进行对比。需要说明的是,在此实验中通过锤子敲击质量块 m_1 的方式来获得不同大小的冲量。

首先,当地面实验系统中质量块 m_1 受到一个较小的冲量 $I = 0.475\,5$ kg·m/s 作用时,质量块 m_1 和 m_2 的位移、速度、加速度随时间变化的曲线如图 4.19 所示。从图 4.19 中可以清楚地看到地面实验和数值仿真的位移曲线除了在最终位移略有差异外基本吻合。从速度上看,两条曲线同样基本保持一致。但是值得注意的是,从图 4.19(c) 中可以看出,两者的初始速度稍有不同,数值仿真的初速度略大,这是由质量块 m_1 在受到撞击时的初速度没有能够准确测出所致。图 4.19(e) 和(f) 所示的加速度曲线同样基本保持一致。特别地,地面实验系统中质量块 m_1 的最大加速度 $|\ddot{x}_1|_{\text{exp, max}} = 2.708$ m/s^2, 数值仿真中其最大加速度 $|\ddot{x}_1|_{\text{num, max}} = 2.782$ m/s^2, 前者与后者相比略小。而对于质量块 m_2, 其最大加

速度分别为 $|\ddot{x}_2|_{\mathrm{exp,\,max}} = 0.972\ \mathrm{m/s^2}$、$|\ddot{x}_2|_{\mathrm{num,\,max}} = 1.193\ \mathrm{m/s^2}$，同样地面实验时其最大加速度稍小。

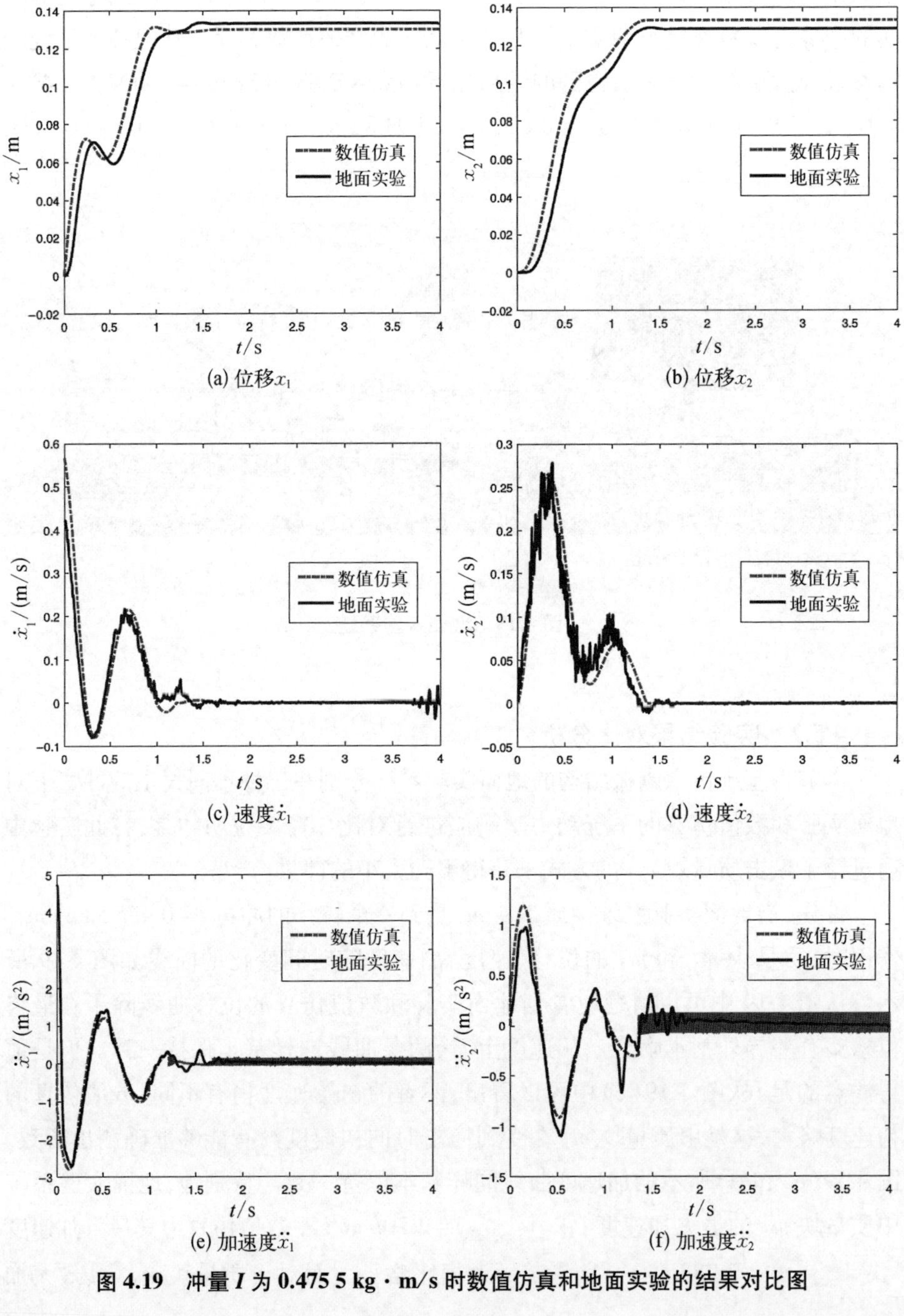

图 4.19　冲量 I 为 0.475 5 kg · m/s 时数值仿真和地面实验的结果对比图

其次，当地面实验系统中质量块 m_1 受到一个冲量 $I = 0.538\ 3\ \mathrm{kg \cdot m/s}$ 作用时，质量块 m_1 和 m_2 的位移、速度、加速度随时间的变化曲线如图 4.20 所示。从

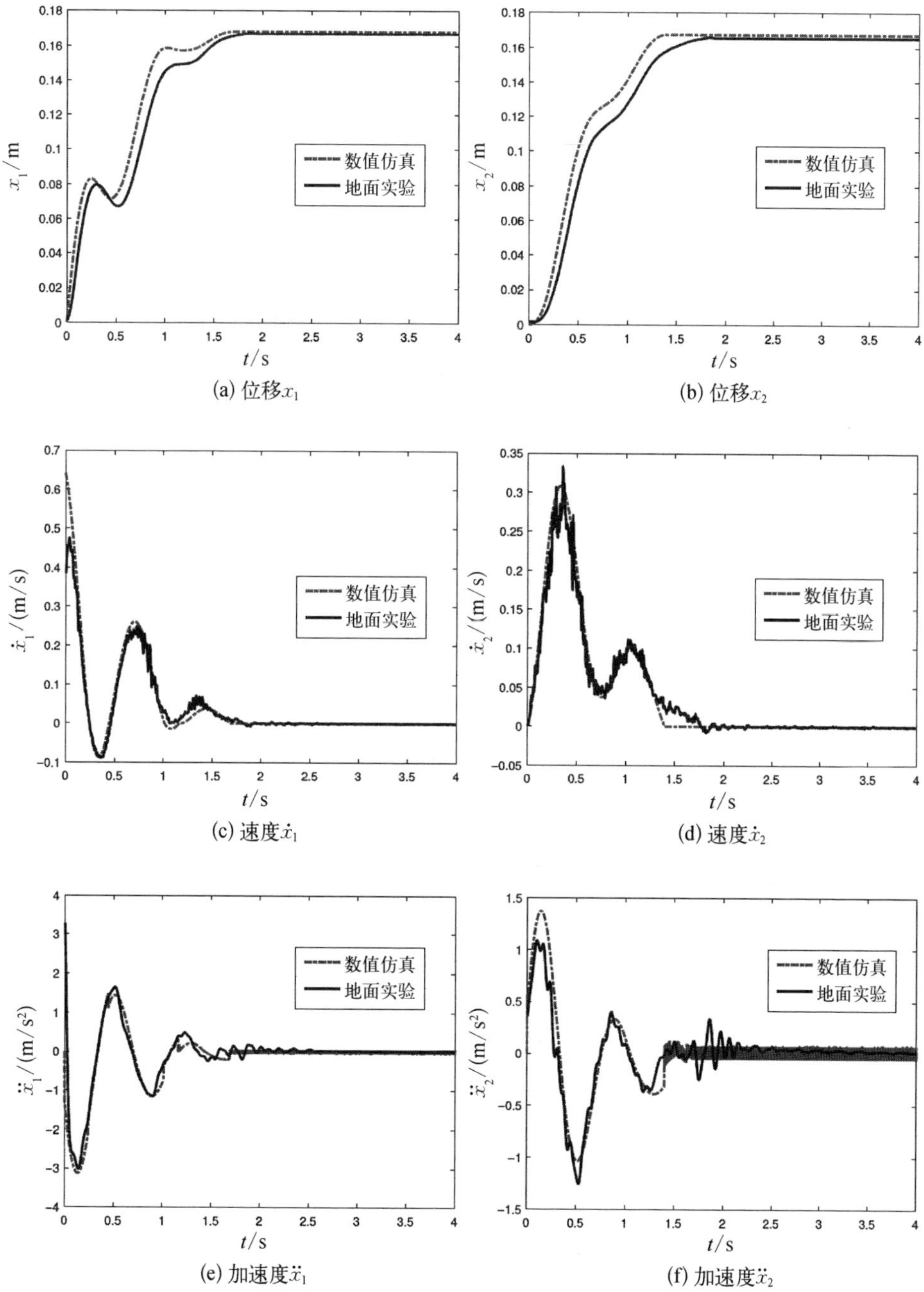

图 4.20　冲量 I 为 0.538 3 kg · m/s 时数值仿真和地面实验的结果对比图

图 4.20(a)~(d)位移和速度曲线中可以看出,在地面实验中系统到达稳定所需的时间为 1.82 s,而在数值仿真中需要的时间为 1.69 s,从数值上看,两者基本保持一致。从图 4.20(e)和(f)的加速度曲线上来说,地面实验中质量块 m_1 的最大加速度 $|\ddot{x}_1|_{\text{exp, max}} = 3.013\ \text{m/s}^2$,数值仿真时其最大加速度 $|\ddot{x}_1|_{\text{num, max}} = 3.120\ \text{m/s}^2$,前者比后者稍小。而对质量块 m_2,其最大加速度分别为 $|\ddot{x}_2|_{\text{exp, max}} = 1.084\ \text{m/s}^2$、$|\ddot{x}_2|_{\text{num, max}} = 1.371\ \text{m/s}^2$,同样地面实验时其最大加速度略小。

最后,当地面实验系统中质量块 m_1 受到一个较大的冲量 $I = 0.853\,8\ \text{kg}\cdot\text{m/s}$ 作用时,质量块 m_1 和 m_2 的位移、速度、加速度随时间变化的曲线如图 4.21 所示。从图 4.21(a)和(b)中的位移曲线来看,无论对于 m_1 还是 m_2,数值仿真和地面实验的结果除有少许不同之外基本吻合,系统到达稳定所需的时间基本保持一致。从图 4.21(e)和(f)所示的加速度曲线上来看,除了在峰值处略有差异外两者基本吻合。对于质量块 m_1,地面实验中其最大加速度为 $|\ddot{x}_1|_{\text{exp,max}} =$

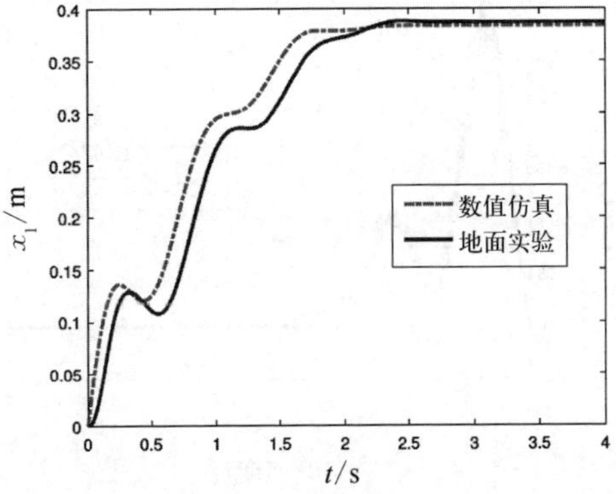

(a) 位移x_1

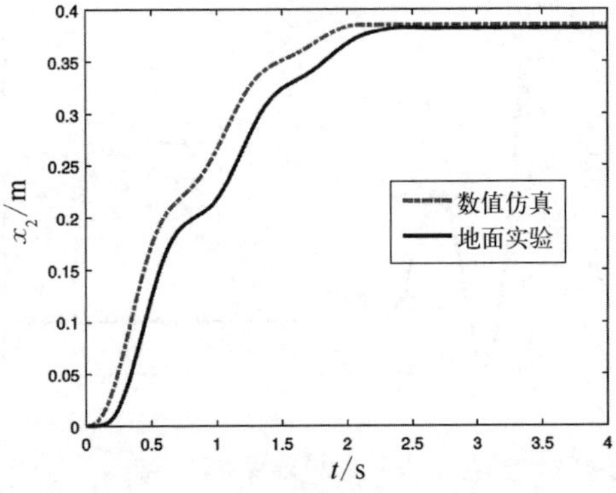

(b) 位移x_2

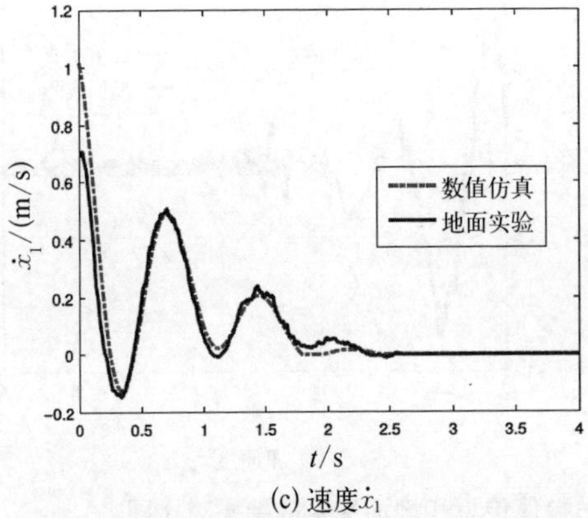

(c) 速度$\dot{x}_1$

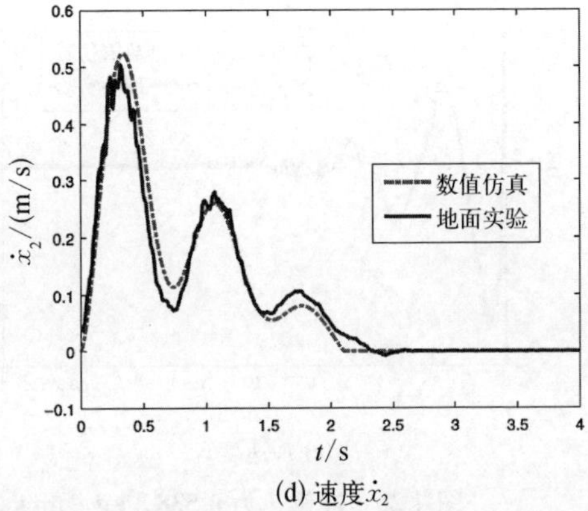

(d) 速度$\dot{x}_2$

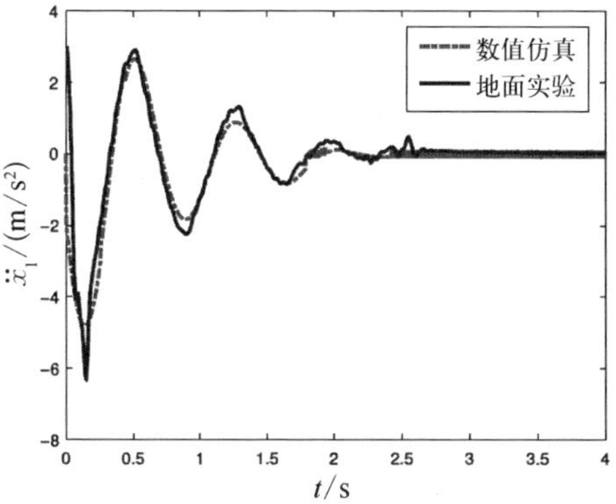

(e) 加速度$\ddot{x}_1$

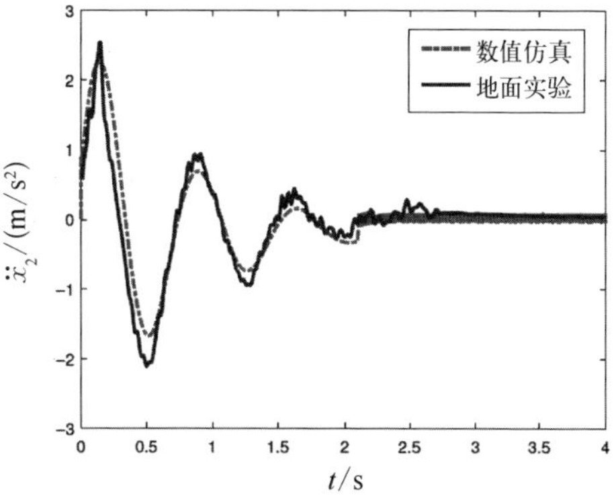

(f) 加速度$\ddot{x}_2$

图 4.21　冲量 I 为 0.853 8 kg · m/s 时数值仿真和地面实验的结果对比图

6.333 m/s^2，数值仿真时其最大加速度为 $|\ddot{x}_1|_{\mathrm{num,max}} = 4.803$ m/s^2，前者与后者相比稍大。而对于质量块 m_2，其最大加速度分别为 $|\ddot{x}_2|_{\mathrm{exp,max}} = 2.532$ m/s^2、$|\ddot{x}_2|_{\mathrm{num,max}} = 2.259$ m/s^2，同样地面实验的最大加速度略大。

综上所述，对基于仿生隔振结构的地面实验系统在以上三种不同大小冲量下的系统动力学响应对比可以看出，地面实验和数值仿真的结果基本吻合。黏滑现象在实验和数值仿真中都可以观察到。因此，地面实验准确地验证了理论分析。

4.6　本章小结

本章提出了一种新型仿生抗冲击隔振结构(BAM)，将其嵌入服务航天器机械臂内，以减小服务航天器在空间非合作目标抓捕过程中机械臂与目标之间的撞击而产生的影响。首先，利用 Lagrange 法建立了 BAM 系统的动力学方程，并且在建模中采用 Karnopp 摩擦模型来准确描述滑动部件与机械臂之间的预紧摩擦，使用 Runge-Kutta-Henon 法高效求解了 BAM 系统的动力学方程。然后，研究了系统参数，如预紧力、缓冲元件质量、弹簧刚度等参数对系统隔振性能的影响。最后，设计了地面实验，以验证理论模型的准确性。从理论研究和实验分析得出以下结论。

(1) BAM 系统在衰减时间和隔振方面都优于传统的 SMD 系统，其中 BAM 系统的衰减时间比 SMD 系统的衰减时间减少 14.2%，最大加速度减小 6.3%。

(2) 使用较大的层数 n、较小的安装角 θ_0 以及较小的刚度 k_h 会降低航天器主平台和抓捕机构的振动,但延长了衰减时间。

(3) 预紧力对 BAM 的隔振性能来说非常重要。当预载力大于临界值时,增加预载力会增大航天器主平台的振动;当预载力小于临界值时则表现出相反的结果。因此,预紧力设在临界值附近时,BAM 系统的隔振性能更优。

(4) 本章提出的 BAM 系统出现了有趣的黏滑现象,即当最大静摩擦力大于滑动摩擦力时,系统的加速度会发生突变。

总之,本章研究提出的 BAM 系统的抗冲击性能非常高效,并且可以针对抓捕不同的空间目标时选择不同的系统参数以及灵活地调整预紧力。BAM 系统为服务航天器对空间非合作目标抓捕后的隔振提供了潜在的应用价值。

第 5 章

多自由度隔振系统的被动隔振

5.1 引言

在空间非合作目标抓捕的接触瞬间,服务航天器和目标的刚性碰撞对服务航天器会产生冲击扰动以及故障航天器的运动组件像飞轮、陀螺等会产生周期性振动,严重影响甚至损害服务航天器精密仪器的正常工作。空间非合作目标对服务航天器存在多方向振动干扰,因此提出了多自由度的隔振需求。前面章节中研究的轴向隔振器解决了对心碰撞的隔振问题,却无法满足多自由度隔振的需求。传统的 Stewart 隔振平台能够实现多自由度隔振;但是,因为高刚度特性,其对冲击载荷的隔振效果不佳,无法实现空间非合作目标柔顺抓捕。传统 Stewart 隔振平台的动力学建模中缺乏考虑隔振器的安装限制,且下平台的运动无法模拟空间非合作目标抓捕过程中的动力学过程。

基于以上考虑,本章将研究空间非合作目标抓捕过程中的隔振平台设计问题、隔振平台的动力学建模问题以及隔振平台的隔振性能分析问题。针对传统 Stewart 隔振平台隔振性能的不足,提出“仿生隔振单元+Stewart 平台”的新型隔振系统,采用仿生隔振单元与传统 Stewart 平台耦合设计,在保证高效抗冲击性能的前提下,实现非轴向抗冲击效果,达到柔顺抓捕的目的。本章主要内容包括: 5.2 节建立适用于空间非合作目标抓捕过程的隔振平台的动力学模型;5.3 节和 5.4 节分别在不同外激励作用下,将本章设计的隔振平台与传统 Stewart 隔振平台进行隔振性能对比;5.5 节和 5.6 节分别在不同外激励作用下研究隔振系统参数对平动方向和转动方向的隔振性能的影响;5.7 节对本章内容进行总结。

5.2 隔振平台设计与动力学建模

5.2.1 隔振平台的构型设计

图 5.1 展示了 Stewart 隔振平台的构型示意图。其中的六个隔振器与上下平台分别通过六个球铰连接,上下平台的铰点绕体轴旋转对称分布。对于传统的 Stewart 隔振平台,其隔振器为线性阻尼弹簧隔振器,而仿生 Stewart 隔振平台的隔振器为仿生隔振单元。定义上平台代表空间非合作目标,其质量为 m_a,下平台代表服务航天器,其质量为 m_b。

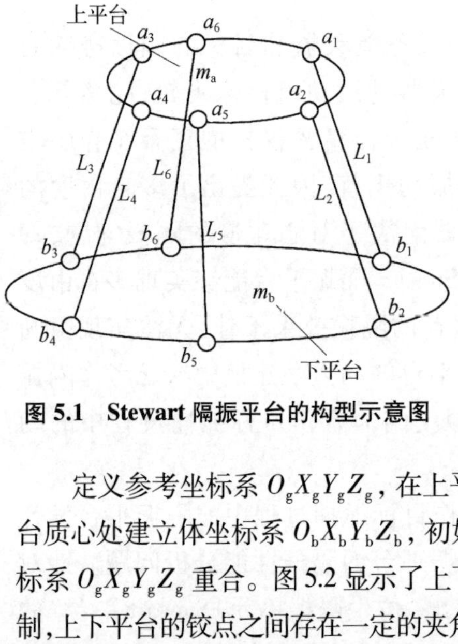

图 5.1 Stewart 隔振平台的构型示意图

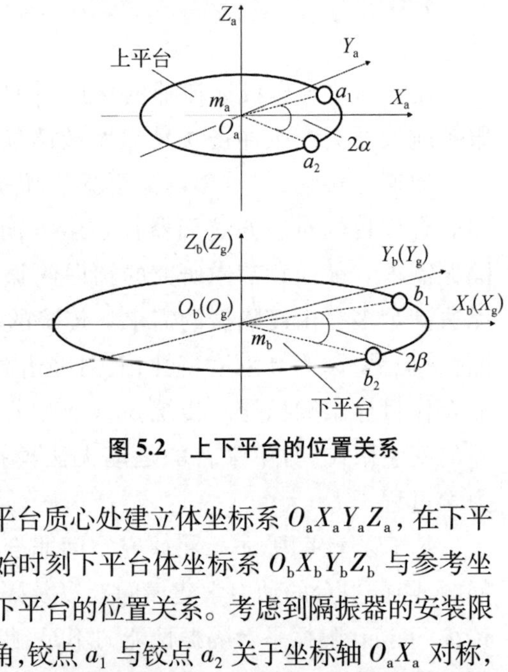

图 5.2 上下平台的位置关系

定义参考坐标系 $O_gX_gY_gZ_g$,在上平台质心处建立体坐标系 $O_aX_aY_aZ_a$,在下平台质心处建立体坐标系 $O_bX_bY_bZ_b$,初始时刻下平台体坐标系 $O_bX_bY_bZ_b$ 与参考坐标系 $O_gX_gY_gZ_g$ 重合。图 5.2 显示了上下平台的位置关系。考虑到隔振器的安装限制,上下平台的铰点之间存在一定的夹角,铰点 a_1 与铰点 a_2 关于坐标轴 O_aX_a 对称,两者之间的夹角为 2α, O_aa_1 与坐标轴 O_aX_a 之间的夹角为 α_1;铰点 b_1 与铰点 b_2 关于坐标轴 O_bX_b 对称,两者之间的夹角为 2β; O_bb_1 与坐标轴 O_bX_b 之间的夹角为 β_1。

在体坐标系 $O_aX_aY_aZ_a$ 中,上平台质心的位置矢量 $\boldsymbol{r}_{ao}$,质心到第 i 个铰点的位置矢量 $\boldsymbol{a}_i$ 为

$$\begin{cases}\boldsymbol{r}_{ao} = [x_a,\ y_a,\ z_a + h_0]^{\mathrm{T}} \\ \boldsymbol{a}_i = [r_a\cos\alpha_i,\ r_a\sin\alpha_i,\ 0]^{\mathrm{T}}\end{cases},\quad i = 1,\ 2,\ \cdots,\ 6 \tag{5.1}$$

在体坐标系 $O_bX_bY_bZ_b$ 中，下平台质心的位置矢量 $\boldsymbol{r}_{bo}$，质心到第 i 个铰点的位置矢量 $\boldsymbol{b}_i$ 为

$$\begin{cases}\boldsymbol{r}_{bo}=[x_b,\ y_b,\ z_b]^{\mathrm{T}}\\ \boldsymbol{b}_i=[r_b\cos\beta_i,\ r_b\sin\beta_i,\ 0]^{\mathrm{T}}\end{cases},\quad i=1,\ 2,\ \cdots,\ 6 \tag{5.2}$$

位置矢量 $\boldsymbol{a}_i$、$\boldsymbol{b}_i$ 在参考坐标系中可以表示为

$$\begin{cases}\boldsymbol{a}_i'=\boldsymbol{R}_a\boldsymbol{a}_i\\ \boldsymbol{b}_i'=\boldsymbol{R}_b\boldsymbol{b}_i\end{cases},\quad i=1,\ 2,\ \cdots,\ 6 \tag{5.3}$$

其中，$\boldsymbol{R}_a$ 表示上平台体坐标系到参考坐标系的转换矩阵；$\boldsymbol{R}_b$ 表示下平台体坐标系到参考坐标系的转换矩阵。上下平台的体坐标系到系统参考坐标系的坐标变换顺序为 $x-y-z$，可以得到上平台体坐标系到参考坐标系的转换矩阵为

$$\boldsymbol{R}_a=\boldsymbol{R}_{z_a}(\gamma_a,\ z_a)\boldsymbol{R}_{y_a}(\beta_a,\ \boldsymbol{y}_a)\boldsymbol{R}_{x_a}(\alpha_a,\ \boldsymbol{x}_a) \tag{5.4}$$

其中，

$$\boldsymbol{R}_{x_a}(\alpha_a,\ \boldsymbol{x}_a)=\begin{bmatrix}1 & 0 & 0\\ 0 & \cos\alpha_a & \sin\alpha_a\\ 0 & -\sin\alpha_a & \cos\alpha_a\end{bmatrix}$$

$$\boldsymbol{R}_{y_a}(\beta_a,\ \boldsymbol{y}_a)=\begin{bmatrix}\cos\beta_a & 0 & -\sin\beta_a\\ 0 & 1 & 0\\ \sin\beta_a & 0 & \cos\beta_a\end{bmatrix}$$

$$\boldsymbol{R}_{z_a}(\gamma_a,\ \boldsymbol{z}_a)=\begin{bmatrix}\cos\gamma_a & \sin\gamma_a & 0\\ -\sin\gamma_a & \cos\gamma_a & 0\\ 0 & 0 & 1\end{bmatrix}$$

下平台体坐标系到参考坐标系的转换矩阵为

$$\boldsymbol{R}_b=\boldsymbol{R}_{z_b}(\gamma_b,\ \boldsymbol{z}_b)\boldsymbol{R}_{y_b}(\beta_b,\ \boldsymbol{y}_b)\boldsymbol{R}_{x_b}(\alpha_b,\ \boldsymbol{x}_b) \tag{5.5}$$

其中，

$$\boldsymbol{R}_{x_b}(\alpha_b,\ \boldsymbol{x}_b)=\begin{bmatrix}1 & 0 & 0\\ 0 & \cos\alpha_b & \sin\alpha_b\\ 0 & -\sin\alpha_b & \cos\alpha_b\end{bmatrix}$$

$$\boldsymbol{R}_{y_b}(\beta_b, \boldsymbol{y}_b) = \begin{bmatrix} \cos\beta_b & 0 & -\sin\beta_b \\ 0 & 1 & 0 \\ \sin\beta_b & 0 & \cos\beta_b \end{bmatrix}$$

$$\boldsymbol{R}_{z_b}(\gamma_b, \boldsymbol{z}_b) = \begin{bmatrix} \cos\gamma_b & \sin\gamma_b & 0 \\ -\sin\gamma_b & \cos\gamma_b & 0 \\ 0 & 0 & 1 \end{bmatrix}$$

图 5.3 显示了 Stewart 隔振平台中第 i 条支撑腿 $\boldsymbol{L}_i$ 的位置关系，可得其表达式为

$$\boldsymbol{L}_i = \boldsymbol{b}_i' - \boldsymbol{a}_i' - \boldsymbol{h}, \quad i = 1, 2, \cdots, 6 \tag{5.6}$$

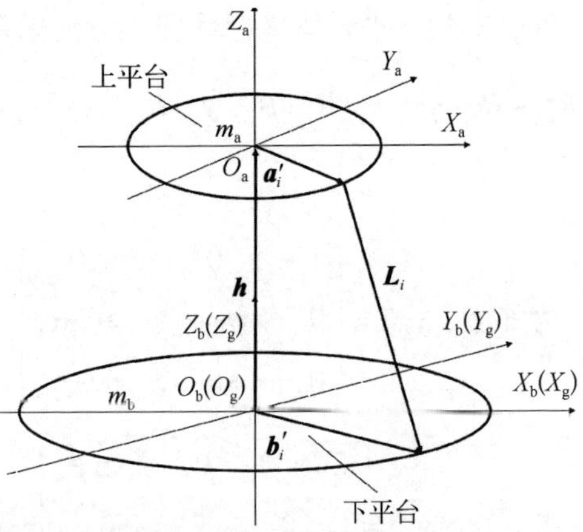

图 5.3 支撑腿 $\boldsymbol{L}_i$ 的位置关系

在支撑腿 L_i 处安装仿生隔振单元，通过球铰副和上下平台连接。图 5.4(a) 表示了仿生隔振单元的结构简图，仿生隔振单元的层数为 n，杆长为 l，杆与杆之间的夹角为 θ_i，关节的旋转摩擦系数为 c，线性弹簧的刚度系数为 k。当 Stewart 隔振平台在受到冲击时，其仿生隔振单元会缩短，图 5.4(b) 显示了单层结构的形状变化情况。

由单层结构形变前后的状态变化，可得

$$\begin{cases} l_i = \dfrac{|\boldsymbol{L}_i|}{n} \\ \Delta s_i = s_i - 2l\sin\left(\dfrac{\theta_0}{2}\right) \end{cases}, \quad i = 1, 2, \cdots, 6 \tag{5.7}$$

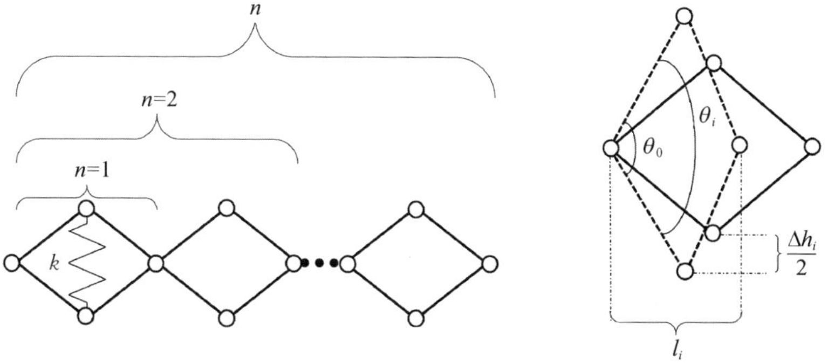

(a) 仿生隔振单元图　　(b) 单层结构的形状变化

图 5.4　仿生隔振单元的结构关系

其中，l_i 为第 i 个仿生隔振单元发生形变后单层结构在支撑腿 $\boldsymbol{L}_i$ 方向的长度；s_i 为第 i 个仿生隔振单元发生形变后单层结构在垂直支撑腿 $\boldsymbol{L}_i$ 方向的长度；Δs_i 为第 i 个仿生隔振单元发生形变后单层结构在垂直支撑腿 $\boldsymbol{L}_i$ 方向的长度变化；θ_0 为第 i 个仿生隔振单元连杆的初始安装角。

单层结构中杆之间的角度变化可以表示为

$$\phi_i = 2\arctan\left(\frac{s_i}{l_i}\right) - \theta_0, \quad i = 1, 2, \cdots, 6 \tag{5.8}$$

5.2.2　隔振平台的动力学建模

利用 Lagrange 法对隔振平台进行动力学建模，为了更好地分析隔振平台三个平动方向和三个转动方向上 Stewart 平台的隔振性能，将分别建立隔振平台的平动和转动动力学模型。

首先，建立 Stewart 隔振平台关于平动方向上的动力学模型。在平动方向上，因为仿生隔振单元中杆和关节的质量比上平台 m_a 和下平台 m_b 要小得多，所以忽略其质量，可得到系统的平动方向上的动能表达式：

$$T = \frac{1}{2}m_a\dot{x}_a^2 + \frac{1}{2}m_b\dot{x}_b^2 + \frac{1}{2}m_a\dot{y}_a^2 + \frac{1}{2}m_b\dot{y}_b^2 + \frac{1}{2}m_a\dot{z}_a^2 + \frac{1}{2}m_b\dot{z}_b^2 \tag{5.9}$$

系统的势能表达式：

$$U = \frac{1}{2}k\sum_{i=1}^{6}\Delta s_i^2, \quad i = 1, 2, \cdots, 6$$

系统非势力的广义力为

$$\begin{cases} \boldsymbol{Q}_{\mathrm{a}} = -\sum_{i=1}^{6}\left(n_x c\dot{\phi}_i \dfrac{\partial\phi_i}{\partial x_{\mathrm{a}}} + c_{\mathrm{d}}(\dot{x}_{\mathrm{a}} - \dot{x}_{\mathrm{b}})\right)\boldsymbol{i} - \sum_{i=1}^{6}\left(n_x c\dot{\phi}_i \dfrac{\partial\phi_i}{\partial y_{\mathrm{a}}} + c_{\mathrm{d}}(\dot{y}_{\mathrm{a}} - \dot{y}_{\mathrm{b}})\right)\boldsymbol{j} \\ \qquad - \sum_{i=1}^{6}\left(n_x c\dot{\phi}_i \dfrac{\partial\phi_i}{\partial z_{\mathrm{a}}} + c_{\mathrm{d}}(\dot{z}_{\mathrm{a}} - \dot{z}_{\mathrm{b}})\right)\boldsymbol{k} + \boldsymbol{F}(t) \\ \boldsymbol{Q}_{\mathrm{b}} = -\sum_{i=1}^{6}\left(n_x c\dot{\phi}_i \dfrac{\partial\phi_i}{\partial x_{\mathrm{b}}} + c_{\mathrm{d}}(\dot{x}_{\mathrm{b}} - \dot{x}_{\mathrm{a}})\right)\boldsymbol{i} - \sum_{i=1}^{6}\left(n_x c\dot{\phi}_i \dfrac{\partial\phi_i}{\partial y_{\mathrm{b}}} + c_{\mathrm{d}}(\dot{y}_{\mathrm{b}} - \dot{y}_{\mathrm{a}})\right)\boldsymbol{j} \\ \qquad - \sum_{i=1}^{6}\left(n_x c\dot{\phi}_i \dfrac{\partial\phi_i}{\partial z_{\mathrm{b}}} + c_{\mathrm{d}}(\dot{z}_{\mathrm{b}} - \dot{z}_{\mathrm{a}})\right)\boldsymbol{k} \end{cases}$$

其中，n_x 表示仿生隔振单元连接连杆铰链的数量，其表达式为 $n_x = 3n + 1$；$\boldsymbol{i}$、$\boldsymbol{j}$、$\boldsymbol{k}$ 表示 $O_{\mathrm{g}}X_{\mathrm{g}}$、$O_{\mathrm{g}}Y_{\mathrm{g}}$、$O_{\mathrm{g}}Z_{\mathrm{g}}$ 的方向向量。

系统的非势力虚功为

$$\delta W = \boldsymbol{Q}_{\mathrm{a}}(\delta x_{\mathrm{a}}\boldsymbol{i} + \delta y_{\mathrm{a}}\boldsymbol{j} + \delta z_{\mathrm{a}}\boldsymbol{k}) + \boldsymbol{Q}_{\mathrm{b}}(\delta x_{\mathrm{b}}\boldsymbol{i} + \delta y_{\mathrm{b}}\boldsymbol{j} + \delta z_{\mathrm{b}}\boldsymbol{k}) \tag{5.10}$$

系统的 Lagrange 方程为

$$\begin{cases} \dfrac{\mathrm{d}}{\mathrm{d}t}\left(\dfrac{\partial L}{\partial \dot{x}_{\mathrm{a}}}\right) - \dfrac{\partial L}{\partial x_{\mathrm{a}}} = \boldsymbol{Q}_{\mathrm{a}}\delta x_{\mathrm{a}}\boldsymbol{i} \\ \dfrac{\mathrm{d}}{\mathrm{d}t}\left(\dfrac{\partial L}{\partial \dot{x}_{\mathrm{b}}}\right) - \dfrac{\partial L}{\partial x_{\mathrm{b}}} = \boldsymbol{Q}_{\mathrm{b}}\delta x_{\mathrm{b}}\boldsymbol{i} \\ \dfrac{\mathrm{d}}{\mathrm{d}t}\left(\dfrac{\partial L}{\partial \dot{y}_{\mathrm{a}}}\right) - \dfrac{\partial L}{\partial y_{\mathrm{a}}} = \boldsymbol{Q}_{\mathrm{a}}\delta y_{\mathrm{a}}\boldsymbol{j} \\ \dfrac{\mathrm{d}}{\mathrm{d}t}\left(\dfrac{\partial L}{\partial \dot{y}_{\mathrm{b}}}\right) - \dfrac{\partial L}{\partial y_{\mathrm{b}}} = \boldsymbol{Q}_{\mathrm{b}}\delta y_{\mathrm{b}}\boldsymbol{j} \\ \dfrac{\mathrm{d}}{\mathrm{d}t}\left(\dfrac{\partial L}{\partial \dot{z}_{\mathrm{a}}}\right) - \dfrac{\partial L}{\partial z_{\mathrm{a}}} = \boldsymbol{Q}_{\mathrm{a}}\delta z_{\mathrm{a}}\boldsymbol{k} \\ \dfrac{\mathrm{d}}{\mathrm{d}t}\left(\dfrac{\partial L}{\partial \dot{z}_{\mathrm{b}}}\right) - \dfrac{\partial L}{\partial z_{\mathrm{b}}} = \boldsymbol{Q}_{\mathrm{b}}\delta z_{\mathrm{b}}\boldsymbol{k} \end{cases} \tag{5.11}$$

其中，Lagrange 函数为 $L = T - U$。

隔振平台在平动方向上的动力学方程为

$$
\begin{cases}
m_{\mathrm{a}}\ddot{x}_{\mathrm{a}}+\sum_{i=1}^{6}k\Delta h_i\dfrac{\partial\Delta h_i}{\partial x_{\mathrm{a}}}+\sum_{i=1}^{6}n_x c\dot{\phi}_i\dfrac{\partial\phi_i}{\partial x_{\mathrm{a}}}+6c_{\mathrm{d}}(\dot{x}_{\mathrm{a}}-\dot{x}_{\mathrm{b}})=\boldsymbol{F}_x(t)\\
m_{\mathrm{b}}\ddot{x}_{\mathrm{b}}+\sum_{i=1}^{6}k\Delta h_i\dfrac{\partial\Delta h_i}{\partial x_{\mathrm{b}}}+\sum_{i=1}^{6}n_x c\dot{\phi}_i\dfrac{\partial\phi_i}{\partial x_{\mathrm{b}}}+6c_{\mathrm{d}}(\dot{x}_{\mathrm{b}}-\dot{x}_{\mathrm{a}})=0\\
m_{\mathrm{a}}\ddot{y}_{\mathrm{a}}+\sum_{i=1}^{6}k\Delta h_i\dfrac{\partial\Delta h_i}{\partial y_{\mathrm{a}}}+\sum_{i=1}^{6}n_x c\dot{\phi}_i\dfrac{\partial\phi_i}{\partial y_{\mathrm{a}}}+6c_{\mathrm{d}}(\dot{y}_{\mathrm{a}}-\dot{y}_{\mathrm{b}})=\boldsymbol{F}_y(t)\\
m_{\mathrm{b}}\ddot{y}_{\mathrm{b}}+\sum_{i=1}^{6}k\Delta h_i\dfrac{\partial\Delta h_i}{\partial y_{\mathrm{b}}}+\sum_{i=1}^{6}n_x c\dot{\phi}_i\dfrac{\partial\phi_i}{\partial y_{\mathrm{b}}}+6c_{\mathrm{d}}(\dot{y}_{\mathrm{b}}-\dot{y}_{\mathrm{a}})=0\\
m_{\mathrm{a}}\ddot{z}_{\mathrm{a}}+\sum_{i=1}^{6}k\Delta h_i\dfrac{\partial\Delta h_i}{\partial z_{\mathrm{a}}}+\sum_{i=1}^{6}n_x c\dot{\phi}_i\dfrac{\partial\phi_i}{\partial z_{\mathrm{a}}}+6c_{\mathrm{d}}(\dot{z}_{\mathrm{a}}-\dot{z}_{\mathrm{b}})=\boldsymbol{F}_z(t)\\
m_{\mathrm{b}}\ddot{z}_{\mathrm{b}}+\sum_{i=1}^{6}k\Delta h_i\dfrac{\partial\Delta h_i}{\partial z_{\mathrm{b}}}+\sum_{i=1}^{6}n_x c\dot{\phi}_i\dfrac{\partial\phi_i}{\partial z_{\mathrm{b}}}+6c_{\mathrm{d}}(\dot{z}_{\mathrm{b}}-\dot{z}_{\mathrm{a}})=0
\end{cases},\quad i=1,2,\cdots,6
\tag{5.12}
$$

其中，x、y、z 分别代表上下平台的广义坐标；k、c 代表仿生隔振单元的刚度系数、阻尼系数；$\boldsymbol{F}_x(t)$、$\boldsymbol{F}_y(t)$、$\boldsymbol{F}_z(t)$ 分别代表空间非合作目标在三个平动方向上的外激励。对于平动方向，可以发现由于结构的对称性，其在 x 和 y 方向上的隔振性能完全相同。考虑三个平动方向的动力学建模相似，并且通过数值仿真对比发现三个平动方向的动力学响应类似，同时考虑隔振平台主要承受来自 z 方向上的碰撞，因此仅对系统在 z 方向上的隔振性能进行研究。

对于隔振平台的转动方向，系统的转动动能为

$$
T=\frac{1}{2}J_{\mathrm{a}x}\dot{\varphi}_{\mathrm{a}}^2+\frac{1}{2}J_{\mathrm{b}x}\dot{\varphi}_{\mathrm{b}}^2+\frac{1}{2}J_{\mathrm{a}y}\dot{\vartheta}_{\mathrm{a}}^2+\frac{1}{2}J_{\mathrm{b}y}\dot{\vartheta}_{\mathrm{b}}^2+\frac{1}{2}J_{\mathrm{a}z}\dot{\gamma}_{\mathrm{a}}^2+\frac{1}{2}J_{\mathrm{a}z}\dot{\gamma}_{\mathrm{b}}^2
\tag{5.13}
$$

系统的势能为

$$
U=\frac{1}{2}k\sum_{i=1}^{6}\Delta h_i^2,\quad i=1,2,\cdots,6
$$

系统非势力的广义力为

$$
\begin{cases}
\boldsymbol{Q}_{\mathrm{a}} = -\sum_{i=1}^{6}\left(n_x c\dot{\phi}_i \dfrac{\partial \phi_i}{\partial \varphi_{\mathrm{a}}} + c_{\mathrm{d}}(\dot{\varphi}_{\mathrm{a}} - \dot{\varphi}_{\mathrm{b}})\right)\boldsymbol{m} - \sum_{i=1}^{6}\left(n_x c\dot{\phi}_i \dfrac{\partial \phi_i}{\partial \vartheta_{\mathrm{a}}} + c_{\mathrm{d}}(\dot{\vartheta}_{\mathrm{a}} - \dot{\vartheta}_{\mathrm{b}})\right)\boldsymbol{n} \\
\qquad - \sum_{i=1}^{6}\left(n_x c\dot{\phi}_i \dfrac{\partial \phi_i}{\partial \gamma_{\mathrm{a}}} + c_{\mathrm{d}}(\dot{\gamma}_{\mathrm{a}} - \dot{\gamma}_{\mathrm{b}})\right)\boldsymbol{z} + \boldsymbol{T}(t) \\
\boldsymbol{Q}_{\mathrm{b}} = -\sum_{i=1}^{6}\left(n_x c\dot{\phi}_i \dfrac{\partial \phi_i}{\partial \varphi_{\mathrm{b}}} + c_{\mathrm{d}}(\dot{\varphi}_{\mathrm{b}} - \dot{\varphi}_{\mathrm{a}})\right)\boldsymbol{m} - \sum_{i=1}^{6}\left(n_x c\dot{\phi}_i \dfrac{\partial \phi_i}{\partial \vartheta_{\mathrm{b}}} + c_{\mathrm{d}}(\dot{\vartheta}_{\mathrm{b}} - \dot{\vartheta}_{\mathrm{a}})\right)\boldsymbol{n} \\
\qquad - \sum_{i=1}^{6}\left(n_x c\dot{\phi}_i \dfrac{\partial \phi_i}{\partial \gamma_{\mathrm{b}}} + c_{\mathrm{d}}(\dot{\gamma}_{\mathrm{b}} - \dot{\gamma}_{\mathrm{a}})\right)\boldsymbol{z}
\end{cases}
$$

其中，$\boldsymbol{m}$、$\boldsymbol{n}$、$\boldsymbol{z}$ 代表绕 O_gX_g、O_gY_g、O_gZ_g 转动的方向矢量。

系统的非势力虚功为

$$
\delta W = \boldsymbol{Q}_{\mathrm{a}}(\delta\varphi_{\mathrm{a}}\boldsymbol{m} + \delta\vartheta_{\mathrm{a}}\boldsymbol{n} + \delta\gamma_{\mathrm{a}}\boldsymbol{z}) + \boldsymbol{Q}_{\mathrm{b}}(\delta\varphi_{\mathrm{b}}\boldsymbol{m} + \delta\vartheta_{\mathrm{b}}\boldsymbol{n} + \delta\gamma_{\mathrm{b}}\boldsymbol{z}) \tag{5.14}
$$

系统的 Lagrange 方程为

$$
\begin{cases}
\dfrac{\mathrm{d}}{\mathrm{d}t}\left(\dfrac{\partial L}{\partial \dot{\varphi}_{\mathrm{a}}}\right) - \dfrac{\partial L}{\partial \varphi_{\mathrm{a}}} = \boldsymbol{Q}_{\mathrm{a}}\delta\varphi_{\mathrm{a}}\boldsymbol{m} \\
\dfrac{\mathrm{d}}{\mathrm{d}t}\left(\dfrac{\partial L}{\partial \dot{\varphi}_{\mathrm{b}}}\right) - \dfrac{\partial L}{\partial \varphi_{\mathrm{b}}} = \boldsymbol{Q}_{\mathrm{b}}\delta\varphi_{\mathrm{b}}\boldsymbol{m} \\
\dfrac{\mathrm{d}}{\mathrm{d}t}\left(\dfrac{\partial L}{\partial \dot{\vartheta}_{\mathrm{a}}}\right) - \dfrac{\partial L}{\partial \vartheta_{\mathrm{a}}} = \boldsymbol{Q}_{\mathrm{a}}\delta\vartheta_{\mathrm{a}}\boldsymbol{n} \\
\dfrac{\mathrm{d}}{\mathrm{d}t}\left(\dfrac{\partial L}{\partial \dot{\vartheta}_{\mathrm{b}}}\right) - \dfrac{\partial L}{\partial \vartheta_{\mathrm{b}}} = \boldsymbol{Q}_{\mathrm{b}}\delta\vartheta_{\mathrm{b}}\boldsymbol{n} \\
\dfrac{\mathrm{d}}{\mathrm{d}t}\left(\dfrac{\partial L}{\partial \dot{\gamma}_{\mathrm{a}}}\right) - \dfrac{\partial L}{\partial \gamma_{\mathrm{a}}} = \boldsymbol{Q}_{\mathrm{a}}\delta\gamma_{\mathrm{a}}\boldsymbol{z} \\
\dfrac{\mathrm{d}}{\mathrm{d}t}\left(\dfrac{\partial L}{\partial \dot{\gamma}_{\mathrm{b}}}\right) - \dfrac{\partial L}{\partial \gamma_{\mathrm{b}}} = \boldsymbol{Q}_{\mathrm{b}}\delta\gamma_{\mathrm{b}}\boldsymbol{z}
\end{cases} \tag{5.15}
$$

其中，Lagrange 函数为 $L = T - U$。

所以，隔振平台在转动方向上的动力学方程为

$$\begin{cases}J_{ax}\ddot{\varphi}_a+\sum_{i=1}^{6}k\Delta h_i\dfrac{\partial\Delta h_i}{\partial\varphi_a}+\sum_{i=1}^{6}n_x c\,\dot{\phi}_i\dfrac{\partial\phi_i}{\partial\varphi_a}+6c_d(\dot{\varphi}_a-\dot{\varphi}_b)=\boldsymbol{T}_m(t)\\ J_{bx}\ddot{\varphi}_b+\sum_{i=1}^{6}k\Delta h_i\dfrac{\partial\Delta h_i}{\partial\varphi_b}+\sum_{i=1}^{6}n_x c\,\dot{\phi}_i\dfrac{\partial\phi_i}{\partial\varphi_b}+6c_d(\dot{\varphi}_b-\dot{\varphi}_a)=0\\ J_{ay}\ddot{\vartheta}_a+\sum_{i=1}^{6}k\Delta h_i\dfrac{\partial\Delta h_i}{\partial\vartheta_a}+\sum_{i=1}^{6}n_x c\,\dot{\phi}_i\dfrac{\partial\phi_i}{\partial\vartheta_a}+6c_d(\dot{\vartheta}_a-\dot{\vartheta}_b)=\boldsymbol{T}_n(t)\\ J_{by}\ddot{\vartheta}_b+\sum_{i=1}^{6}k\Delta h_i\dfrac{\partial\Delta h_i}{\partial\vartheta_b}+\sum_{i=1}^{6}n_x c\,\dot{\phi}_i\dfrac{\partial\phi_i}{\partial\vartheta_b}+6c_d(\dot{\vartheta}_b-\dot{\vartheta}_a)=0\\ J_{az}\ddot{\gamma}_a+\sum_{i=1}^{6}k\Delta h_i\dfrac{\partial\Delta h_i}{\partial\gamma_a}+\sum_{i=1}^{6}n_x c\,\dot{\phi}_i\dfrac{\partial\phi_i}{\partial\gamma_a}+6c_d(\dot{\gamma}_a-\dot{\gamma}_b)=\boldsymbol{T}_z(t)\\ J_{bz}\ddot{\gamma}_b+\sum_{i=1}^{6}k\Delta h_i\dfrac{\partial\Delta h_i}{\partial\gamma_b}+\sum_{i=1}^{6}n_x c\,\dot{\phi}_i\dfrac{\partial\phi_i}{\partial\gamma_b}+6c_d(\dot{\gamma}_b-\dot{\gamma}_a)=0\end{cases},\quad i=1,2,\cdots,6 \tag{5.16}$$

在研究隔振平台某一方向的隔振性能时,假设其他方向上的变化为 0。由于结构的对称性,绕 O_gX_g、O_gY_g、O_gZ_g 转动方向上的隔振性能相同。由隔振平台转动方向上的动力学微分方程可知,对于绕 O_gY_g、O_gZ_g 转动方向上的隔振性能有较大的不同;因此,接下来将对隔振平台绕 O_gY_g、O_gZ_g 转动方向上的隔振性能进行研究。

5.2.3 动力学模型的验证

为了验证隔振平台在平动方向和转动方向上的动力学建模的准确性,在 ADAMS 中搭建仿生 Stewart 隔振平台的结构模型,将在相同的结构参数和初始条件下进行动力学模型仿真和 ADAMS 仿真计算,通过对比数值仿真结果和 ADAMS 仿真结果来验证 Stewart 隔振平台动力学建模的准确性。

表 5.1 给出了上下平台的质量以及绕自身体轴的转动惯量,表 5.2 给出了仿生 Stewart 隔振平台的结构参数。图 5.5 为仿生 Stewart 隔振平台的 ADAMS 模型。为了验证其在平动方向上的动力学建模的准确性,假设服务航天器在抓捕空间非合作目标时会发生对心碰撞。为模拟隔振平台受瞬时冲击力作用的动力学响应,将碰撞产生的冲量转化为空间非合作目标的动量。假设空间非合作目标 m_a 的初始速度为 0.2 m/s,方向沿着 O_aZ_a 方向。图 5.6 显示了仿生 Stewart 隔振平台的数值仿真结果和 ADAMS 仿真结果的对比。图 5.6(a)给出了 m_a 的速

度对比曲线，图 5.6(b)给出了 m_b 的速度对比曲线，由两者的速度对比曲线可知，ADAMS 仿真结果和数值仿真结果的速度变化趋势相同，稳态值相同。对比曲线可以发现，在速度变化曲线的极值点附近有小范围波动，对 m_a 来说，在数值仿真中的速度最小值为 -3.378×10^{-2} m/s，在 ADAMS 仿真中的速度最小值为 -3.481×10^{-2} m/s，两者误差为 3.05%；对 m_b 来说，在数值仿真中的速度最大值为 3.913×10^{-3} m/s，在 ADAMS 仿真中的速度最大值为 3.896×10^{-3} m/s，两者误差为 0.43%；误差范围都在 3.05%以内。综上所述，理论建模具有较高的准确性，因此验证了仿生 Stewart 隔振平台的平动方向理论建模的正确性。由速度仿真结果可知，抓捕后的组合体最终将以 3.3×10^{-3} m/s 的速度进行漂移。m_a、m_b 的速度终值不为 0，将导致抓捕后的组合体偏离工作轨道，所以需要进行主动隔振控制。

表 5.1 上下平台的质量及绕自身体轴的转动惯量

系统参数	m_a/kg	J_{ax}/(kg·m^2)	J_{ay}/(kg·m^2)	J_{az}/(kg·m^2)
1	5	0.7	0.7	1.5
系统参数	m_b/kg	J_{bx}/(kg·m^2)	J_{by}/(kg·m^2)	J_{bz}/(kg·m^2)
2	500	12.5	12.5	12.5

表 5.2 仿生 Stewart 隔振平台的结构参数

系统参数	n	C_d/(N·m^{-1}·s)	c/(N·rad^{-1}·s)	k/(N·m)	θ_0/(°)	l/m
1	5	0	0.1	800	90	0.1
系统参数	α/(°)	β/(°)	r_a/m	r_b/m	h_0/m	
2	50	10	0.55	0.56	0.26	

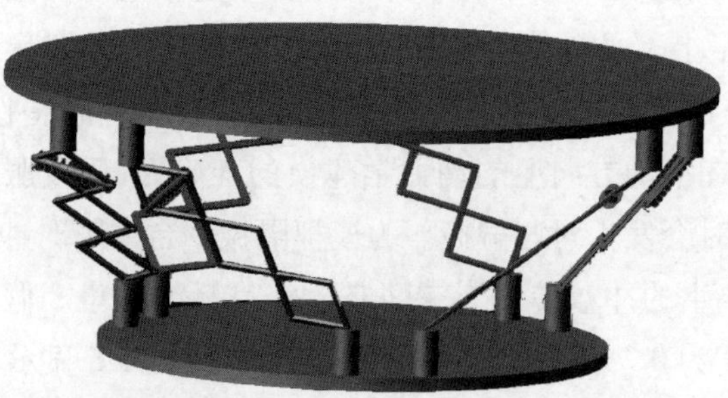

图 5.5 仿生 Stewart 隔振平台的 ADAMS 模型

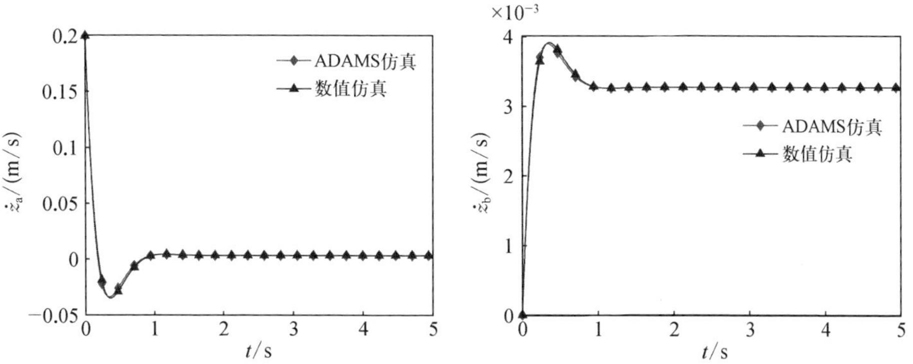

(a) m_a的速度对比曲线　　(b) m_b的速度对比曲线

图 5.6　z 方向 ADAMS 仿真结果和数值仿真结果的对比

为了验证系统在转动方向上动力学建模的准确性，假设服务航天器在抓捕空间非合作目标时发生非对心碰撞。为模拟隔振平台受瞬时冲击力矩作用的动力学响应，将非对心碰撞产生的冲量转化为空间非合作目标的角动量。对于 ϑ 方向，假设抓捕过程造成 m_a 绕体轴的 Q_aY_a 转动，转动角速度为 0.05 rad/s；同样对于 γ 方向，假设抓捕冲击造成 m_a 绕体轴 O_aZ_a 的转动角速度为 0.05 rad/s。图 5.7 显示了 ϑ 方向上仿生 Stewart 隔振平台的数值仿真结果和 ADAMS 仿真结果的对比。图 5.7(a)给出了 m_a 的角速度对比曲线，图 5.7(b)给出了 m_b 的角速度对比曲线。由两者的角速度对比曲线可知，ADAMS 仿真结果和数值仿真结果的角速度变化趋势相同，两条曲线基本重合。对于 m_a 在数值仿真中的角速度最小值为 -8.8288×10^{-3} rad/s，在 ADAMS 仿真中的角速度最小值为 -8.8288×10^{-3} rad/s，两者误差可以忽略；对于 m_b 在数值仿真中的角速度最大值为 1.6507×10^{-3} rad/s，在 ADAMS 仿真中的角速度最大值为 1.6507×10^{-3} rad/s，误差同样可以忽略。图 5.8 显示了 γ 方向上仿生 Stewart 隔振平台的数值仿真结果和 ADAMS 仿真结果的对比。图 5.8(a)给出了 m_a 的角速度对比曲线，图 5.8(b)给出了 m_b 的角速度对比曲线。由两者的角速度对比曲线可知，ADAMS 仿真结果和数值仿真结果的角速度变化趋势相同，曲线几乎重合。对于 m_a 在数值仿真中的角速度最小值为 -8.8288×10^{-3} rad/s，在 ADAMS 仿真中的角速度最小值为 -8.8288×10^{-3} rad/s，两者误差可以忽略；对于 m_b 在数值仿真中的角速度最大值为 1.6507×10^{-3} rad/s，在 ADAMS 仿真中的角速度最大值为 1.6507×10^{-3} rad/s，误差很小，同样可以忽略。综上所述，本节验证了仿生 Stewart 隔振平台在转动方向上动力学建模的准确性。由角速度仿真结果可知，抓捕后的组合体最终将

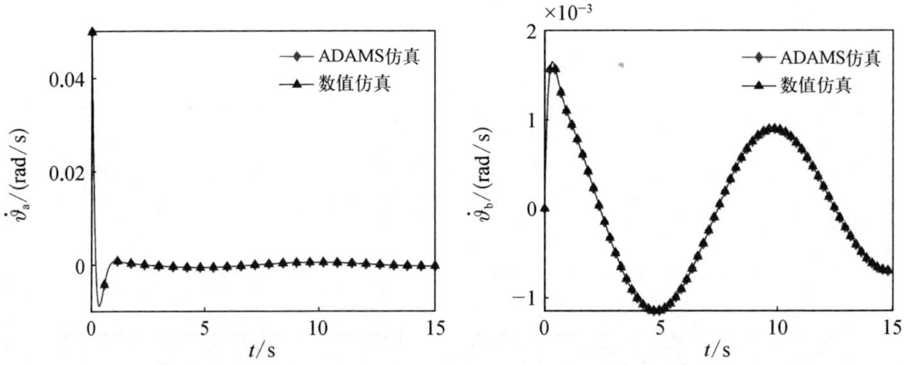

(a) m_a的角速度对比曲线　　(b) m_b的角速度对比曲线

图 5.7　ϑ 方向 ADAMS 仿真结果和数值仿真结果的对比

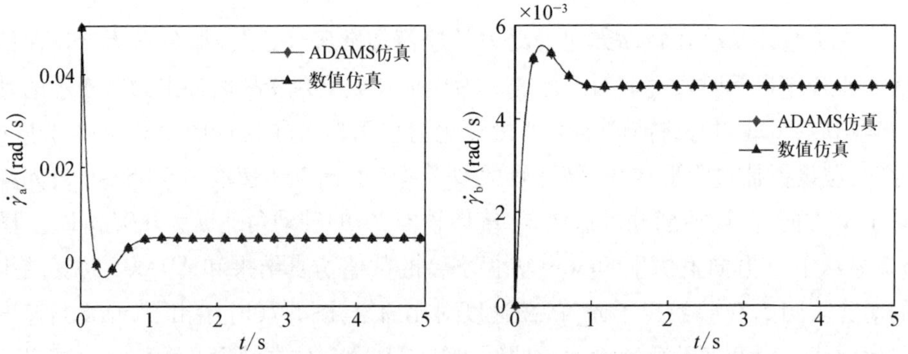

(a) m_a的角速度对比曲线　　(b) m_b的角速度对比曲线

图 5.8　γ 方向 ADAMS 仿真结果和数值仿真结果的对比

以一定的角速度进行运动，不利于组合体的姿态稳定，需要进行主动隔振控制。

5.3　平动方向上的隔振性能分析

服务航天器在抓捕空间非合作目标时，由于两者之间存在相对速度，碰撞时有发生。碰撞可分为对心碰撞和非对心碰撞。对心碰撞将造成速度的变化，非对心碰撞将造成角速度的变化。对于隔振平台碰撞作用视为冲击激励。本节将研究系统在对心碰撞时两种隔振平台的平动方向上的隔振性能以及非对心碰撞时两种隔振平台的转动方向的隔振性能。

图 5.9 给出了系统在冲击激励作用下两种隔振平台平动方向上的隔振性能

对比。图 5.9(a)、(b)分别给出了 m_a 和 m_b 的速度对比曲线。从图中可以看出,本章提出的隔振平台的速度振荡时间小于 2 s,在 1.5 s 左右达到稳态值 3.3×10^{-3} m/s,而传统 Stewart 隔振平台的速度振荡时间大于 5 s,振荡次数为 14 次,速度衰减慢,速度振荡幅度大于本章提出的隔振平台的速度振荡幅度。图 5.9(c)、(d)分别给出了 m_a 和 m_b 的加速度对比曲线。从图中可以看出,本章提出的隔振平台加速度在 1.5 s 左右衰减到 0,而传统 Stewart 隔振平台的加速度振荡幅值几乎是本章提出的隔振平台的两倍,且一直处于振荡中。由速度和加速度的仿真结果可知,速度和加速度一直处于振荡变化且衰减慢。因此,传统 Stewart 隔振平台不利于对服务航天器和空间非合作目标进行隔振,而仿生 Stewart 隔振平台速度收敛快,振荡时间短,振荡幅值小,更加有利于服务航天器的正常工作。

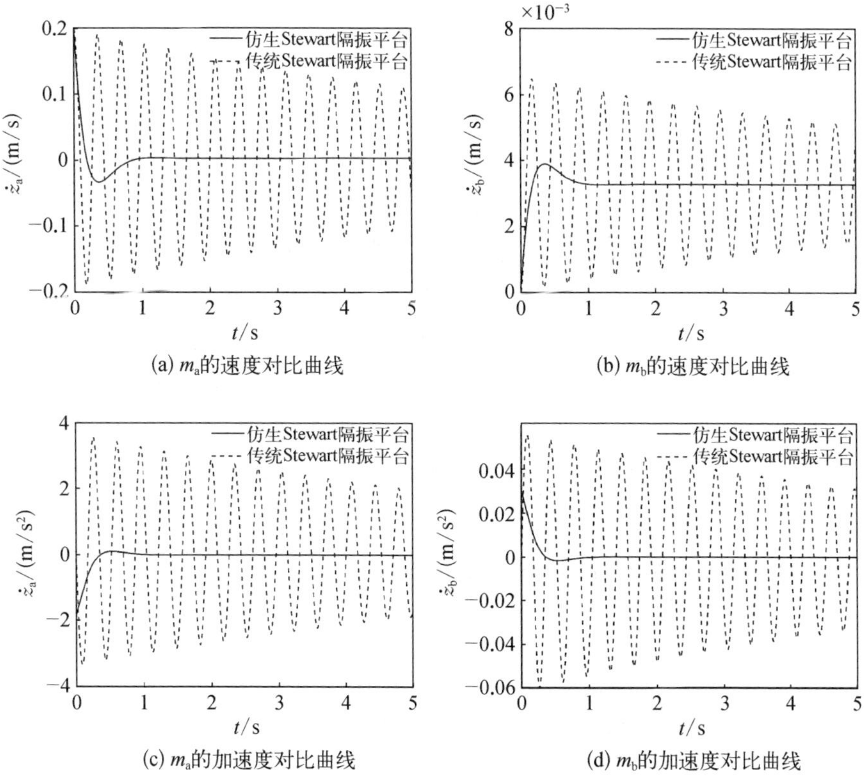

(a) m_a的速度对比曲线　(b) m_b的速度对比曲线

(c) m_a的加速度对比曲线　(d) m_b的加速度对比曲线

图 5.9 冲击激励作用下两种隔振平台 z 方向的隔振性能对比

为了展示仿生 Stewart 隔振平台隔振上的优势,分别将在周期激励和冲击激励作用下与传统 Stewart 隔振平台进行对比,同时两种隔振平台在相同的初始条件下也进行仿真对比。

对于平动方向,引入位移传递率 T_d, 其为服务航天器 m_b 的振幅和空间非合作目标 m_a 的振幅之比:

$$T_d = \frac{A_{wb}}{A_{wa}}$$

其中, A_{wb} 为 m_b 的振幅; A_{wa} 为 m_a 的振幅。

位移传递率在系统固有频率处达到峰值,位移传递率大于1时,隔振平台不仅没有隔振效果,反而放大了振动效果。当 $T_d < 1$ 时,隔振平台开始产生隔振效果, T_d 和隔振效率的关系为 $1 - T_d$, 因此 T_d 的数值越大表示隔振效率越低。

周期性激励设置为

$$\begin{cases} \boldsymbol{F}_y(t) = a_y \cdot \sin(\omega \cdot t) \\ \boldsymbol{F}_z(t) = a_z \cdot \sin(\omega \cdot t) \end{cases}$$

其中, $\omega \in [1\ \mathrm{rad/s},\ 10\ \mathrm{rad/s}]$。

图5.10为两种隔振平台的位移传递率对比。为了便于表述图中的标注,原来的隔振平台代表传统Stewart隔振平台,现在的隔振平台代表仿生Stewart隔振平台。由位移传递率对比曲线可知,仿生Stewart隔振平台相比传统Stewart隔振平台具有更低的位移传递率和更低的固有频率,因此在周期外力作用下相较于传统Stewart隔振平台,仿生Stewart隔振平台在平动方向具有更高的隔振效率。

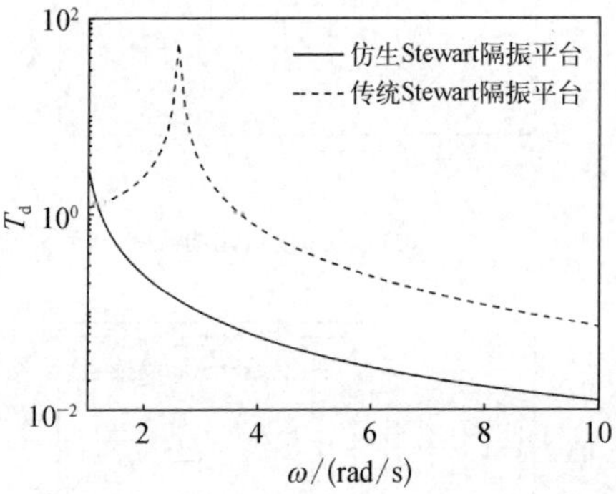

图5.10　两种隔振平台的位移传递率的对比

5.4　转动方向上的隔振性能分析

图5.11为系统在冲击激励作用下两种隔振平台 ϑ 方向上的隔振性能对比。图5.11(a)、(b)给出了 m_a 和 m_b 在 ϑ 方向的角速度对比曲线,可以看到现在的隔振平台的速度振荡频率低于原来的隔振平台,角速度极值低于原来的隔振平台,角速度衰减更快;图5.11(c)、(d)给出了 m_a 和 m_b 在 ϑ 方向的角加速度对比

曲线。从图中可以看出,现在的隔振平台的加速度衰减快,振荡次数明显低于原来的隔振平台,角加速度极值低于原来的隔振平台,降低了对服务航天器 m_b 上的组件冲击。图 5.12 为系统在冲击激励作用下两种隔振平台 γ 方向上的隔振性能对比。从图中可以发现,现在的隔振平台的角速度衰减更快,振荡次数更少,角加速度也具有类似的变化,极值更低,降低了冲击性能。因此,现在的隔振平台在应对非对心碰撞时,隔振平台的角速度和角加速度能更快地衰减,角加速度极值更低,具有更好的抗冲击性能。

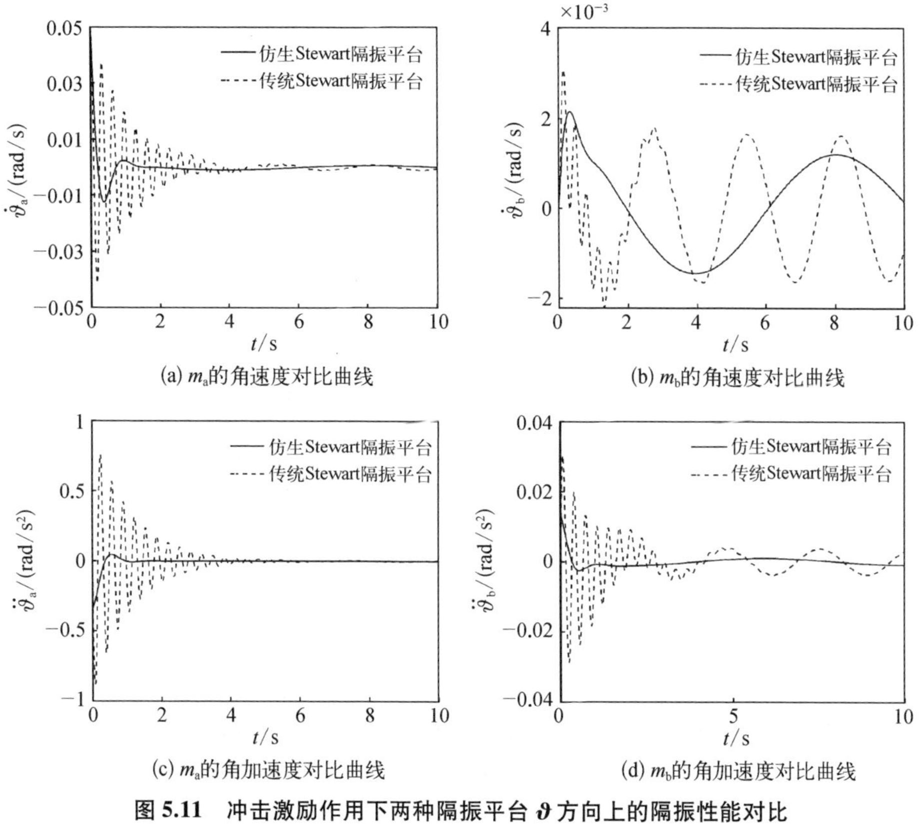

图 5.11　冲击激励作用下两种隔振平台 ϑ 方向上的隔振性能对比

对于转动方向的情形,引入角度传递率 T_a,其为服务航天器 m_b 的角度振幅和空间非合作目标 m_a 的角度振幅之比:

$$T_a = \frac{A_{mb}}{A_{ma}}$$

其中,A_{mb} 为 m_b 的角度振幅;A_{ma} 为 m_a 的角度振幅。

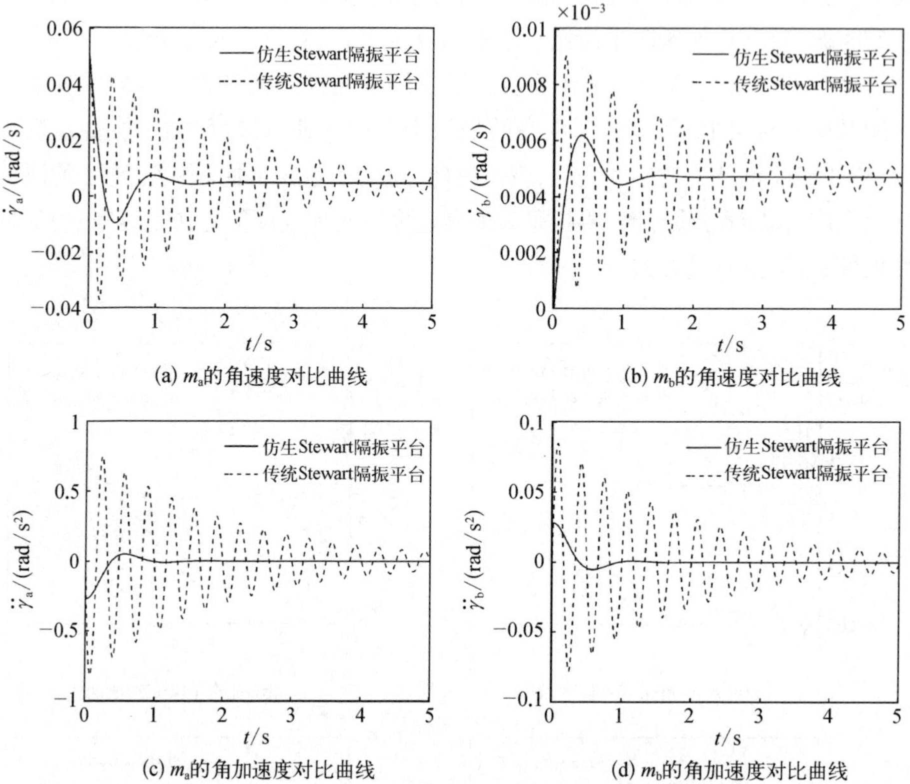

(a) m_a的角速度对比曲线

(b) m_b的角速度对比曲线

(c) m_a的角加速度对比曲线

(d) m_b的角加速度对比曲线

图 5.12　冲击激励作用下两种隔振平台 γ 方向的隔振性能对比

周期性激励设置为

$$\begin{cases} \boldsymbol{T}_{\vartheta}(t) = a_{\vartheta} \cdot \sin(\omega \cdot t) \\ \boldsymbol{T}_{\gamma}(t) = a_{\gamma} \cdot \sin(\omega \cdot t) \end{cases}$$

考虑空间非合作目标上的周期性激励为高频激励,所以设置 $\omega \in [1\ \text{rad/s}, 10\ \text{rad/s}]$。为了便于描述,下面的低频代表低于固有频率的频率范围,高频代表高于固有频率的频率范围。

图 5.13 为仿生 Stewart 隔振平台和传统 Stewart 隔振平台在周期外力矩作用下的角度传递率对比仿真曲线。从图中可以发现,在 ϑ 方向和 γ 方向上,仿生 Stewart 隔振平台具有更低的固有频率,具有优良的高频隔振性能,有利于对空间非合作目标上的高频激励进行隔振。因此,相比传统 Stewart 隔振平台,仿生 Stewart 隔振平台在对周期力和周期力矩作用下具有更好的隔振效率。

由仿生 Stewart 隔振平台平动方向和转动方向对周期激励隔振的仿真结果

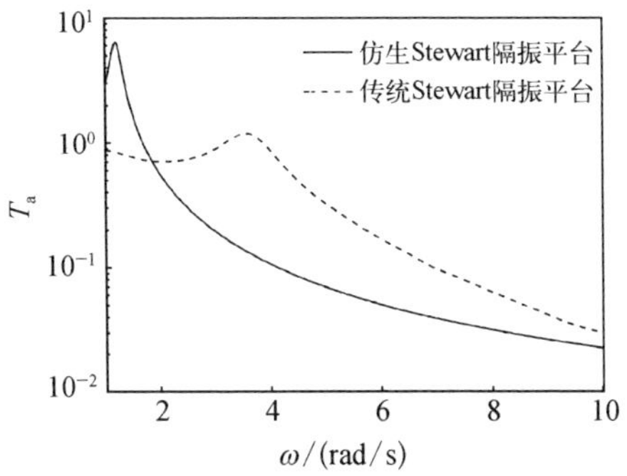

(a) ϑ方向的角度传递率对比

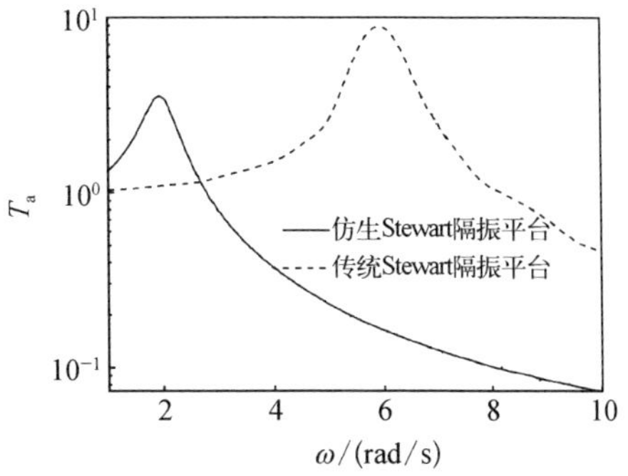

(b) γ方向的角度传递率对比

图 5.13　两种隔振平台的角度传递率对比

可知，当外激励频率低于固有频率的$\sqrt{2}$倍时，隔振平台的 T_d 值大于 1，隔振平台无法实现隔振反而放大上平台的振动，是被动隔振在低频范围的主要缺点。

5.5　平动方向上系统参数对隔振性能的影响

5.5.1　冲击激励作用下的参数影响

本节将研究系统在冲击力作用下参数变化对平台隔振性能的影响。考虑系统在受到冲击力时动量守恒，因此将碰撞瞬间给上平台的冲击力转化为上平台的初始速度。而且，在研究某一参数变化对隔振性能的影响时不考虑其他参数的变化。

1. 结构层数 n 对隔振平台隔振性能的影响

图 5.14 为系统在 z 方向上不同层数 n 时的加速度仿真对比。从图中可以看出，随着层数 n 的增加，上下平台的加速度衰减速度加快，加速度极值点的最大值降低，因此减弱了对服务航天器组件的冲击。

2. 杆长 l 对隔振平台隔振性能的影响

图 5.15 为系统在 z 方向上不同杆长 l 时的加速度仿真对比。从图中可以看出，随着杆长 l 的增加，上下平台的加速度衰减速度变慢，加速度极值点的绝对值的最大值增加，因此增强了对服务航天器组件的冲击。

3. 初始安装角 θ_0 对隔振平台隔振性能的影响

图 5.16 为系统在 z 方向上不同安装角 θ_0 时的加速度仿真对比。从图中可

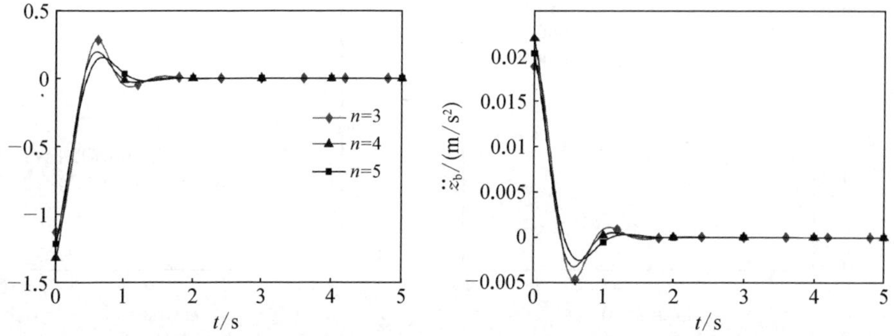

(a) 上平台的加速度仿真对比 (b) 下平台的加速度仿真对比

图 5.14　*z* 方向上不同层数 *n* 时的加速度仿真对比

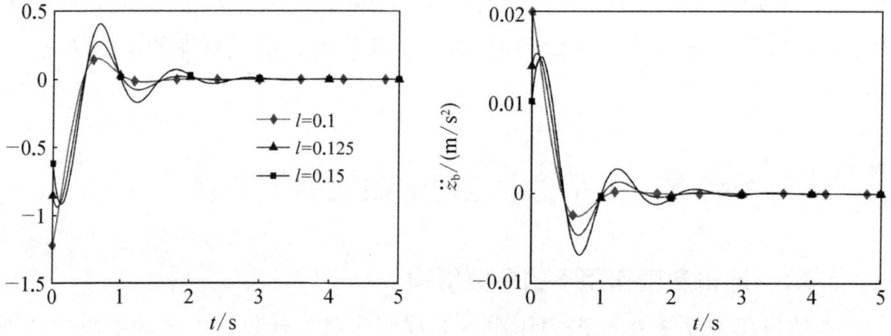

(a) 上平台的加速度仿真对比 (b) 下平台的加速度仿真对比

图 5.15　*z* 方向上不同杆长 *l* 时的加速度仿真对比

以看出，随着初始安装角 θ_0 的增加，上下平台的加速度衰减速度变慢，加速度极值点的绝对值的最大值降低，因此减弱了对服务航天器组件的冲击。

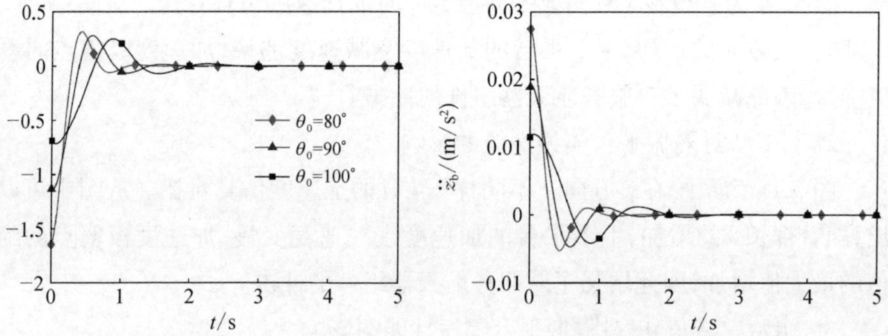

(a) 上平台的加速度仿真对比 (b) 下平台的加速度仿真对比

图 5.16　*z* 方向上不同安装角 θ_0 的加速度仿真对比

4. 摩擦系数 c 对隔振平台隔振性能的影响

图 5.17 为系统在 z 方向上不同摩擦系数 c 时的加速度仿真对比。从图中可以看出，随着摩擦系数 c 的增加，上下平台的加速度衰减速度加快，加速度极值点的绝对值的最大值减小，但是初始时刻的加速度的绝对值增大。

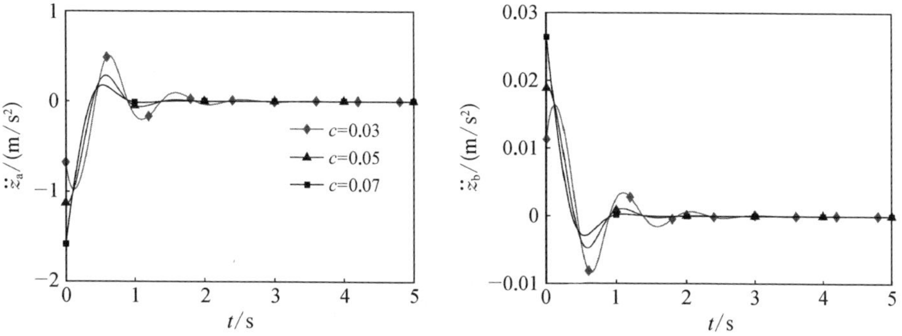

(a) 上平台的加速度仿真对比　(b) 下平台的加速度仿真对比

图 5.17　z 方向上不同摩擦系数 c 的加速度仿真对比

5. 刚度系数 k 对隔振平台隔振性能的影响

图 5.18 为系统在 z 方向上不同弹簧刚度 k 时的加速度仿真对比。从图中可以看出，随着刚度系数 k 的增加，上下平台的加速度衰减速度变慢，加速度极值点的绝对值的最大值增加，因此增强了对服务航天器组件的冲击。

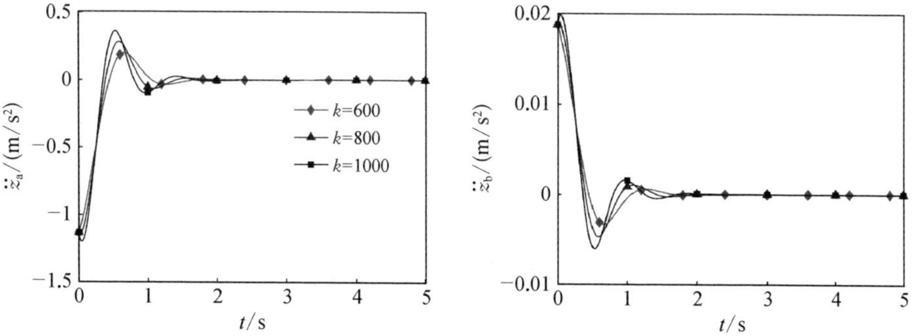

(a) 上平台的加速度仿真对比　(b) 下平台的加速度仿真对比

图 5.18　z 方向上不同弹簧刚度 k 的加速度仿真对比

6. 上平台半径 r_a 对隔振平台隔振性能的影响

图 5.19 为系统在 z 方向上不同半径 r_a 时的加速度仿真对比。从图中可以看出，随着上平台半径 r_a 的增加，上下平台的加速度衰减速度变慢，加速度的绝对

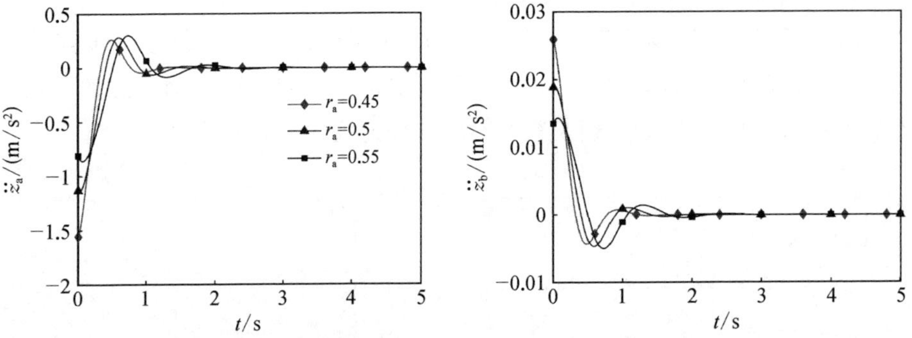

(a) 上平台的加速度仿真对比

(b) 下平台的加速度仿真对比

图 5.19　z 方向上不同半径 r_a 的加速度仿真对比

值的最大值降低，因此减弱了对服务航天器组件的冲击。

7. 下平台半径 r_b 对隔振平台隔振性能的影响

图 5.20 为系统在 z 方向上不同半径 r_b 时的加速度仿真对比。从图中可以看出，随着下平台半径 r_b 的增加，上下平台的加速度衰减速度加快，加速度绝对值的最大值增加，但是变化都不明显。

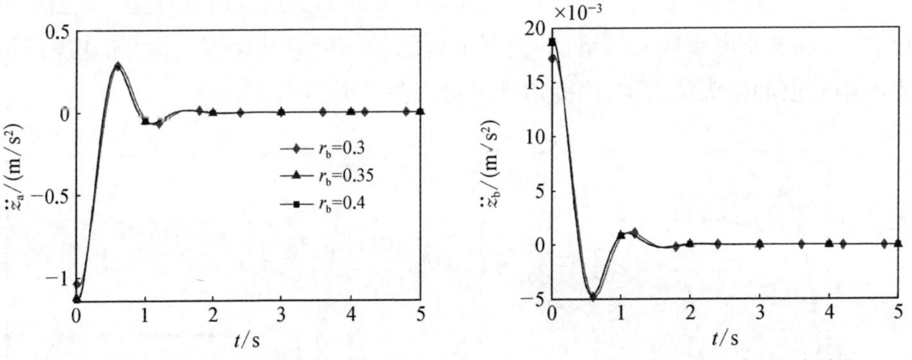

(a) 上平台的加速度仿真对比

(b) 下平台的加速度仿真对比

图 5.20　z 方向上不同半径 r_b 的加速度仿真对比

8. 上平台铰点之间的夹角 α 对隔振平台隔振性能的影响

图 5.21 为系统在 z 方向上不同夹角 α 的加速度仿真对比。从图中可以看出，随着上平台铰点之间的夹角 α 的增加，上下平台的加速度衰减速度变慢，加速度的绝对值的最大值降低，因此增强了对服务航天器组件的冲击。

9. 下平台铰点之间的夹角 β 对隔振平台隔振性能的影响

图 5.22 为系统在 z 方向上不同夹角 β 时的加速度仿真对比。从图中可以看

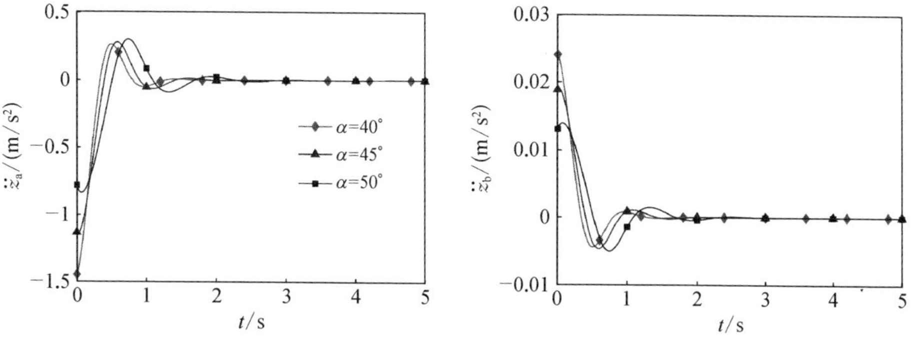

(a) 上平台的加速度仿真对比　　(b) 下平台的加速度仿真对比

图 5.21　z 方向上不同夹角 α 的加速度仿真对比

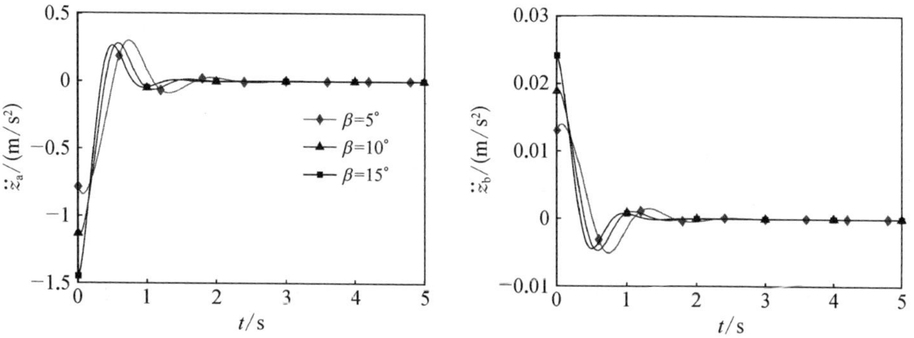

(a) 上平台的加速度仿真对比　　(b) 下平台的加速度仿真对比

图 5.22　z 方向上不同夹角 β 的加速度仿真对比

出，随着下平台铰点之间的夹角 β 的增加，上下平台的加速度衰减速度加快，加速度的绝对值的最大值增加，因此增强了对服务航天器组件的冲击。

5.5.2　周期激励作用下的参数影响

本节将研究周期性激励作用下参数变化对隔振平台在平动方向上的隔振性能影响。在研究某一参数变化对隔振性能的影响时不考虑其他参数的变化。

1. 结构层数 n 对隔振平台隔振性能的影响

图 5.23 为系统在不同层数 n 时位移传递率 T_d 随外激励频率的变化关系。从图中可以看出，在 z 方向上，n 越大位移传递率越低，因此较大的 n 有利于提升高频隔振性能。

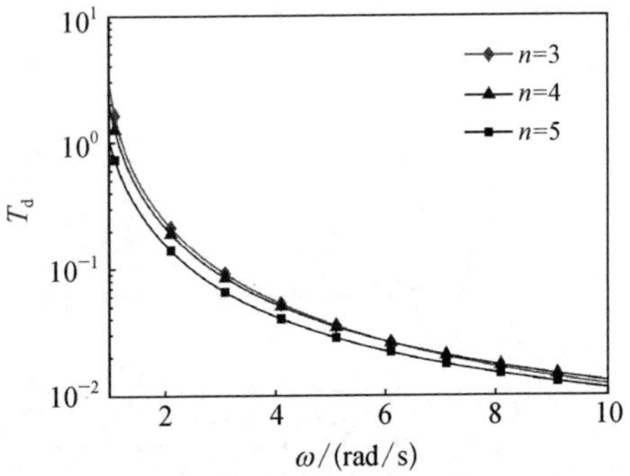

图 5.23　z 方向上不同层数 n 时的 T_d 对比

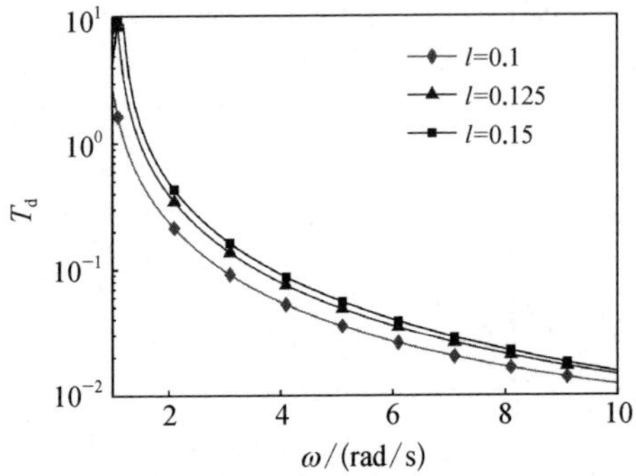

图 5.24　z 方向上不同杆长 l 时的 T_d 对比

2. 杆长 l 对隔振平台隔振性能的影响

图 5.24 为系统在不同杆长 l 时位移传递率 T_d 随外激励频率的变化关系。从图中可以看出，在 z 方向上，随着杆长 l 的增加，固有频率增加，T_d 值在低频部分降低，T_d 峰值增加，因此较短的杆有利于提升高频隔振性能。

3. 初始安装角 θ_0 对隔振平台隔振性能的影响

图 5.25 为系统在不同安装角 θ_0 时位移传递率 T_d 随外激励频率的变化关系。从图中可以看出，在 z 方向上，随着 θ_0 的增加，固有频率降低，T_d 值在低频部分增加，T_d 峰值和高频部分值降低，因此较大的 θ_0 有利于提升系统的高频隔振性能。

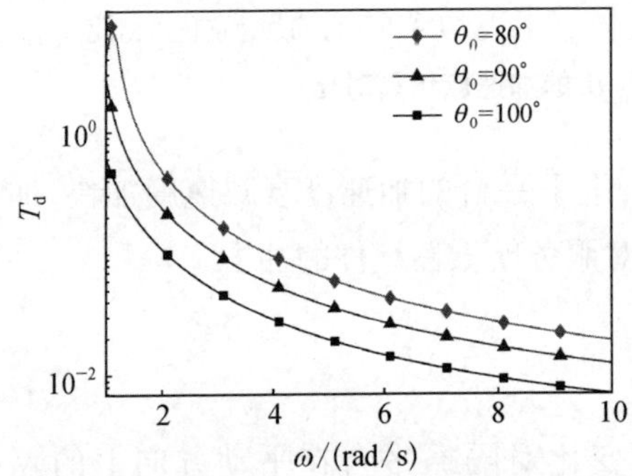

图 5.25　z 方向上不同初始安装角 θ_0 时的 T_d 对比

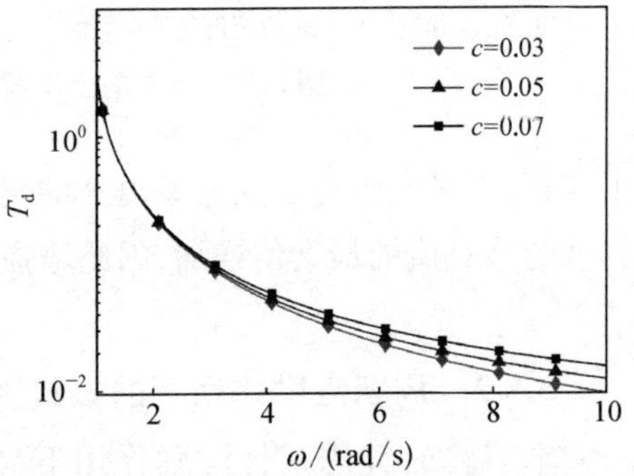

图 5.26　z 方向上不同摩擦系数 c 时的 T_d 对比

4. 旋转摩擦系数 c 对隔振平台隔振性能的影响

图 5.26 为系统在不同摩擦系数 c 时位移传递率 T_d 随外激励频率的变化关系。从图中可以看出，在 z 方向上，随着 c 的增加，T_d 的峰值减小，并且会降低其在高频域处的 T_d 值。较低的 c 值意味着振动衰减速度变慢，因此 c 的选择要结

合隔振工况的外激励频率进行选择。

5. 刚度系数 k 对隔振平台隔振性能的影响

图 5.27 为系统在不同刚度系数 k 时位移传递率 T_d 随外激励频率的变化关系。从图中可以看出，在 z 方向上，随着 k 的增加，共振频率增加，同时在高频区域内的 T_d 增加。因此，较小的刚度系数 k 有利于提升系统的高频隔振性能。

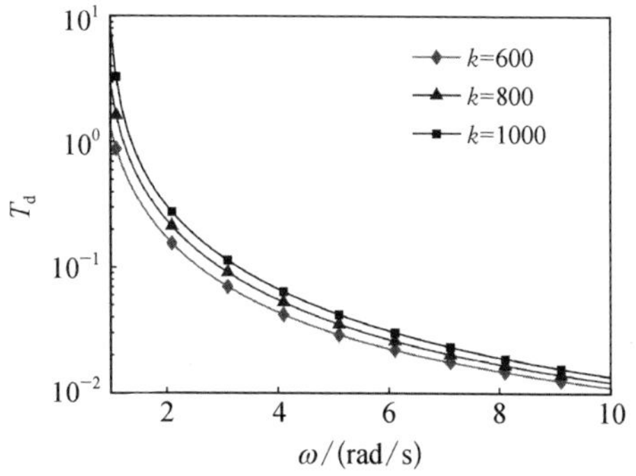

图 5.27　z 方向上不同刚度系数 k 时的 T_d 对比

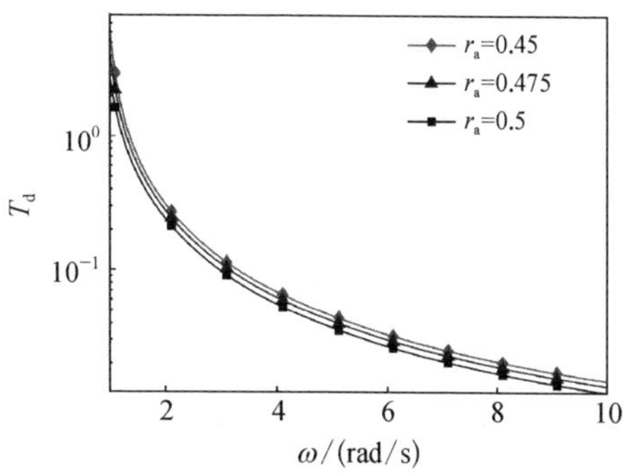

图 5.28　z 方向上不同半径 r_a 时的 T_d 对比

6. 上平台半径 r_a 对隔振平台隔振性能的影响

图 5.28 为系统在不同半径 r_a 时位移传递率 T_d 随外激励频率的变化关系。从图中可以看出，在 z 方向上，随着上平台半径 r_a 的增加，系统在高频域处的 T_d 值降低。因此，较大的半径 r_a 有助于提升其高频隔振性能。

7. 下平台半径 r_b 对隔振平台隔振性能的影响

图 5.29 为系统在不同半径 r_b 时位移传递率 T_d 随外激励频率的变化关系。从图中可以看出，在 z 方向上，随着下平台半径 r_b 的增加，系统在高频域处的 T_d 值降低。因此，较大的半径 r_b 能够提升系统的高频隔振性能。

8. 上平台铰点之间的夹角 α 对隔振平台隔振性能的影响

图 5.30 为系统在不同夹角 α 时位移传递率 T_d 随外激励频率的变化关系。从图中可以看出，在 z 方向上，随着夹角 α 的增加，系统在高频域处的 T_d 值降低。因此，较大的夹角 α 能使系统获得更好的高频隔振性能。

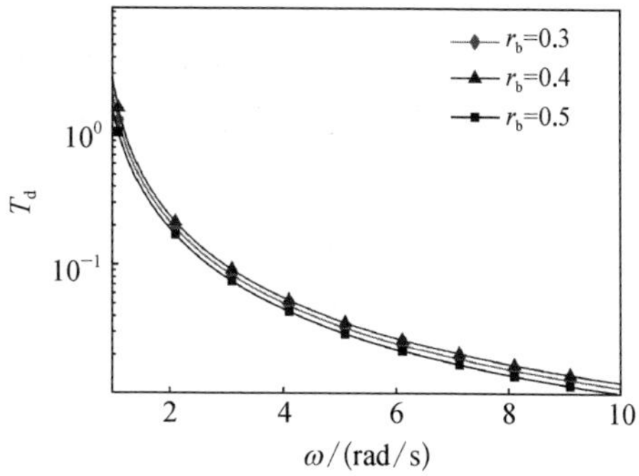

图 5.29　z 方向上不同半径 r_b 时的 T_d 对比

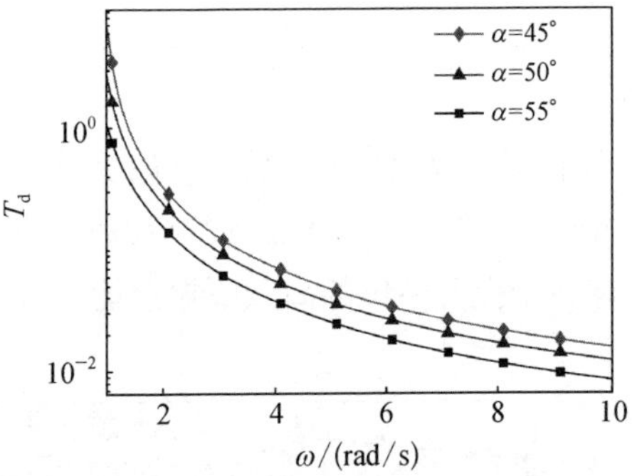

图 5.30　z 方向上不同夹角 α 时的 T_d 对比

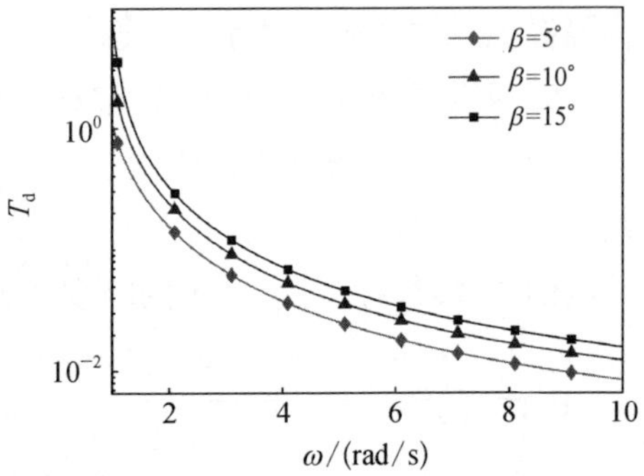

图 5.31　z 方向上不同夹角 β 时的 T_d 对比

9. 下平台铰点之间的夹角 β 对隔振平台隔振性能的影响

图 5.31 为系统在不同夹角 β 时位移传递率 T_d 随外激励频率的变化关系。从图中可以看出，在 z 方向上，随着夹角 β 的增加，系统在高频域处的 T_d 值增加。因此，较小的夹角 β 能使系统获得更好的高频隔振性能。

5.6　转动方向上系统参数对隔振性能的影响

5.6.1　冲击激励作用下的参数影响

本节将研究非对心碰撞造成的冲击力矩作用下参数变化对隔振平台隔振性能的影响，考虑系统在受到冲击力矩时角动量守恒，因此将碰撞瞬间给上平台的冲击力矩转化为上平台的初始角速度。并且，在研究某一参数变化对隔振性能的影响时不考虑其他参数的变化。

1. 结构层数 n 对隔振平台隔振性能的影响

图 5.32、图 5.33 分别为系统在 ϑ、γ 方向上不同层数 n 时的角加速度随时间的变化关系。从图中可以看出，随着结构层数 n 的增加，上下平台的角加速度衰减速度变慢，角加速度的极值点的绝对值降低，因此降低了对服务航天器组件的冲击。

2. 杆长 l 对隔振平台隔振性能的影响

图 5.34、图 5.35 分别为系统在 ϑ、γ 方向上不同杆长 l 时的角加速度随时间的变化关系。从图中可以看出，随着杆长 l 的增加，上下平台的角加速度衰减速度变慢，振荡时间增加，角加速度极值点的绝对值的最大值增加，因此增加了对服务航天器组件的冲击。

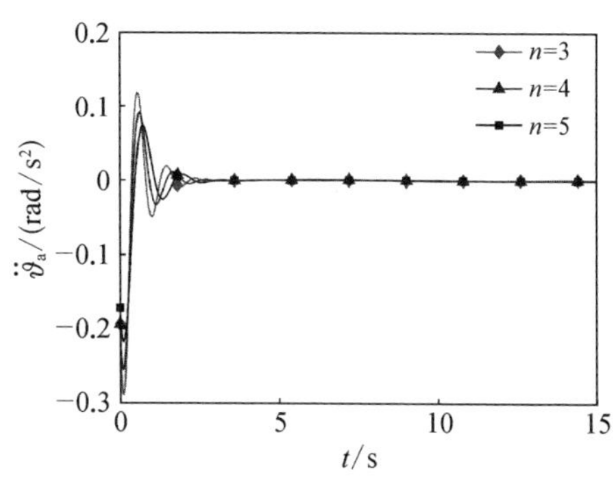

(a) 上平台的角加速度仿真对比

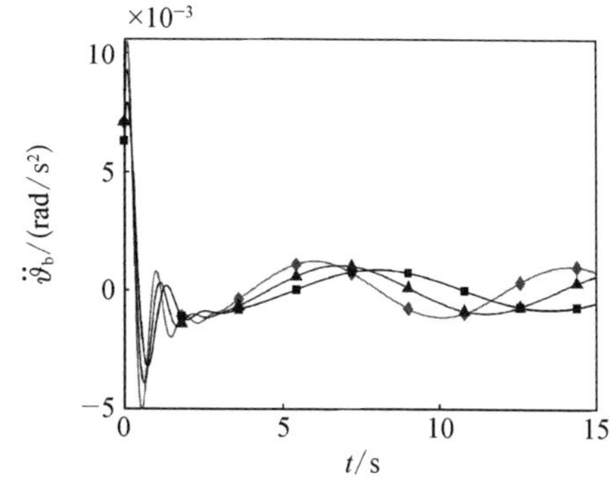

(b) 下平台的角加速度仿真对比

图 5.32　ϑ 方向上不同 n 时的角加速度仿真对比

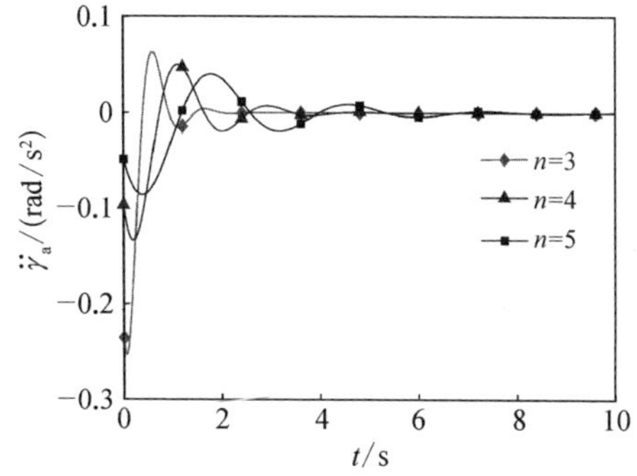

(a) 上平台的角加速度仿真对比

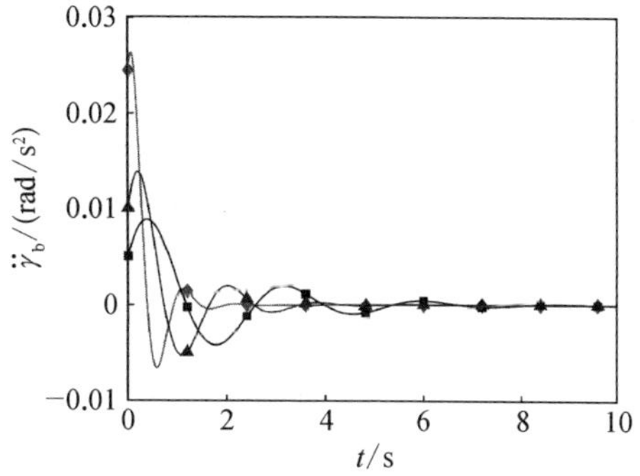

(b) 下平台的角加速度仿真对比

图 5.33　γ 方向上不同 n 时的角加速度仿真对比

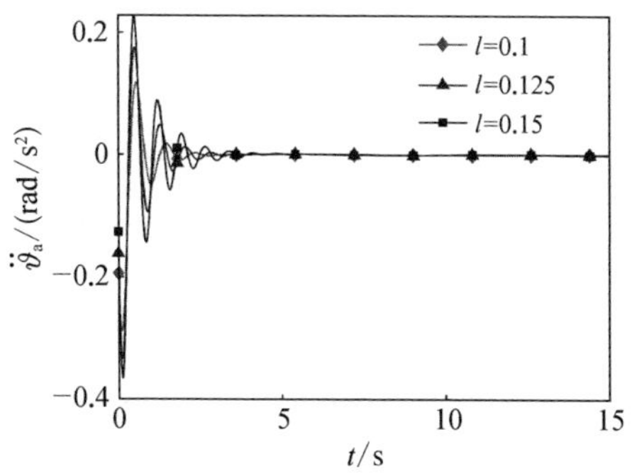

(a) 上平台的角加速度仿真对比

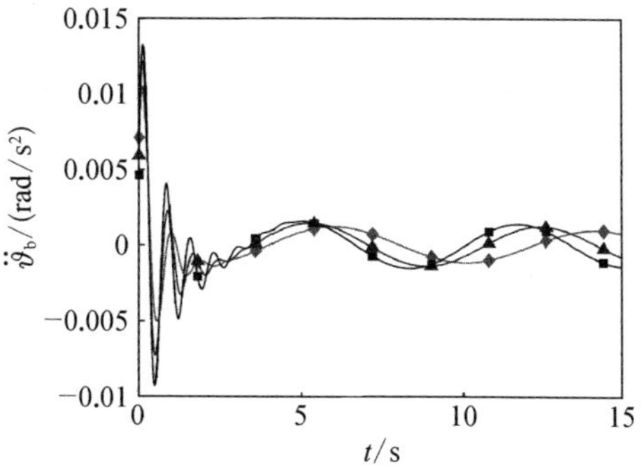

(b) 下平台的角加速度仿真对比

图 5.34　ϑ 方向上不同 l 时的角加速度仿真对比

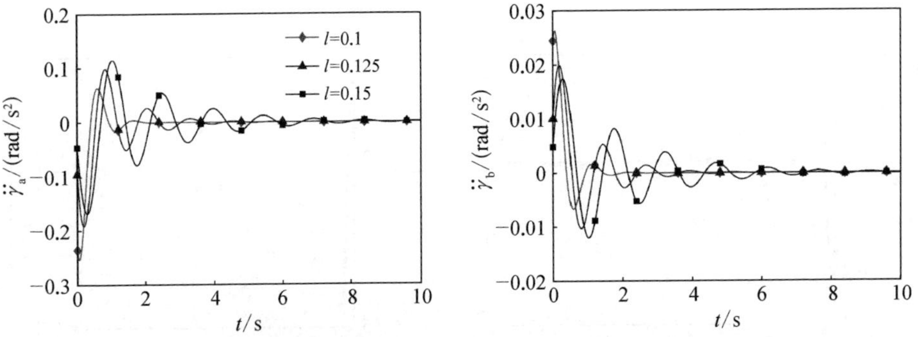

(a) 上平台的角加速度仿真对比　　(b) 下平台的角加速度仿真对比

图 5.35　γ 方向上不同 l 时的角加速度仿真对比

3. 初始安装角 θ_0 对隔振平台隔振性能的影响

图 5.36、图 5.37 分别为系统在 ϑ、γ 方向上不同安装角 θ_0 时的角加速度随

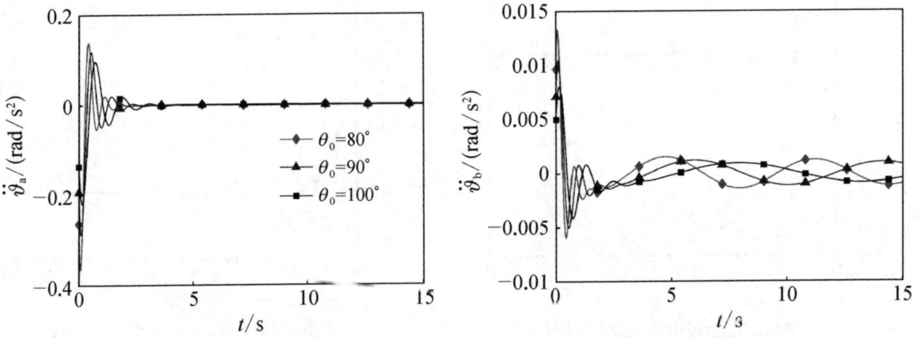

(a) 上平台的角加速度仿真对比　　(b) 下平台的角加速度仿真对比

图 5.36　ϑ 方向上不同 θ_0 时的角加速度仿真对比

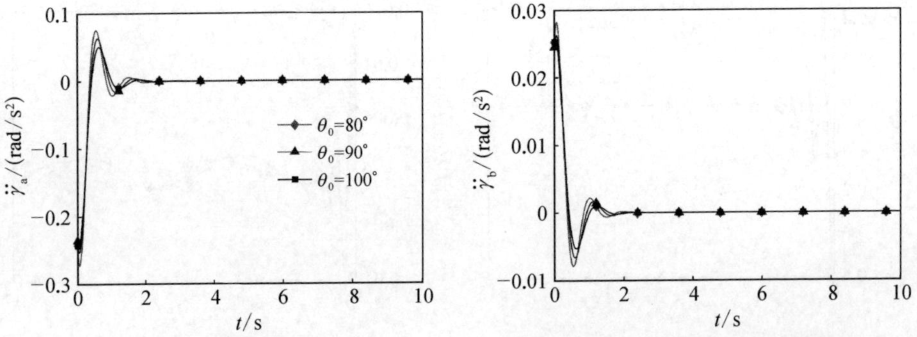

(a) 上平台的角加速度仿真对比　　(b) 下平台的角加速度仿真对比

图 5.37　γ 方向上不同 θ_0 时的角加速度仿真对比

时间的变化关系。从图中可以看出，随着初始安装角 θ_0 的增加，上下平台的角加速度衰减速度变慢，加速度极值点的绝对值的最大值降低，因此减弱了对服务航天器组件的冲击。

4. 旋转摩擦系数 c 对隔振平台隔振性能的影响

图 5.38、图 5.39 分别为系统在 ϑ、γ 方向上不同摩擦系数 c 时的角加速度随时间的变化关系。从图中可以看出，随着摩擦系数 c 的增加，上下平台的角加速度衰减速度加快，角加速度极值点的绝对值的最大值降低，但是其在初始时刻的角加速度的绝对值增大。

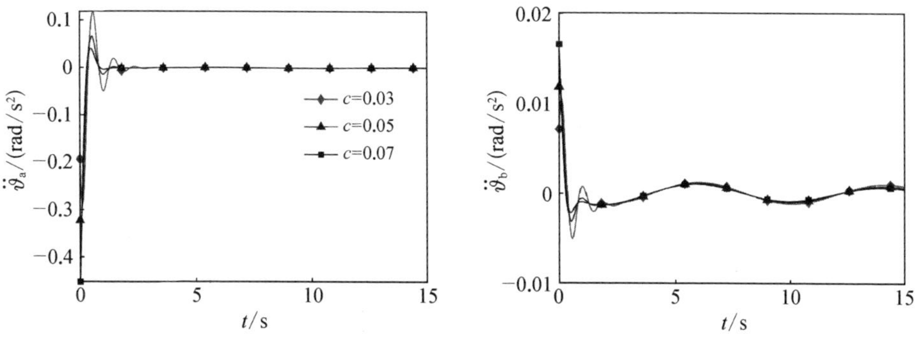

(a) 上平台的角加速度仿真对比　　(b) 下平台的角加速度仿真对比

图 5.38　ϑ 方向上不同 c 时的角加速度仿真对比

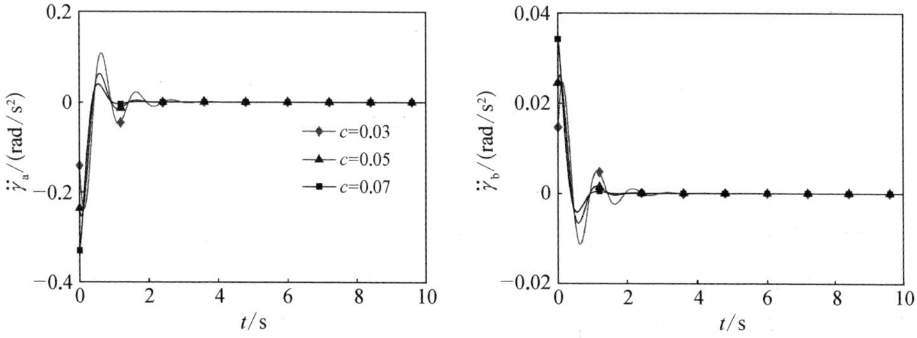

(a) 上平台的角加速度仿真对比　　(b) 下平台的角加速度仿真对比

图 5.39　γ 方向上不同 c 时的角加速度仿真对比

5. 刚度系数 k 对隔振平台隔振性能的影响

图 5.40、图 5.41 分别为系统在 ϑ、γ 方向上不同刚度系数 k 时的角加速度随时间的变化关系。从图中可以看出，随着刚度系数 k 的增加，上下平台的角加速

度振荡加剧，加速度极值点的绝对值的最大值增加，因此增强了对服务航天器组件的冲击。

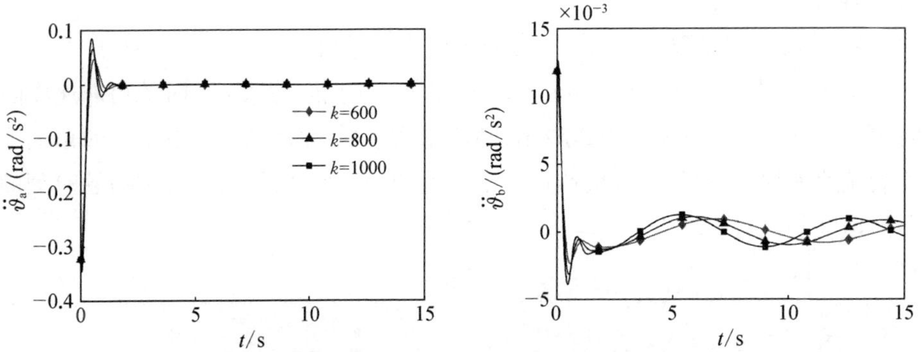

(a) 上平台的角加速度仿真对比　　(b) 下平台的角加速度仿真对比

图 5.40　ϑ 方向上不同 k 时的角加速度仿真对比

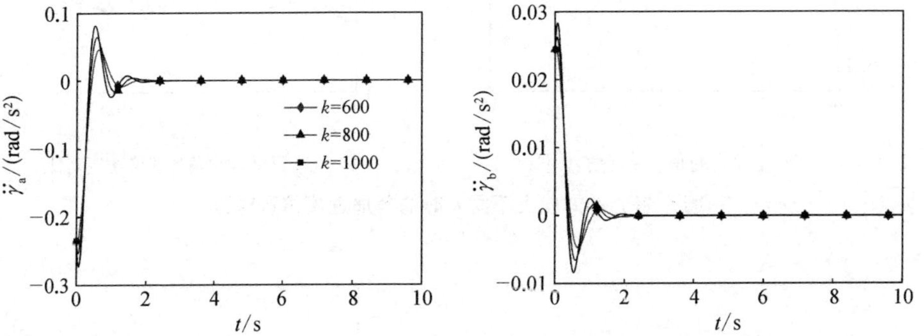

(a) 上平台的角加速度仿真对比　　(b) 下平台的角加速度仿真对比

图 5.41　γ 方向上不同 k 时的角加速度仿真对比

6. 上平台半径 r_a 对隔振平台隔振性能的影响

图 5.42 为系统在 ϑ 方向上不同半径 r_a 时的角加速度随时间的变化关系。从图中可以看出，随着上平台半径 r_a 的增大，上下平台的角加速度衰减速度变慢，角加速度的绝对值的最大值减小，因此减弱了对服务航天器组件的冲击。图 5.43 为系统在 γ 方向上不同半径 r_a 时的角加速度随时间的变化关系。从图中可以看出，随着上平台半径 r_a 的增大，上下平台的角加速度衰减速度加快，角加速度的绝对值的最大值增加，因此增强了对服务航天器组件的冲击。

7. 下平台半径 r_b 对隔振平台隔振性能的影响

图 5.44、图 5.45 分别为系统在 ϑ、γ 方向上不同下平台半径 r_b 时的角加速度

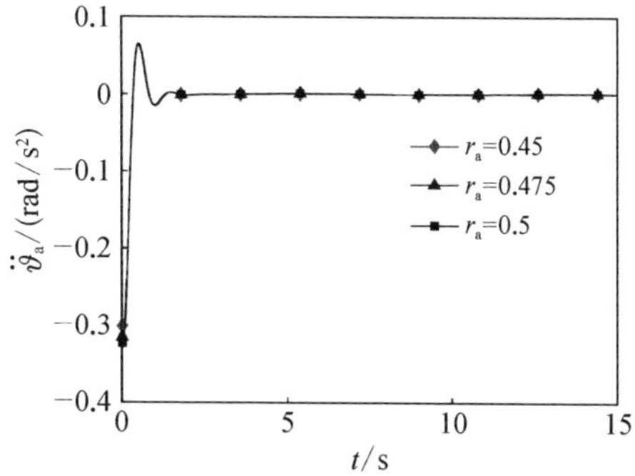

(a) 上平台的角加速度仿真对比

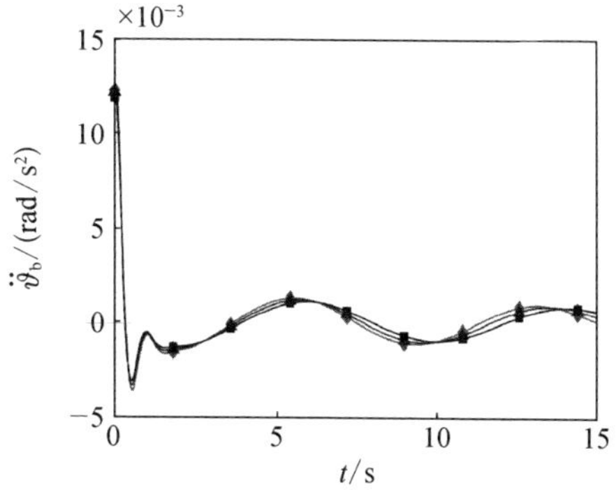

(b) 下平台的角加速度仿真对比

图 5.42　ϑ 方向上不同 r_a 时的角加速度仿真对比

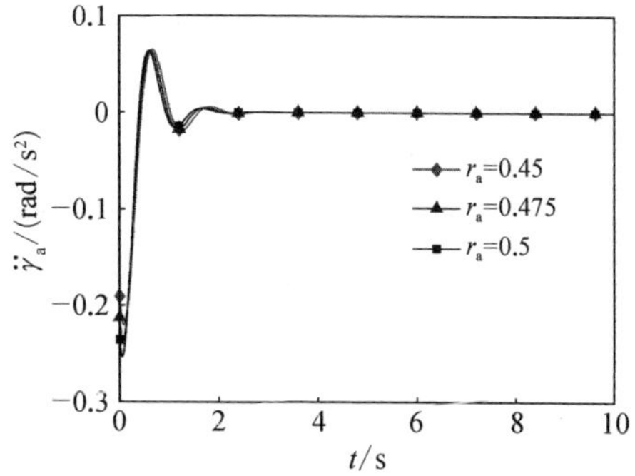

(a) 上平台的角加速度仿真对比

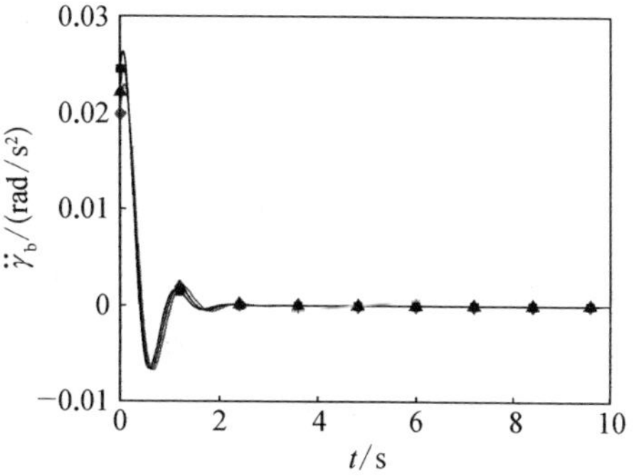

(b) 下平台的角加速度仿真对比

图 5.43　γ 方向上不同 r_a 时的角加速度仿真对比

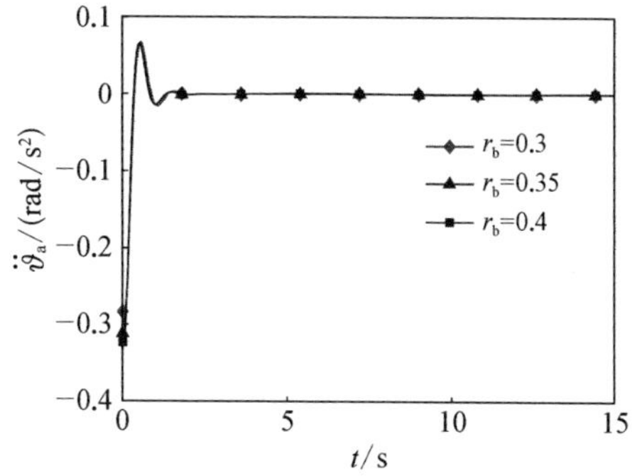

(a) 上平台的角加速度仿真对比

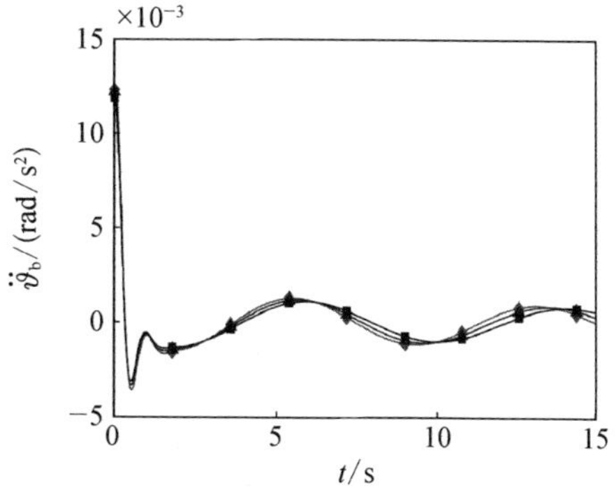

(b) 下平台的角加速度仿真对比

图 5.44　ϑ 方向上不同 r_b 的角加速度仿真对比

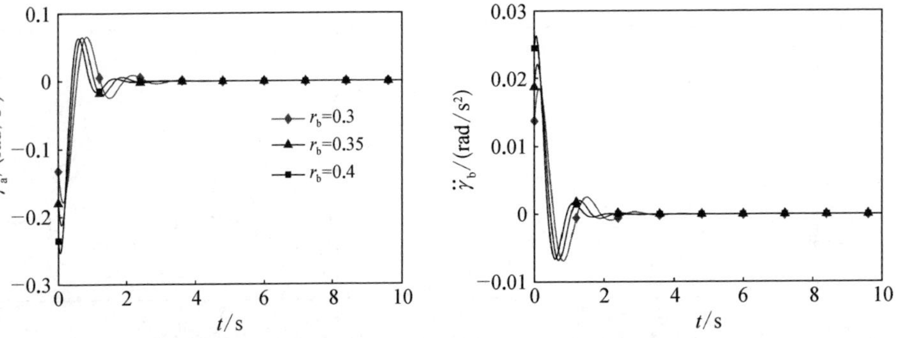

(a) 上平台的角加速度仿真对比　　(b) 下平台的角加速度仿真对比

图 5.45　γ 方向上不同 r_b 时的角加速度仿真对比

随时间的变化关系。从图中可以看出，随着下平台半径 r_b 的增加，上、下平台的角加速度的衰减速度加快，角加速度的绝对值的最大值增加，因此增强了对服务航天器组件的冲击。

8. 上平台铰点之间的夹角 α 对隔振平台隔振性能的影响

图 5.46 为系统在 ϑ 方向上不同夹角 α 时的角加速度随时间的变化关系。从图中可以看出，随着上平台铰点之间夹角 α 的增加，上下平台的角加速度衰减速度变慢，角加速度的绝对值的最大值降低，因此减弱了对服务航天器组件的冲击。图 5.47 为系统在 γ 方向上不同夹角 α 时的角加速度随时间的变化关系。从图中可以看出，随着上平台铰点之间夹角 α 的增加，上下平台的角加速度衰减速度加快，角加速度的绝对值的最大值增加，因此增强了对服务航天器组件的冲击。

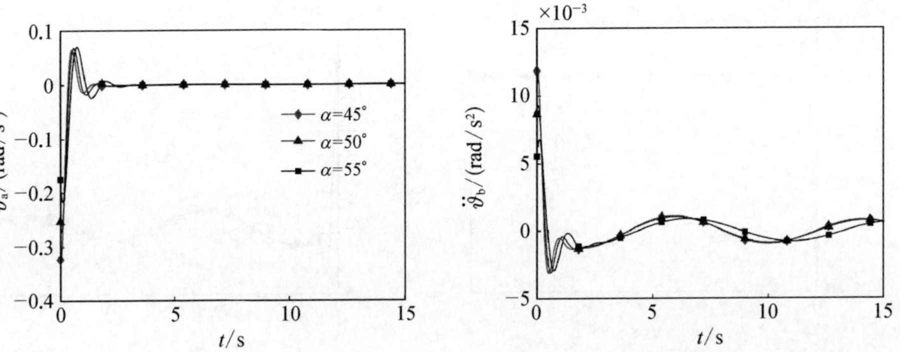

(a) 上平台的角加速度仿真对比　　(b) 下平台的角加速度仿真对比

图 5.46　ϑ 方向上不同 α 时的角加速度仿真对比

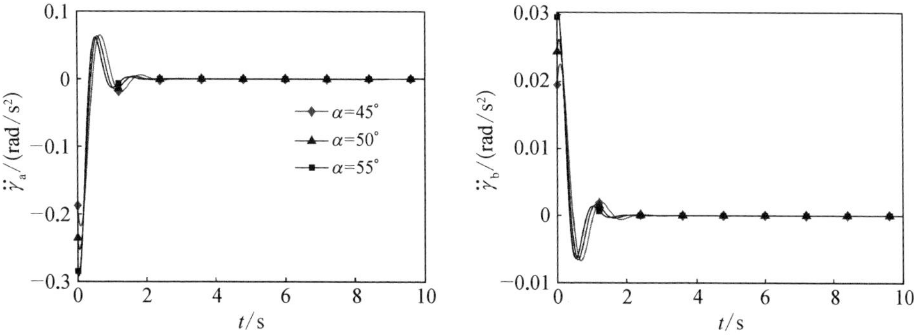

(a) 上平台的角加速度仿真对比　　(b) 下平台的角加速度仿真对比

图 5.47　γ 方向上不同 α 时的角加速度仿真对比

9. 下平台铰点之间的夹角 β 对隔振平台隔振性能的影响

图 5.48 为系统在 ϑ 方向上不同夹角 β 的角加速度随时间的变化关系。从图中可以看出,随着下平台铰点之间夹角 β 的增加,上下平台的角加速度衰减速度加快,角加速度的绝对值的最大值增加,因此增强了对服务航天器组件的冲击。图 5.49 为系统在 γ 方向上不同夹角 β 时的角加速度随时间的变化关系。从图中可以看出,随着下平台铰点之间夹角 β 的增加,上下平台的角加速度衰减速度变慢,角加速度的绝对值的最大值减小,因此减弱了对服务航天器组件的冲击。

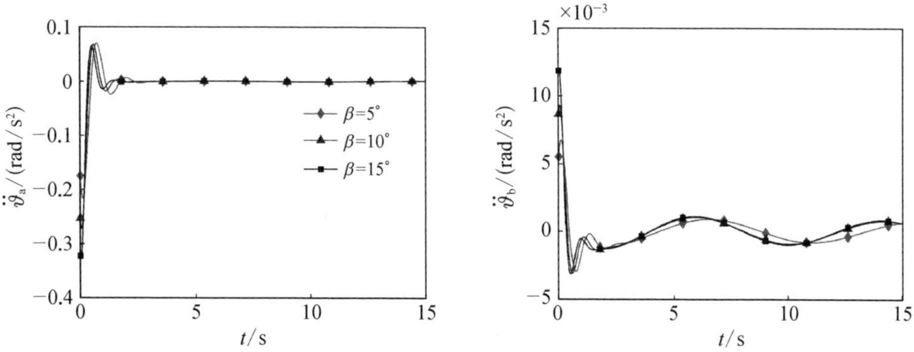

(a) 上平台的角加速度仿真对比　　(b) 下平台的角加速度仿真对比

图 5.48　ϑ 方向上不同 β 时的角加速度仿真对比

5.6.2　周期激励作用下的参数影响

本节将研究系统在周期力矩作用下参数变化对隔振平台转动方向上隔振性

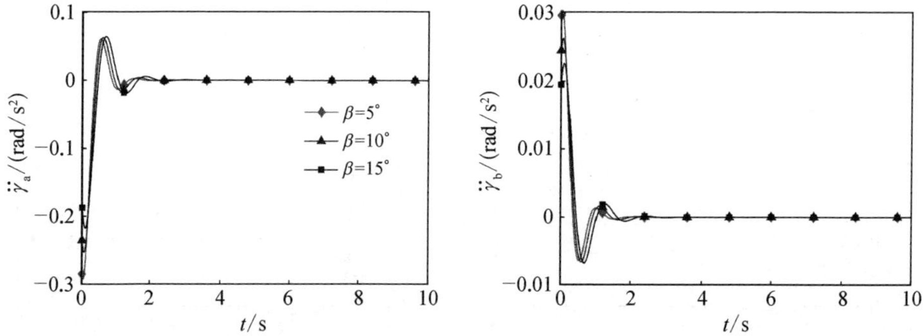

(a) 上平台的角加速度仿真对比　　(b) 下平台的角加速度仿真对比

图 5.49　γ 方向上不同 β 时的角加速度仿真对比

能的影响。同时,在研究某一参数变化时不考虑其他参数的变化对隔振性能的影响。

1. 层数 n 对隔振性能的影响

图 5.50 为系统在不同层数 n 时的位移传递率 T_d 随外激励频率的变化关系。在 ϑ 和 γ 方向上,随着层数 n 的增加,共振频率降低,其在低频部分的 T_d 增加,而在共振频率处的峰值和在高频部分的 T_d 降低,并且 n 的变化对 γ 方向上的影响大于 ϑ 方向上。因此,较大的层数 n 有利于提升高频隔振性能。

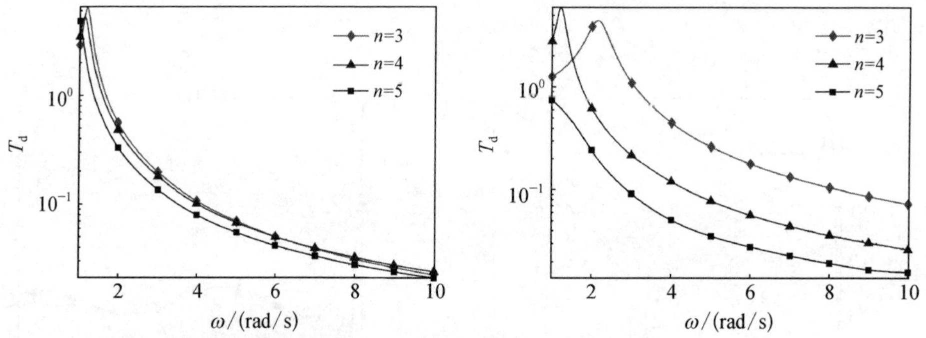

(a) ϑ方向上的T_d对比　　(b) γ方向上的T_d对比

图 5.50　结构层数 n 对隔振性能的影响

2. 杆长 l 对隔振性能的影响

图 5.51 为系统在不同杆长 l 时的位移传递率 T_d 随外激励频率的变化关系。在 ϑ 方向上,随着杆长 l 的增加,共振频率增加,其在低频部分的 T_d 降低,而在共振频率处的峰值和在高频部分的 T_d 增加,因此提升了其低频隔振性能。而在 γ 方向上,随着杆长 l 的增加,共振频率降低,其在低频部分的 T_d 和在共振频率处

的峰值增加，而在高频部分的 T_d 降低，因此提升了其高频隔振性能。杆长 l 的变化对系统在 ϑ 和 γ 方向上隔振性能的影响恰好相反。因此，在选择杆长 l 时需要综合考虑系统的隔振需求。

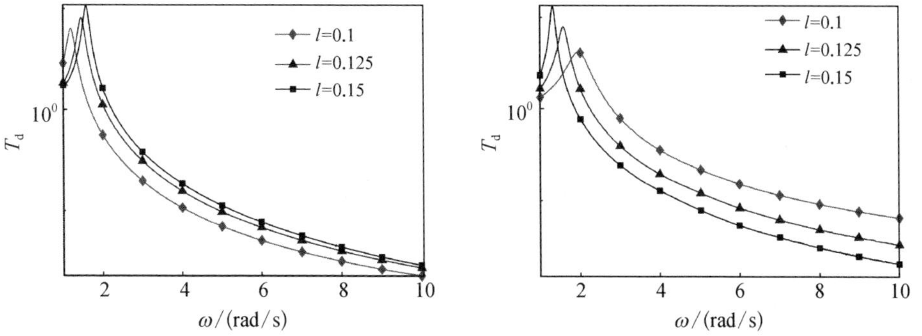

(a) ϑ方向上的T_d对比　(b) γ方向上的T_d对比

图 5.51　杆长 l 对隔振性能的影响

3. 初始安装角 θ_0 对隔振性能的影响

图 5.52 为系统在不同安装角 θ_0 时的位移传递率 T_d 随外激励频率的变化关系。在 ϑ 方向上，随着安装角 θ_0 的增加，共振频率降低，其在低频部分的 T_d 增加，而在共振频率处的峰值以及在高频部分的 T_d 降低，并且系统在 γ 方向上也有类似的变化。与此同时，安装角 θ_0 的变化对其 γ 方向上的影响要低于 ϑ 方向上。因此，较大的安装角 θ_0 更有利于提升系统的高频隔振性能。

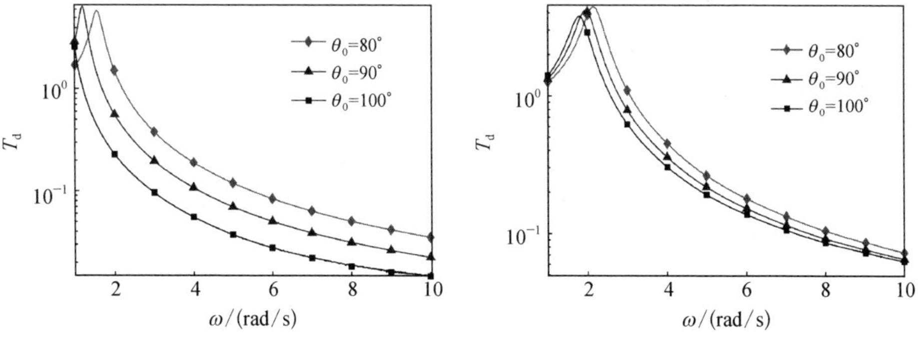

(a) ϑ方向上的T_d对比　(b) γ方向上的T_d对比

图 5.52　初始安装角 θ_0 对隔振性能的影响

4. 摩擦系数 c 对隔振性能的影响

图 5.53 为系统在不同摩擦系数 c 时的位移传递率 T_d 随外激励频率的变化

关系。从图中可以看出，在 ϑ 方向上，当外激励频率在 1～1.78 rad/s 时，随着 c 的增加，T_d 降低；而当外激励频率在 1.78～10 rad/s 时，随着 c 的增加，T_d 增加。因此，增加 c 有利于提升系统在低频范围内的隔振效率，但其在高频范围内的 T_d 增加。而对于在 γ 方向上，当外激励频率在 1～2.78 rad/s 时，随着 c 的增加，T_d 降低；而当外激励频率在 2.78～10 rad/s 时，随着 c 的增加，T_d 增加。因此，增加 c 有利于提升系统在低频范围内的隔振效率，但其在高频范围内的 T_d 增加。

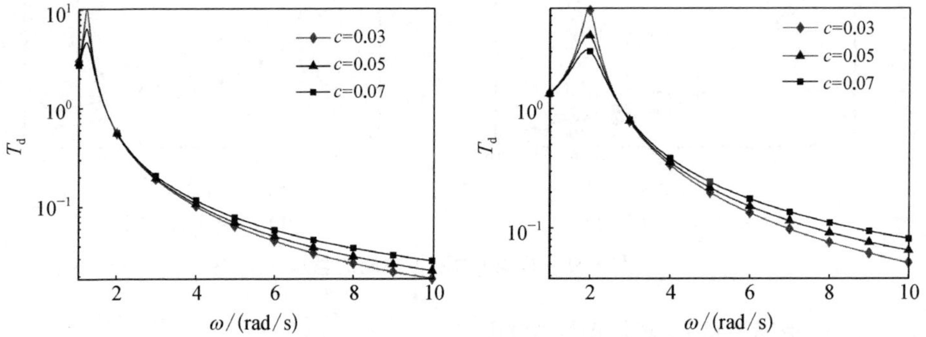

(a) ϑ方向上的T_d对比　　(b) γ方向上的T_d对比

图 5.53　摩擦系数 c 对隔振性能的影响

5. 刚度系数 k 对隔振性能的影响

图 5.54 为系统在不同刚度系数 k 时的位移传递率 T_d 随外激励频率的变化关系。在 ϑ 方向上，随着刚度系数 k 的增加，共振频率增加，其在高频部分的 T_d 增加，并且其在 γ 方向上的情形也类似。较低的共振频率意味着远离固有频率的高频范围可以获得更好的隔振性能，因此较小的刚度系数 k 更加有利于提升系统的高频隔振性能。

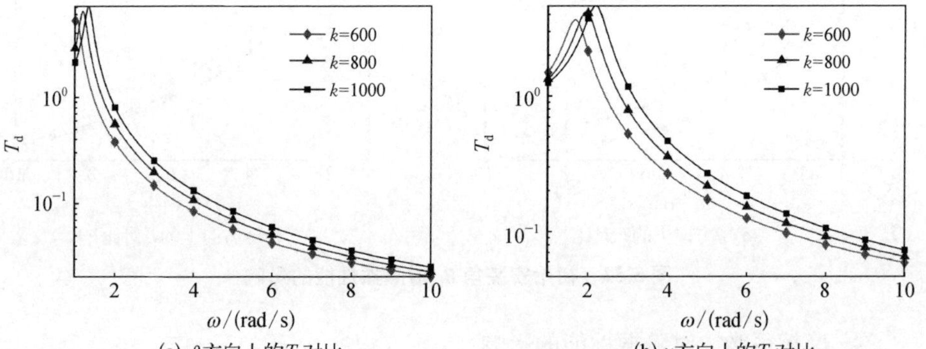

(a) ϑ方向上的T_d对比　　(b) γ方向上的T_d对比

图 5.54　刚度系数 k 对隔振性能的影响

6. 上平台半径 r_a 对隔振性能的影响

图 5.55 为系统在不同上平台半径 r_a 时的位移传递率 T_d 随外激励频率的变化关系。在 ϑ 方向上，随着 r_a 的增加，共振频率降低，其在低频部分的 T_d 和在共振频率处的峰值增加，而在高频部分的 T_d 降低，因此提升了系统的高频隔振性能。而在 γ 方向上，随着 r_a 的增加，共振频率增加，其在共振频率处的峰值降低，而在高频部分的 T_d 增加，所以不利于高频隔振。此外，相比于在 ϑ 方向上的 T_d 变化，r_a 的变化对 γ 方向上的影响较小。因此，在满足系统隔振需求的情况下，可以适当地放宽对上平台半径 r_a 的要求。

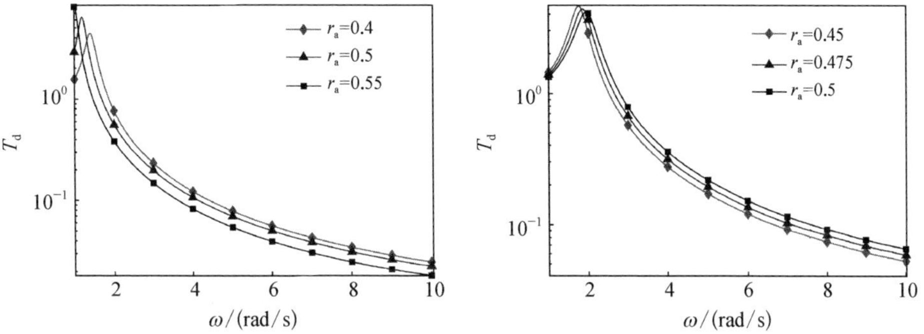

(a) ϑ方向上的T_d对比　(b) γ方向上的T_d对比

图 5.55　上平台半径 r_a 对隔振性能的影响

7. 下平台半径 r_b 对隔振性能的影响

图 5.56 为系统在不同下平台半径 r_b 时的位移传递率 T_d 随外激励频率的变化关系。对于 ϑ 和 γ 方向，随着 r_b 的增加，固有频率增加，T_d 值在低频部分降低，T_d 峰值降低，高频部分 T_d 值增加。因此，较小的 r_b 有利于高频隔振。

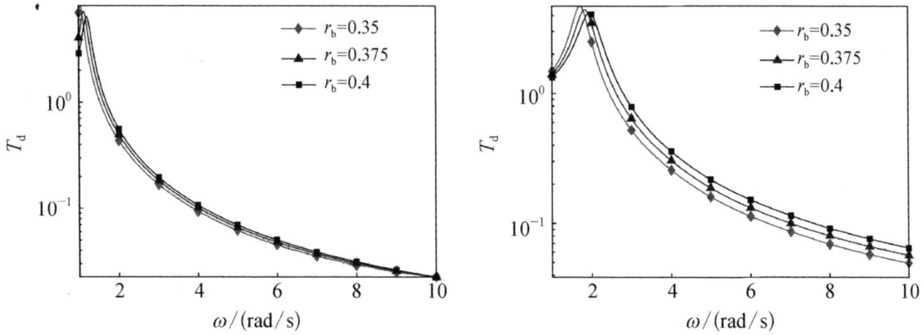

(a) ϑ方向上的T_d对比　(b) γ方向上的T_d对比

图 5.56　下平台半径 r_b 对隔振性能的影响

8. 上平台铰点之间的夹角 α 对隔振性能的影响

图 5.57 为系统在不同夹角 α 时的位移传递率 T_d 随外激励频率的变化关系。在 ϑ 方向上,随着 α 的增加,共振频率降低,其在低频部分的 T_d 和在共振频率处的峰值增加,而在高频部分的 T_d 降低,因此提升了系统的高频隔振性能。而在 γ 方向上,随着 α 的增加,共振频率增加,其在共振频率处的峰值降低,而在高频部分的 T_d 增加,不利于高频隔振。因此,在夹角 α 的选择上要充分考虑隔振需求以及隔振器的安装限制。

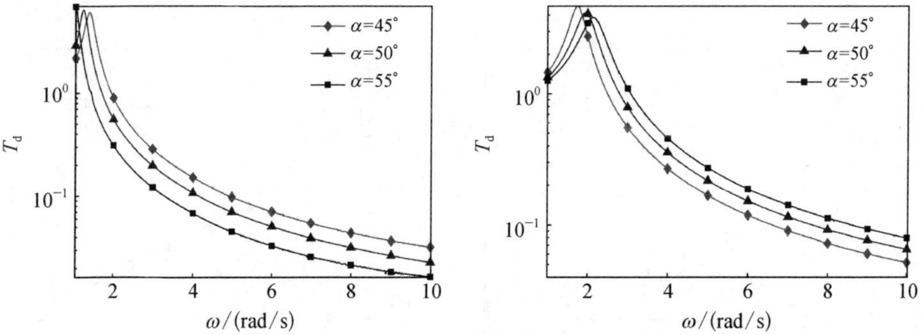

(a) ϑ 方向上的 T_d 对比　　(b) γ 方向上的 T_d 对比

图 5.57　上平台铰点之间的夹角 α 对隔振性能的影响

9. 下平台铰点之间的夹角 β 对隔振性能的影响

图 5.58 为系统在不同夹角 β 时的位移传递率 T_d 随外激励频率的变化关系。在 ϑ 方向上,随着 β 的增加,共振频率增加,其在共振频率处的峰值降低,而在低频和高频部分的 T_d 均增加,不利于高频隔振。而在 γ 方向上,随着 β 的增加,共振频率降低,其在共振频率处的峰值增加,而在高频部分的 T_d 降低,有利于高频隔振。

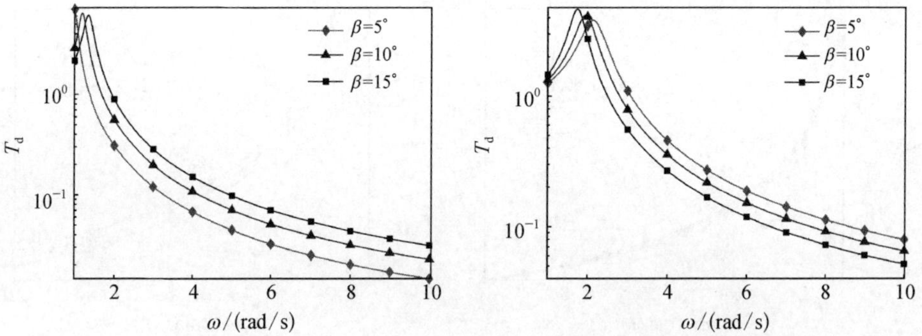

(a) ϑ 方向上的 T_d 对比　　(b) γ 方向上的 T_d 对比

图 5.58　下平台铰点之间的夹角 β 对隔振性能的影响

5.7 本章小结

本章针对空间非合作目标柔顺抓捕过程中需要进行多自由度的隔振需求，在第 2 章的基础上，对现有轴向隔振以及传统 Stewart 隔振平台的不足，通过将仿生隔振单元与 Stewart 平台耦合设计，设计了一种仿生 Stewart 隔振平台。该平台通过利用自身的隔振特性，来实现对空间非合作目标的柔顺抓捕。首先，建立了仿生 Stewart 隔振平台的动力学模型，并通过 ADAMS 仿真结果与数值仿真对比验证了本章所建立的动力学模型的准确性。其次，研究了在不同外激励作用下仿生 Stewart 隔振平台的被动隔振性能，并分别研究各个参数对隔振性能的影响。结果表明，相较于传统 Stewart 隔振平台，本章设计的仿生 Stewart 隔振平台具有更好的高频隔振性能以及抗冲击隔振性能。对隔振平台的参数影响研究表明，较大的层数 n、初始安装角 θ_0、较小的刚度系数 k、旋转摩擦系数 c 更有利于提升仿生 Stewart 隔振平台在平动、转动方向上的隔振性能。其中，某些结构参数对隔振平台在不同方向上的隔振性能的影响表现出相反的情形。此外，系统参数的设计需要考虑隔振需求、仿生隔振单元的安装限制以及隔振平台的承载能力需求等。因此，本章设计的仿生 Stewart 隔振平台能够有效地实现对空间非合作目标抓捕过程中不同的外激励情形下良好的隔振性能。

第 6 章

多自由度隔振系统的主动隔振

6.1 引言

由第 5 章内容可知,抓捕后的组合体航天器存在漂移问题,不利于服务航天器的正常工作。对于周期激励,尽管隔振平台在高频范围具有良好的隔振性能,但当外激励频率低于系统固有频率的$\sqrt{2}$倍时,不仅无法进行隔振还会放大振动,特别是在固有频率处振动放大更加明显,被动隔振在固有频率处存在谐振峰值。通常情况下,可以通过增加系统的阻尼性能来降低谐振峰值,然而这种方法会降低系统在高频域上的位移和角度传递率,较大的阻尼性能不利于高频周期激励和冲击激励的隔振。因此,需要通过主动隔振的方式来克服被动隔振时的不足。

本章在被动隔振的基础上,设计适用于空间非合作目标抓捕过程中的主动隔振方法。本章主要内容有: 6.2 节提出隔振性能指标,并分析隔振平台在各个方向上的最低振动频率;6.3 节研究隔振平台采用经典的主动隔振方法后的隔振性能;6.4 节针对经典的主动隔振方法存在的问题,设计适用于隔振平台的动态放缩自适应控制方法并进行主被动隔振性能对比;6.5 节通过 MATLAB 软件和 ADAMS 软件联合仿真,验证此方法的有效性和可行性。

6.2 低频隔振性能分析

6.2.1 平动方向上的最低振动频率

当空间非合作目标受到周期性激励时,研究表明其周期性激励主要来源于动量轮反作用飞轮以及控制力矩陀螺等[126,127],这些运动部件产生的振动频率主要分布在几赫兹到几百赫兹之间。考虑到由此产生的振动为微米量级，对上下平台的位置振动进行测试比较困难，因此对系统在周期激励作用下的隔振性能进行分析时，通过测试上下平台的加速度和角加速度，计算出上下平台的加速度振动幅值之比，以此计算隔振平台的振动衰减率。

在 ADAMS 仿真软件里研究隔振平台对在周期性激励下的隔振性能时，在上平台的三个平动方向和三个转动方向上分别添加线振动和姿态振动，通过改变振动的频率计算出一系列的振动幅值衰减率。考虑到隔振平台中上平台的质量远小于下平台的质量，为了减弱空间非合作目标的外激励对服务航天器组件的冲击，设计振动衰减率为 99%。接下来，将获得隔振平台在各个方向上的振动衰减率达到 99%时的最低振动频率 f_z。由周期性激励的理论隔振性能研究可知，当空间非合作目标上的振动频率大于 f_z 时，隔振平台的振动衰减率将大于 99%。

在上平台三个平动方向的移动副上分别添加三个线振动，振动幅值为微米量级，该平台满足平动方向的动态各向同性。因此，系统在三个平动方向上的最低振动衰减频率一致。为了方便研究，将三个平动方向上线振动的频率、振幅设为一致，将上平台的线振动设置为

$$\begin{cases} A_x = 5 \times 10^{-6}\sin(2\pi f t) \\ A_y = 5 \times 10^{-6}\sin(2\pi f t), \quad t \in (0, 3) \\ A_z = 5 \times 10^{-6}\sin(2\pi f t) \end{cases}$$

其中，A_x、A_y、A_z 分别为上平台 X、Y、Z 三个平动方向的线振动；f 为振动频率。

通过不断改变振动频率来获得上下平台的加速度仿真结果并计算隔振平台的振动衰减率，可以得到上平台在 X、Y、Z 方向上的振动频率分别为 $f = 0.65$ Hz、$f = 0.65$ Hz、$f = 3.5$ Hz 时，隔振平台在 X、Y、Z 方向上的振动衰减率分别达到 99.06%、99.06%、99.07%。图 6.1～图 6.3 分别为当振动频率为 0.65 Hz、0.65 Hz、

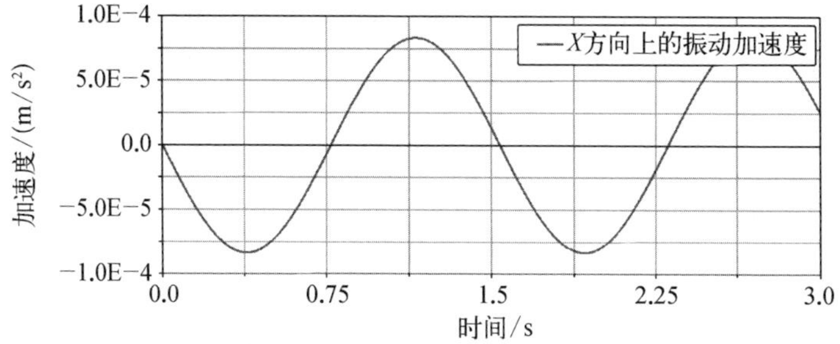

(a) 上平台在 X 方向上的振动加速度

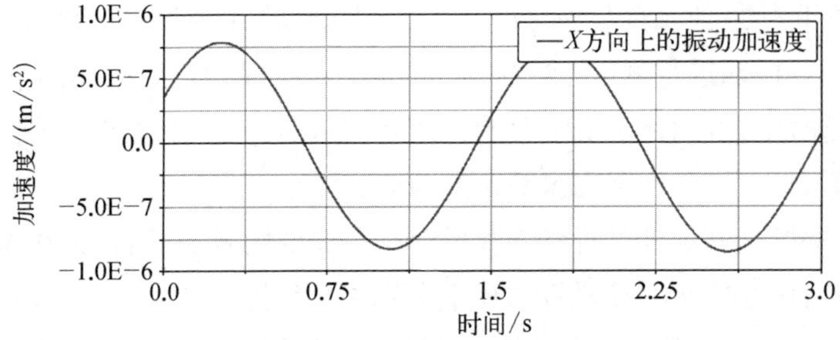

(b) 下平台在X方向上的振动加速度

图 6.1　f = 0.65 Hz 时上下平台在 X 方向上的振动加速度对比

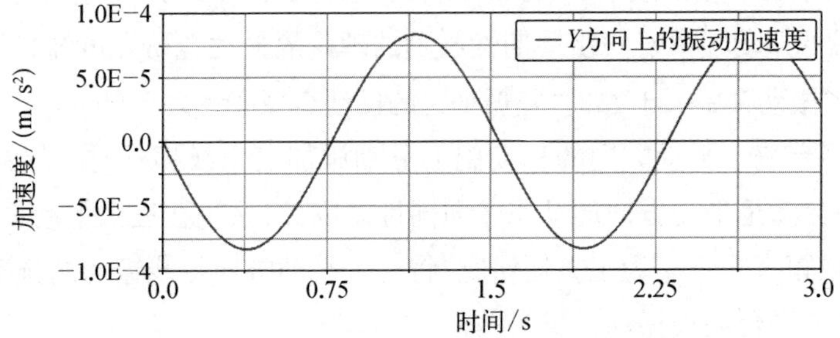

(a) 上平台在Y方向上的振动加速度

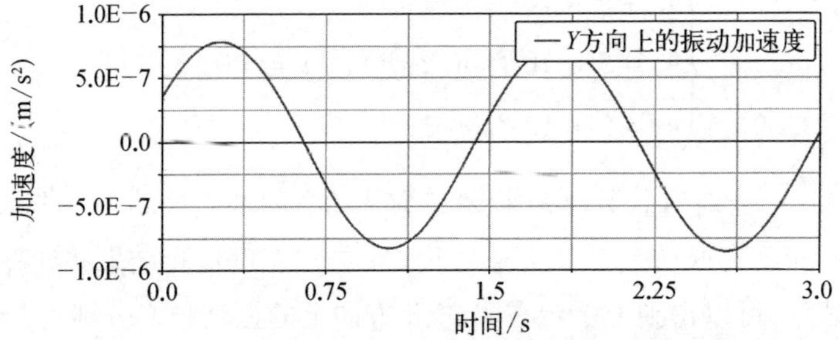

(b) 下平台在Y方向上的振动加速度

图 6.2　f = 0.65 Hz 时上下平台在 Y 方向上的振动加速度对比

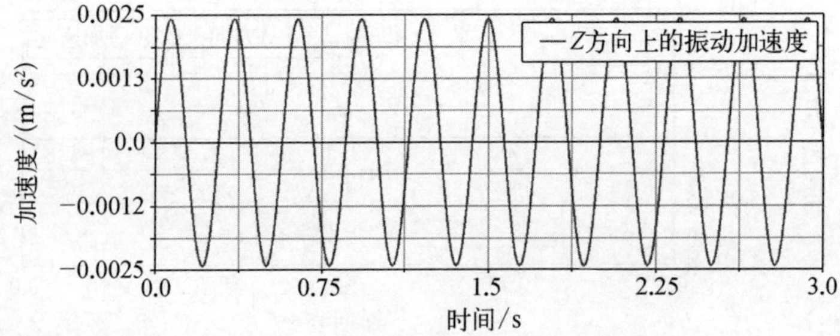

(a) 上平台在Z方向上的振动加速度

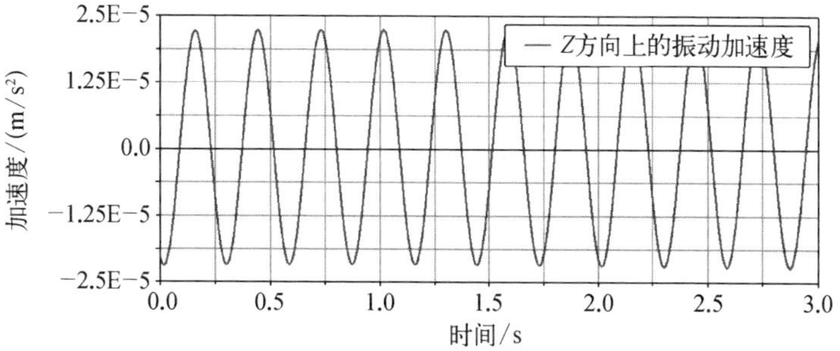

(b) 下平台在 Z 方向上的振动加速度

图 6.3　$f = 3.5$ Hz 时上下平台在 Z 方向上的振动加速度对比

3.5 Hz 时,上下平台在 X、Y、Z 方向上的振动加速度对比。由仿真结果可知,隔振平台在 X、Y 方向的最低振动衰减频率相同。

6.2.2　转动方向上的最低振动频率

为了模拟上平台在三个转动方向上的姿态振动,在转动副上分别添加三个姿态振动。考虑隔振平台结构的对称性,绕 X、Y 方向转动的隔振性能相同,因此可以将上平台的姿态振动设置为

$$\begin{cases} Z_x = 5 \times 10^{-5}\sin(2\pi ft) \\ Z_y = 5 \times 10^{-5}\sin(2\pi ft), \quad t \in (0,\ 10) \\ Z_z = 5 \times 10^{-5}\sin(2\pi ft) \end{cases}$$

其中,Z_x、Z_y、Z_z 分别为上平台绕 X、Y、Z 方向转动的姿态振动;f 为姿态振动频率。

通过不断改变姿态振动频率来获得上下平台的姿态振动加速度并计算出隔振平台的振动衰减率。对于绕 X、Y 转动方向上,当上平台的振动频率为 $f = 7$ Hz 时,隔振平台的振动衰减率达到 99.01%。图 6.4、图 6.5 分别为 $f = 7$ Hz 时,上下平台在绕 X、Y 转动方向上的振动角加速度对比。

对于绕 Z 转动方向上,当上平台的振动频率为 $f = 2.1$ Hz 时,隔振平台的振动衰减率达到 99.10%,图 6.6 为 $f = 2.1$ Hz 时,上下平台在绕 Z 转动方向上的振动角加速度对比。

综上所述,对于仿生 Stewart 隔振平台,当外激励频率低于最低振动频率 f_z 时,隔振平台的振动衰减率达不到 99%,因此有必要对当外激励频率低于最低振动频率 f_z 时采用主动隔振来达到隔振需求。

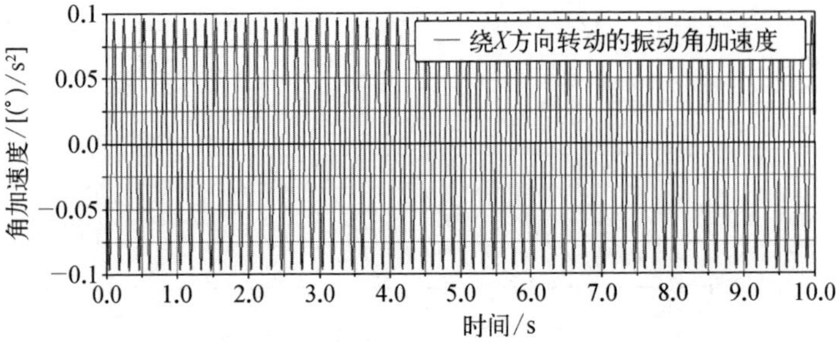

(a) 上平台绕 X 方向转动的振动角加速度

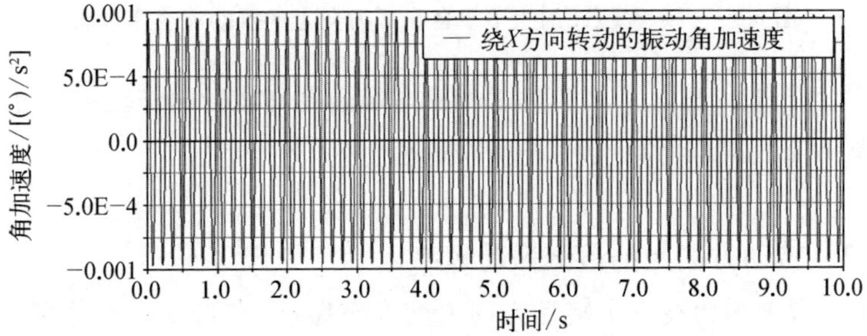

(b) 下平台绕 X 方向转动的振动角加速度

图 6.4 f = 7 Hz 时上下平台绕 X 转动方向上的振动角加速度对比

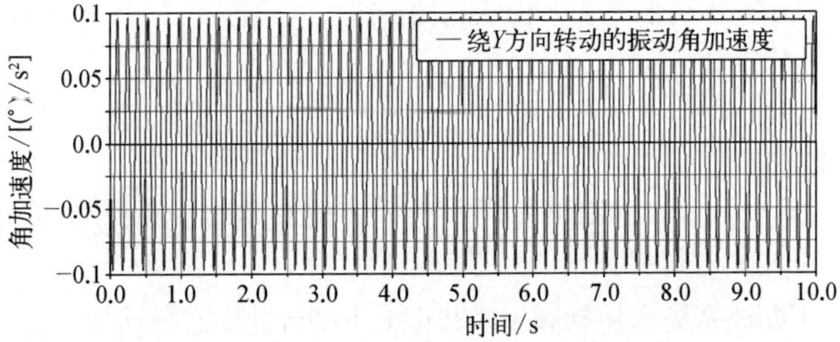

(a) 上平台绕 Y 方向转动的振动角加速度

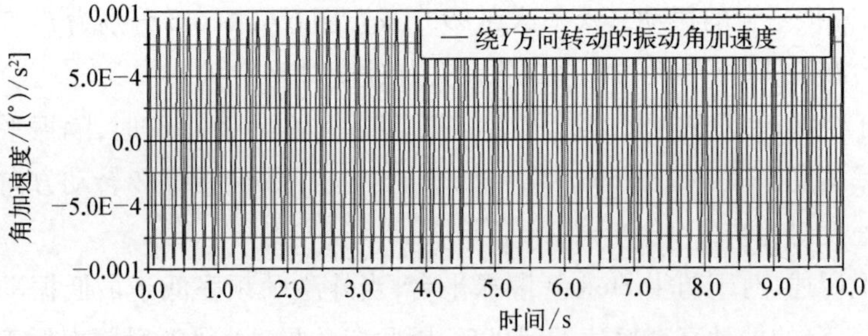

(b) 下平台绕 Y 方向转动的振动角加速度

图 6.5 f = 7 Hz 时绕 Y 转动方向上下平台的振动角加速度对比

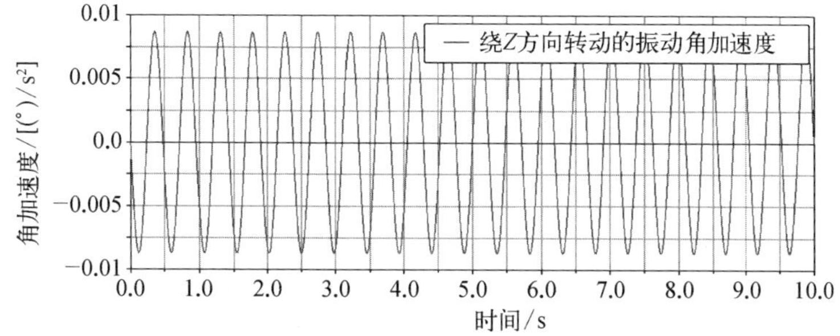

(a) 上平台绕 Z 方向转动的振动角加速度

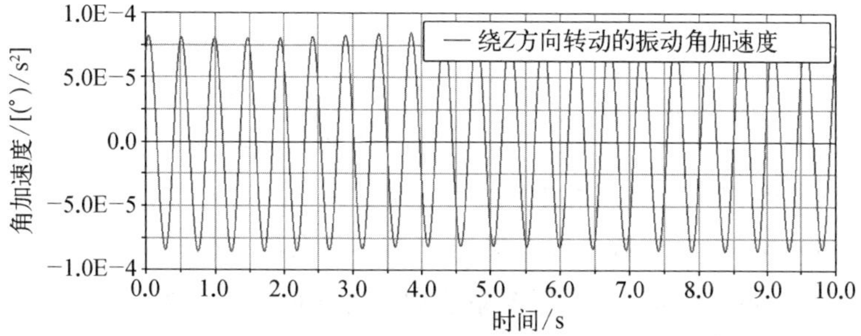

(b) 下平台绕 Z 方向转动的振动角加速度

图 6.6　f = 2.1 Hz 时上下平台绕 Z 转动方向上的振动角加速度对比

6.3　经典主动隔振方法

6.3.1　速度与位置反馈的幅频响应

在速度反馈中，通过传感器测量下平台的速度形成对下平台的控制反馈信号，经过下平台的控制力输出机构形成对下平台的控制力。速度反馈系统的动力学控制方程为

$$\begin{cases} m_{\mathrm{a}}\ddot{z}_{\mathrm{a}} + \sum\limits_{i=1}^{6} k\Delta h_i \dfrac{\partial \Delta h_i}{\partial z_{\mathrm{a}}} + \sum\limits_{i=1}^{6} n_x c\,\dot{\phi}_i \dfrac{\partial \phi_i}{\partial z_{\mathrm{a}}} + 6c_{\mathrm{d}}(\dot{z}_{\mathrm{a}} - \dot{z}_{\mathrm{b}}) = \boldsymbol{F}_{\mathrm{z}}(t) + \boldsymbol{F}_{\mathrm{k}} \\ m_{\mathrm{b}}\ddot{z}_{\mathrm{b}} + \sum\limits_{i=1}^{6} k\Delta h_i \dfrac{\partial \Delta h_i}{\partial z_{\mathrm{b}}} + \sum\limits_{i=1}^{6} n_x c\,\dot{\phi}_i \dfrac{\partial \phi_i}{\partial z_{\mathrm{b}}} + 6c_{\mathrm{d}}(\dot{z}_{\mathrm{b}} - \dot{z}_{\mathrm{a}}) = 0 \end{cases},\quad i = 1, 2, \cdots, 6 \tag{6.1}$$

式中，$\boldsymbol{F}_{\mathrm{k}}$ 为速度反馈形成的控制力，其表达式为

$$\boldsymbol{F}_{\mathrm{k}} = -k_{\mathrm{x}}\dot{z}_{\mathrm{b}}$$

其中，k_x 为控制系数。

图 6.7 为不同控制系数下速度反馈中隔振平台在 Z 方向上的幅频响应曲线。从图中可以看出，相较于被动隔振，速度反馈作用下的主动控制能够很好地抑制外激励频率在 0~0.22 Hz的 T_d 值，并且能够降低系统在固有频率处的谐振峰值，然而系统在外激励频率为 0~0.22 Hz 的 T_d 值大于 0，无隔振效果，而当外激励频率大于 2.22 Hz 时，主动隔振的效果低于被动隔振。因此，速度反馈作用下的主动隔振不满足隔振需求。

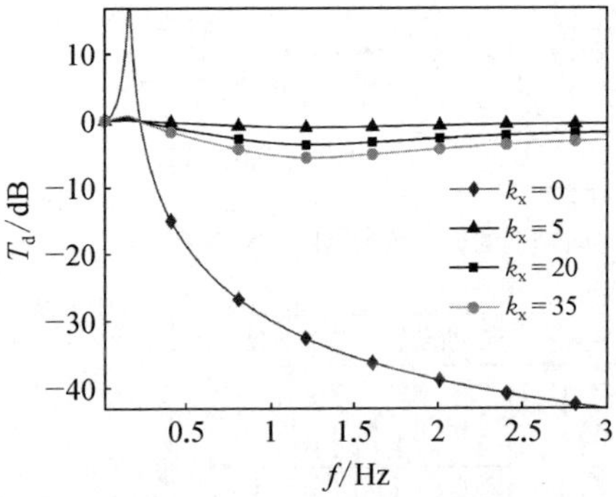

图 6.7　速度反馈作用下的幅频响应曲线

与速度反馈类似，位置反馈是通过测量下平台的位置信息并形成反馈作用力对下平台进行控制的。位置反馈系统的动力学控制方程为

$$\begin{cases} m_{\mathrm{a}}\ddot{z}_{\mathrm{a}} + \sum\limits_{i=1}^{6} k\Delta h_i \dfrac{\partial \Delta h_i}{\partial z_{\mathrm{a}}} + \sum\limits_{i=1}^{6} n_x c\,\dot{\phi}_i \dfrac{\partial \phi_i}{\partial z_{\mathrm{a}}} + 6c_{\mathrm{d}}(\dot{z}_{\mathrm{a}} - \dot{z}_{\mathrm{b}}) = \boldsymbol{F}_{\mathrm{z}}(t) + \boldsymbol{F}_{\mathrm{k}} \\ m_{\mathrm{b}}\ddot{z}_{\mathrm{b}} + \sum\limits_{i=1}^{6} k\Delta h_i \dfrac{\partial \Delta h_i}{\partial z_{\mathrm{b}}} + \sum\limits_{i=1}^{6} n_x c\,\dot{\phi}_i \dfrac{\partial \phi_i}{\partial z_{\mathrm{b}}} + 6c_{\mathrm{d}}(\dot{z}_{\mathrm{b}} - \dot{z}_{\mathrm{a}}) = 0 \end{cases},\quad i = 1, 2, \cdots, 6 \tag{6.2}$$

式中，$\boldsymbol{F}_k$ 为位置反馈形成的控制力，其表达式为

$$\boldsymbol{F}_{\mathrm{k}} = -k_{\mathrm{x}}z_{\mathrm{b}}$$

其中，k_x 为控制系数。

图 6.8 为不同控制系数下位置反馈中隔振平台在 Z 方向上的幅频响应曲线。从图中可以看出，位置反馈和速度反馈的主动隔振效果类似。尽管抑制了系统在共振频率处的谐振峰值，但是当外激励频率在 0~0.22 Hz 时的 T_d 值大于 0，无法满足隔振需求。

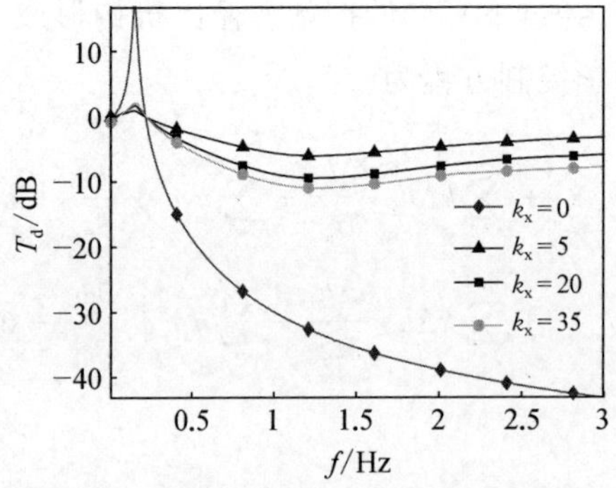

图 6.8　位置反馈作用下的幅频响应曲线

6.3.2　经典自适应控制方法

采用经典的速度反馈和位置反馈作为隔振平台的主动隔振方法无法满足隔振平台的隔振需求。考虑隔振平台的动力学模型为非线性动力学模型，因此需要研究非线性控制方法作为隔振平台的主动隔振的控制方法。在空间非合作目标的抓捕过程中，下平台的质量 m_b 会因燃料消耗而发生改变，同时考虑系统的旋转摩擦系数 c 和刚度系数 k 在隔振平台的运动过程中仿生隔振单元的反复形变导致其发生变化，因此将研究经典自适应控制方法作用在隔振平台上的主动隔振性能。

动力学控制方程如下：

$$\begin{cases} m_a \ddot{z}_a + \sum_{i=1}^{6} k\Delta s_i \dfrac{\partial \Delta s_i}{\partial z_a} + \sum_{i=1}^{6} n_x c \dot{\phi}_i \dfrac{\partial \phi_i}{\partial z_a} + 6c_d(\dot{z}_a - \dot{z}_b) = u_a \\ m_b \ddot{z}_b + \sum_{i=1}^{6} k\Delta s_i \dfrac{\partial \Delta s_i}{\partial z_b} + \sum_{i=1}^{6} n_x c \dot{\phi}_i \dfrac{\partial \phi_i}{\partial z_b} + 6c_d(\dot{z}_b - \dot{z}_a) = u_b \end{cases}$$

上式可以写成如下形式：

$$\boldsymbol{M}\ddot{z} + \boldsymbol{C}_1 + \boldsymbol{C}_2 + \boldsymbol{G} = \boldsymbol{u} \tag{6.3}$$

定义组合误差为

$$\boldsymbol{s} = \dot{z}_b - \dot{z}_{bd} + \boldsymbol{\lambda}_b(z_b - z_{bd}) = \dot{z}_b - \dot{z}_{br} \tag{6.4}$$

参数估计误差为

$$\tilde{\theta} = [\tilde{m}_b, \tilde{c}, \tilde{c}_d, \tilde{k}]^T$$

其中，$\tilde{\theta} = \hat{\theta} - \theta$。

考虑如下形式的李雅普诺夫函数：

$$V = \frac{1}{2}\boldsymbol{s}^T\boldsymbol{M}\boldsymbol{s} + \frac{1}{2}\tilde{\theta}^T\boldsymbol{P}^{-1}\tilde{\theta}$$

其中，$\boldsymbol{P} = \begin{bmatrix} p_{11} & 0 & 0 & 0 \\ 0 & p_{22} & 0 & 0 \\ 0 & 0 & p_{33} & 0 \\ 0 & 0 & 0 & p_{55} \end{bmatrix}$。

对 V 求导可得

$$\begin{aligned}\dot{V} &= \boldsymbol{s}^{\mathrm{T}}\boldsymbol{M}\dot{\boldsymbol{s}} + \dot{\hat{\theta}}^{\mathrm{T}}\boldsymbol{P}^{-1}\tilde{\theta} \\ &= \boldsymbol{s}^{\mathrm{T}}(u_{\mathrm{b}} - \boldsymbol{C}_1 - \boldsymbol{C}_2 - \boldsymbol{G} - \boldsymbol{M}\ddot{z}_{\mathrm{br}}) + \dot{\hat{\theta}}^{\mathrm{T}}\boldsymbol{P}^{-1}\tilde{\theta}\end{aligned}$$

参数回归矩阵为

$$\boldsymbol{Y\theta} = \boldsymbol{C}_1 + \boldsymbol{C}_2 + \boldsymbol{G} + \boldsymbol{M}\ddot{z}_{\mathrm{br}}$$

其中,参数回归矩阵 $\boldsymbol{Y}$ 为

$$\begin{aligned}\boldsymbol{Y} = \Bigg[0,\ \ddot{z}_{\mathrm{bd}} + \lambda_{\mathrm{b}}(\dot{z}_{\mathrm{b}} - \dot{z}_{\mathrm{bd}}),\ \dot{z}_{\mathrm{a}}\sum_{i=1}^{6} n_x\left(\frac{\partial\phi_i}{\partial z_{\mathrm{a}}}\right)\left(\frac{\partial\phi_i}{\partial z_{\mathrm{b}}}\right) + \dot{z}_{\mathrm{b}}\sum_{i=1}^{6} n_x\left(\frac{\partial\phi_i}{\partial z_{\mathrm{b}}}\right)^2, \\ 6(\dot{z}_{\mathrm{b}} - \dot{z}_{\mathrm{a}}),\ \sum_{i=1}^{6}\Delta h_i\frac{\partial\Delta h_i}{\partial z_{\mathrm{b}}}\Bigg]\end{aligned}$$

设控制输入为

$$\boldsymbol{u} = \boldsymbol{Y}\hat{\boldsymbol{\theta}} - \boldsymbol{K}_{\mathrm{d}}\boldsymbol{s} \tag{6.5}$$

其中, $\boldsymbol{K}_{\mathrm{d}} > 0$。

由此可得

$$\begin{aligned}\dot{V} &= \boldsymbol{s}^{\mathrm{T}}\boldsymbol{M}\dot{\boldsymbol{s}} + \dot{\hat{\boldsymbol{\theta}}}^{\mathrm{T}}\boldsymbol{P}^{-1}\tilde{\boldsymbol{\theta}} \\ &= \boldsymbol{s}^{\mathrm{T}}(\boldsymbol{Y}\tilde{\boldsymbol{\theta}} - \boldsymbol{Ks}) + \dot{\hat{\boldsymbol{\theta}}}^{\mathrm{T}}\boldsymbol{P}^{-1}\tilde{\boldsymbol{\theta}}\end{aligned}$$

若 $\dot{\hat{\boldsymbol{\theta}}}$ 满足:

$$\dot{\hat{\boldsymbol{\theta}}} = -\boldsymbol{P}^{\mathrm{T}}\boldsymbol{Y}^{\mathrm{T}}\boldsymbol{s}$$

则有

$$\begin{aligned}\dot{V} &= \boldsymbol{s}^{\mathrm{T}}\boldsymbol{M}\dot{\boldsymbol{s}} + \dot{\hat{\boldsymbol{\theta}}}^{\mathrm{T}}\boldsymbol{P}^{-1}\tilde{\boldsymbol{\theta}} \\ &= -\boldsymbol{s}^{\mathrm{T}}\boldsymbol{Ks} \\ &\leqslant 0\end{aligned}$$

那么就有 $\tilde{\boldsymbol{\theta}} \in \mathcal{L}_\infty$, $\boldsymbol{s} \in \mathcal{L}_2 \cap \mathcal{L}_\infty$。

闭环系统为

$$\boldsymbol{M}\dot{\boldsymbol{s}} + \boldsymbol{K}_{\mathrm{d}}\boldsymbol{s} = \boldsymbol{Y}\tilde{\boldsymbol{\theta}} \tag{6.6}$$

因为 $\boldsymbol{M}$ 正定且有界，由闭环系统可得 $\dot{\boldsymbol{s}}$ 有界。

对 $\dot{V}$ 求导可得

$$\ddot{V}(t) = -2\boldsymbol{s}^{\mathrm{T}}\boldsymbol{K}_{\mathrm{d}}\dot{\boldsymbol{s}} \tag{6.7}$$

因为 $\ddot{V}(t)$ 有界，那么由巴巴拉特引理可知

$$\lim_{t\to\infty}\dot{V}(t) = 0, \quad \boldsymbol{s}\to 0$$

所以，系统在此控制规律下稳定。

在此控制下进行仿真计算，其中期望轨迹 $z_{\mathrm{bd}}=0$、$\dot{z}_{\mathrm{bd}}=0$、$\ddot{z}_{bd}=0$。图 6.9 为自适应控制作用下隔振平台的幅频响应曲线。从图中可以看到，当频率在 0～0.22 Hz 时的 T_{d} 值小于−40 dB，满足隔振需求。同时在自适应控制的作用下，降低了幅频响应曲线的谐振峰值，并且随着控制系数 k_{x} 的增大，T_{d} 值变小；然而当外激励频率在 0～0.2 Hz 时，幅频响应曲线的值存在跳变，主动隔振效果不是很理想。

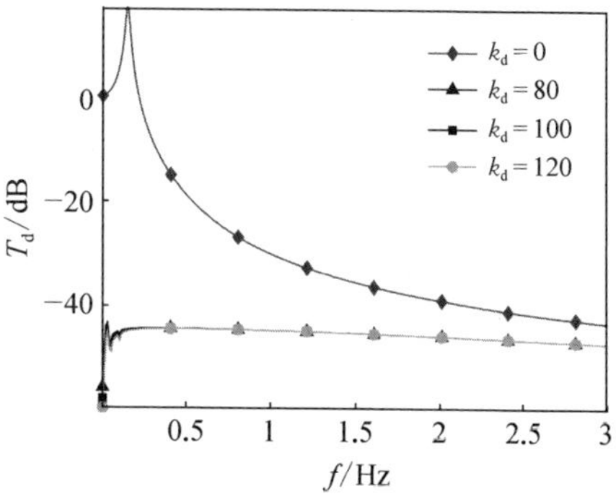

图 6.9　经典自适应控制作用下的幅频响应曲线

6.4　新型主动隔振方法

6.4.1　方法简介

经典的基于等价确定性的自适应控制方法在参数估计方面存在仅考虑误差的缺点，并且在 6.2 节讨论了该方法在隔振平台主动隔振中存在的问题，因此将采用新颖的基于浸入与不变原理的动态缩放自适应控制方法作为隔振平台的主动隔振的控制方法。该方法的参数估计不仅考虑了跟踪误差，还引入了补偿项。研究表明，此类控制方法对未知参数具有更好的估计，从而减少了由未知参数的不确定性而导致的跳变现象。然而，该方法存在大量的求导计算，而控制系数通常与参数项 $\boldsymbol{\Delta}_x$ 和 r 有关，因而将会导致控制系数随着两个参

数的变化而变化。尽管通过证明可以得到两个参数项有界,但是 Δ_x 和 r 的上界未知,不利于主动隔振中控制器的设计。因此,须得到适用于隔振平台的自适应控制方法。首先,为了简化求导过程,对隔振平台的动力学方程进行三阶泰勒级数展开并与原来的动力学方程进行仿真结果对比,来验证三阶泰勒级数展开后动力学方程的准确性。然后,对缩放因子进行改进,并在推导过程中验证改进后的缩放因子的准确性,同时对适用于隔振平台的控制方法进行稳定性证明,推导出相关的控制系数表达式,并与被动隔振进行仿真对比来验证隔振平台在此控制方法作用下的隔振性能。

6.4.2 泰勒级数展开

将原来的动力学微分方程中的非线性项在 $z_a = 0$, $z_b = 0$ 处进行三阶泰勒级数展开。为了更加方便地表述,定义 $x = z_b$, $y = z_a$, 由此可得

$$
\begin{cases}
m_a \ddot{y} + [R_0 + R_1(x - y) + R_2(x - y)^2 + R_3(x - y)^3](\dot{y} - \dot{x}) \\
\quad + A_0 + A_1(x - y) + A_2(x - y)^2 + A_3(x - y)^3 = F(t) \\
m_b \ddot{x} + [R_0 + R_1(x - y) + R_2(x - y)^2 + R_3(x - y)^3](\dot{x} - \dot{y}) \\
\quad - [A_0 + A_1(x - y) + A_2(x - y)^2 + A_3(x - y)^3] = 0
\end{cases}
\tag{6.8}
$$

对于被动隔振的冲击激励主要存在速度不为零时造成的位置漂移,因此在进行泰勒展开式的精确性验证时主要关注泰勒展开后的动力学方程和原动力学方程的速度对比。接下来,分别在冲击激励和周期激励作用下将泰勒级数展开后的动力学方程与原动力学方程进行对比。图 6.10(a)给出的是系统在冲击激励作用下两者的速度随时间的变化关系。从图中可以看到,两者的速度变化趋势、终值相同。相较于原始的动力学方程,泰勒级数展开后两者在速度最大处附近存在微小偏差。对于 m_a 速度最大误差为 10^{-3} 量级,相对最大误差约为 1.09%; m_b 速度最大误差为 10^{-4} 量级,相对最大误差约为 0.24%。图 6.10(b)为系统在周期激励作用下两者的速度随时间的变化关系。从图中可以看到,上下平台的速度变化趋势相同,两者的对比曲线重合度较高。为了进行精确对比,在两者速度相差最大的点进行相对误差对比,经过比较发现在 0.219 s 处两者的速度仿真对比差别最大,对于上平台的速度相对最大误差为 4.53%,对于下平台的速度相对最大误差为 0.35%,因而具有较高的准确度。综上所述,无论是在冲击激励还是在周期性激励作用下,三阶泰勒级数展开后的动力学方程能对隔振平台的动力学进行仿真计算。

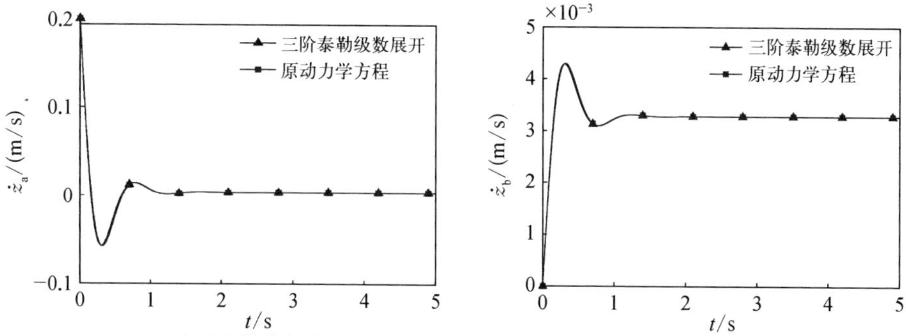

上平台的速度对比　　　　下平台的速度对比

(a) 冲击激励作用下上下平台的速度对比

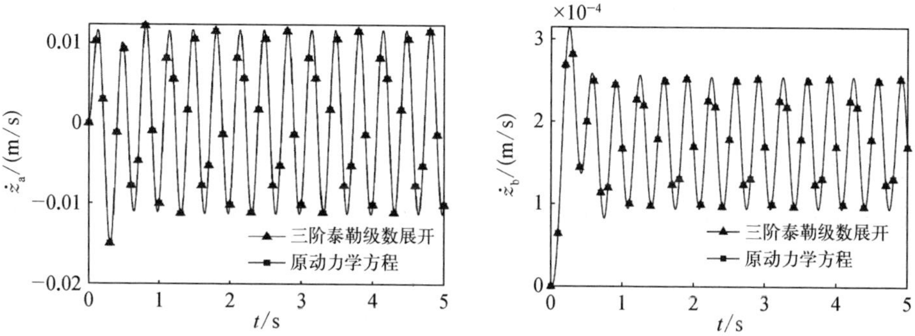

上平台的速度对比　　　　下平台的速度对比

(b) 周期激励作用下上下平台的速度对比

图 6.10　三阶泰勒级数展开后的动力学方程和原动力学方程的仿真对比

6.4.3　控制方法推导

1. 控制系统动力学模型介绍

通过 Lagrange 动力学方程建模的 n 自由度机械系统动力学模型可以转化为如下形式:

$$\begin{cases}\dot{\boldsymbol{x}}_1 = \boldsymbol{x}_2 \\ \boldsymbol{M}(\boldsymbol{x}_1)\dot{\boldsymbol{x}}_2 + \boldsymbol{C}(\boldsymbol{x}_1, \boldsymbol{x}_2) + \boldsymbol{K}(\boldsymbol{x}_1) = \boldsymbol{u}\end{cases} \tag{6.9}$$

其中, $\boldsymbol{M}(\boldsymbol{x}_1)$ 代表惯性矩阵; $\boldsymbol{C}(\boldsymbol{x}_1, \boldsymbol{x}_2)$ 代表阻尼矩阵; $\boldsymbol{K}(\boldsymbol{x}_1)$ 代表刚度矩阵。

式(6.9)满足如下性质。

(1) 惯性矩阵 $\boldsymbol{M}(\boldsymbol{x}_1)$ 是对称正定矩阵,满足以下不等式:

$$\lambda_{\min}\{\boldsymbol{M}(\boldsymbol{x}_1)\}\|\boldsymbol{x}\|^2 \leqslant \boldsymbol{x}^{\mathrm{T}}\boldsymbol{M}(\boldsymbol{x}_1)\boldsymbol{x} \leqslant \lambda_{\max}\{\boldsymbol{M}(\boldsymbol{x}_1)\}\|\boldsymbol{x}\|^2, \quad \forall \boldsymbol{x} \in \mathrm{R}^n$$

其中，$\lambda_{\min}\{\boldsymbol{M}(\boldsymbol{x}_1)\}$ 代表 $\boldsymbol{M}(\boldsymbol{x}_1)$ 的最小特征值；$\lambda_{\min}\{\boldsymbol{M}(\boldsymbol{x}_1)\}$ 代表 $\boldsymbol{M}(\boldsymbol{x}_1)$ 的最大特征值；$\|\boldsymbol{x}\|$ 表示 $\boldsymbol{x}$ 的范数。

设 $\boldsymbol{x}_\mathrm{d}$、$\dot{\boldsymbol{x}}_\mathrm{d}$、$\ddot{\boldsymbol{x}}_\mathrm{d}$ 为期望轨迹，相应的跟踪误差可以表示为

$$\boldsymbol{x}_{1\mathrm{e}} = \boldsymbol{x}_1 - \boldsymbol{x}_\mathrm{d}, \quad \boldsymbol{x}_{2\mathrm{e}} = \boldsymbol{x}_2 - \dot{\boldsymbol{x}}_\mathrm{d}$$

从而可以得到系统的误差方程为

$$\begin{cases}\dot{\boldsymbol{x}}_{1\mathrm{e}} = \boldsymbol{x}_{2\mathrm{e}} \\ \boldsymbol{M}(\boldsymbol{x}_1)\dot{\boldsymbol{x}}_{2\mathrm{e}} + \boldsymbol{M}(\boldsymbol{x}_1)\ddot{\boldsymbol{x}}_\mathrm{d} + \boldsymbol{C}(\boldsymbol{x}_1, \boldsymbol{x}_2) + \boldsymbol{K}(\boldsymbol{x}_1) = \boldsymbol{u}\end{cases} \tag{6.10}$$

设系统的位置和速度信息都可以通过精确测量得到，设计合适的控制器 $\boldsymbol{u}$ 使得当 $t \to \infty$ 时 $\boldsymbol{x}_1 \to \boldsymbol{x}_\mathrm{d}$，$\boldsymbol{x}_2 \to \dot{\boldsymbol{x}}_\mathrm{d}$。

2. 控制器设计

在运动过程中，仿生隔振单元铰链之间的阻尼系数以及弹簧的刚度系数会存在一定范围的变化，同时考虑服务航天器在抓捕过程中的能量消耗，因此 m_b 未知，由 6.4.2 节进行三阶泰勒级数展开后的系统动力学方程可知系统的未知参数为

$$\boldsymbol{\theta} = [m_\mathrm{b}, R_0, R_1, R_2, R_3, A_1, A_2, A_3]^\mathrm{T}$$

定义参数估计误差为

$$z_\mathrm{f} = \varepsilon + \beta - \theta \tag{6.11}$$

其中，$\varepsilon + \beta$ 为参数估计值，ε 和 β 的形式将在后面的推导过程中给出。

引入广义速度观测器为

$$\dot{\hat{\boldsymbol{x}}}_2 = \ddot{\boldsymbol{x}}_\mathrm{d} - \alpha\boldsymbol{x}_{1\mathrm{e}} - (k_\mathrm{e} + \delta)\boldsymbol{x}_{2\mathrm{e}} - k_{\hat{x}}(\hat{\boldsymbol{x}}_2 - \boldsymbol{x}_2) \tag{6.12}$$

其中，α、k_e、δ、$k_{\hat{x}}$ 为控制增益。

通过参数线性化的方法，可以得到系统的参数回归矩阵为

$$\boldsymbol{W\theta} = -\boldsymbol{M}\ddot{\boldsymbol{x}}_\mathrm{d} - \boldsymbol{C} - \boldsymbol{G} + \alpha\boldsymbol{M}\boldsymbol{x}_{1\mathrm{e}} + (k_\mathrm{e} + \delta)\boldsymbol{M}\boldsymbol{x}_{2\mathrm{e}} \tag{6.13}$$

利用速度观测值构建 β 的近似解，其表达式如下：

$$\beta = \gamma \sum_{i=1}^{n} \boldsymbol{W}_i(\hat{\boldsymbol{x}}_2, \boldsymbol{x}_1, \boldsymbol{x}_\mathrm{d}, \dot{\boldsymbol{x}}_\mathrm{d}, \ddot{\boldsymbol{x}}_\mathrm{d}, k_\mathrm{e})\boldsymbol{x}_{2i} \tag{6.14}$$

那么就有

$$\frac{\partial\beta}{\partial\boldsymbol{x}_2}=\gamma\boldsymbol{W}^{\mathrm{T}}+\gamma[\boldsymbol{W}(\hat{\dot{\boldsymbol{x}}}_2,\boldsymbol{x}_1,\boldsymbol{x}_{\mathrm{d}},\dot{\boldsymbol{x}}_{\mathrm{d}},\ddot{\boldsymbol{x}}_{\mathrm{d}},k_{\mathrm{e}})-\boldsymbol{W}]^{\mathrm{T}} \tag{6.15}$$

定义 $\boldsymbol{\Delta}_x$ 为两个参数回归矩阵的差：

$$\boldsymbol{\Delta}_x(\hat{\dot{\boldsymbol{x}}}_2-\boldsymbol{x}_2,\boldsymbol{x}_1,\boldsymbol{x}_2,\hat{\dot{\boldsymbol{x}}}_2,\boldsymbol{x}_{\mathrm{d}},\dot{\boldsymbol{x}}_{\mathrm{d}},\ddot{\boldsymbol{x}}_{\mathrm{d}},k_{\mathrm{e}})=\boldsymbol{W}(\hat{\dot{\boldsymbol{x}}}_2,\boldsymbol{x}_1,\boldsymbol{x}_{\mathrm{d}},\dot{\boldsymbol{x}}_{\mathrm{d}},\ddot{\boldsymbol{x}}_{\mathrm{d}},k_{\mathrm{e}})-\boldsymbol{W} \tag{6.16}$$

对于隔振平台,则有

$$\boldsymbol{\Delta}_x=\begin{bmatrix}(\hat{\dot{\boldsymbol{x}}}_2-\boldsymbol{x}_2)(k_{\mathrm{e}}+\delta_x)\\-(\hat{\dot{\boldsymbol{x}}}_2-\boldsymbol{x}_2)\\-(\hat{\dot{\boldsymbol{x}}}_2-\boldsymbol{x}_2)(\boldsymbol{x}-\boldsymbol{y})\\-(\hat{\dot{\boldsymbol{x}}}_2-\boldsymbol{x}_2)(\boldsymbol{x}-\boldsymbol{y})^2\\-(\hat{\dot{\boldsymbol{x}}}_2-\boldsymbol{x}_2)(\boldsymbol{x}-\boldsymbol{y})^3\\0\\0\\0\end{bmatrix}^{\mathrm{T}} \tag{6.17}$$

设控制输入为

$$\boldsymbol{u}_{\mathrm{b}}=-\boldsymbol{W}(\varepsilon+\beta)-A_0 \tag{6.18}$$

参数估计误差求导可得

$$\dot{\boldsymbol{z}}_{\mathrm{f}}=\dot{\boldsymbol{\varepsilon}}+\frac{\partial\beta}{\partial\hat{\dot{\boldsymbol{x}}}_2}\dot{\hat{\dot{\boldsymbol{x}}}}_2+\frac{\partial\beta}{\partial\boldsymbol{x}_1}\boldsymbol{x}_2+\frac{\partial\beta}{\partial\boldsymbol{x}_{\mathrm{d}}}\dot{\boldsymbol{x}}_{\mathrm{d}}+\frac{\partial\beta}{\partial\dot{\boldsymbol{x}}_{\mathrm{d}}}\ddot{\boldsymbol{x}}_{\mathrm{d}}+\frac{\partial\beta}{\partial\ddot{\boldsymbol{x}}_{\mathrm{d}}}\boldsymbol{x}_{\mathrm{d}}^{(3)}$$
$$+\frac{\partial\beta}{\partial k_{\mathrm{e}}}\dot{k}_{\mathrm{e}}+\frac{\partial\beta}{\partial\boldsymbol{x}_2}\boldsymbol{M}^{-1}(-\boldsymbol{C}-\boldsymbol{G}+\boldsymbol{u}_{\mathrm{b}})$$

令

$$\dot{\boldsymbol{\varepsilon}}=-\frac{\partial\beta}{\partial\hat{\dot{\boldsymbol{x}}}_2}\dot{\hat{\dot{\boldsymbol{x}}}}_2-\frac{\partial\beta}{\partial\boldsymbol{x}_1}\boldsymbol{x}_2-\frac{\partial\beta}{\partial\boldsymbol{x}_{\mathrm{d}}}\dot{\boldsymbol{x}}_{\mathrm{d}}-\frac{\partial\beta}{\partial\dot{\boldsymbol{x}}_{\mathrm{d}}}\ddot{\boldsymbol{x}}_{\mathrm{d}}-\frac{\partial\beta}{\partial\ddot{\boldsymbol{x}}_{\mathrm{d}}}\boldsymbol{x}_{\mathrm{d}}^{(3)}-\frac{\partial\beta}{\partial k_{\mathrm{e}}}\dot{k}_{\mathrm{e}}$$
$$-\gamma(\boldsymbol{W}+\boldsymbol{\Delta}_x)^{\mathrm{T}}[\ddot{\boldsymbol{x}}_{\mathrm{d}}-\alpha\boldsymbol{x}_{1\mathrm{e}}-(k_{\mathrm{e}}+\delta_x)\boldsymbol{x}_{2\mathrm{e}}]$$

则有

$$\dot{z}_{\mathrm{f}}=-\gamma\boldsymbol{W}^{\mathrm{T}}\boldsymbol{M}^{-1}\boldsymbol{W}z_{\mathrm{f}}-\gamma\boldsymbol{\Delta}_x^{\mathrm{T}}\boldsymbol{M}^{-1}\boldsymbol{W}z_{\mathrm{f}} \tag{6.19}$$

定义放缩参数估计误差为

$$z = \frac{z_f}{R} \tag{6.20}$$

其中，

$$R = \frac{\sqrt{\lambda_{\min}}}{e^{\frac{1}{2}\left(\frac{1}{\lambda_{\min}^2}+1\right)}} \cdot e^{\frac{\sqrt{\ln(\arctan r+e)}}{\lambda_{\min}}}$$

$$\frac{\dot{R}}{R} = \frac{1}{\lambda_{\min}} \cdot \frac{1}{(\arctan r + e)} \cdot \frac{1}{1+\lambda_{\min}^2} \cdot \dot{r}$$

因而有

$$\dot{z} = -\gamma \boldsymbol{W}^{T}\boldsymbol{M}^{-1}\boldsymbol{W}z - \gamma \Delta_x^{T}\boldsymbol{M}^{-1}\boldsymbol{W}z - \frac{1}{\lambda_{\min}} \cdot \frac{1}{(\arctan r + e)} \cdot \frac{1}{1+\lambda_{\min}^2} \cdot \dot{r} \cdot z$$

若 r 满足

$$r(0) \geqslant 0 \text{ 且 } r'(t) \geqslant 0$$

则有 $e^{\frac{\sqrt{\ln(\arctan r+e)}}{\lambda_{\min}}}$ 有界，那么 R 有界。关于 $r'(t) \geqslant 0$ 的证明将在后面的推导过程中给出。

对于 R 有

$$\begin{aligned} R &= \frac{\sqrt{\lambda_{\min}}}{e^{\frac{1}{2}\left(\frac{1}{\lambda_{\min}^2}+1\right)}} \cdot e^{\frac{\sqrt{\ln(\arctan r+e)}}{\lambda_{\min}}} \\ &\leqslant \frac{\sqrt{\lambda_{\min}}}{e^{\frac{1}{2}\left(\frac{1}{\lambda_{\min}^2}+1\right)}} \cdot e^{\frac{1}{2\lambda_{\min}^2}+\frac{1}{2}+\frac{\ln(\arctan r+e)-1}{2}} \\ &\leqslant \frac{\sqrt{\lambda_{\min}}}{e^{\frac{1}{2}\left(\frac{1}{\lambda_{\min}^2}+1\right)}} \cdot e^{\frac{1}{2\lambda_{\min}^2}+\frac{1}{2}} \cdot e^{\frac{1}{2}} = \sqrt{\lambda_{\min}} \cdot e^{\frac{1}{2}} \end{aligned}$$

考虑如下的半正定李雅普诺夫函数：

$$V_z = \frac{1}{2\gamma} z^{T} z \tag{6.21}$$

对式(6.21)进行求导，同时利用杨不等式，可得

$$\dot{V}_z = -z^{\mathrm{T}}\boldsymbol{W}^{\mathrm{T}}\boldsymbol{M}^{-1}\boldsymbol{W}z - z^{\mathrm{T}}\Delta_x^{\mathrm{T}}\boldsymbol{M}^{-1}\boldsymbol{W}z - \frac{1}{\gamma}\frac{1}{\lambda_{\min}}\cdot\frac{1}{(\arctan r + \mathrm{e})}\cdot\frac{1}{1+\lambda_{\min}^2}\cdot\dot{r}\cdot z^{\mathrm{T}}z$$

$$\leqslant -\frac{\lambda_{\min}}{2}\|\boldsymbol{M}^{-1}\boldsymbol{W}z\|^2 + \frac{\|z\|^2}{\lambda_{\min}}\left(\frac{\|\Delta_x\|^2}{2} - \frac{\dot{r}}{\gamma(\arctan r + \mathrm{e})(1+\lambda_{\min}^2)}\right)$$

假设 $\dot{r}$ 满足

$$\dot{r} = \frac{\gamma(\arctan r + \mathrm{e})(1+\lambda_{\min}^2)\|\Delta_x\|^2}{2}$$

则有

$$\dot{V}_z \leqslant -\frac{\lambda_{\min}}{2}\|\boldsymbol{M}^{-1}\boldsymbol{W}z\|^2 \tag{6.22}$$

所以，$\boldsymbol{M}^{-1}\boldsymbol{W}z \in \mathcal{L}_2$，$z \in \mathcal{L}_\infty$，$z_f \in \mathcal{L}_\infty$。

若 $r(t) \geqslant 0$ 可以通过设定初始值 $r(t) \geqslant 0$ 很容易满足，因此可得 $r'(t) \geqslant 0$，从而证明了 $r'(t) \geqslant 0$，那么就有 R 有界。

考虑如下的李雅普诺夫函数：

$$V_{\hat{x}} = \frac{1}{2}(\hat{\boldsymbol{x}}_2 - \boldsymbol{x}_2)^{\mathrm{T}}(\hat{\boldsymbol{x}}_2 - \boldsymbol{x}_2) \tag{6.23}$$

$$V_{\boldsymbol{x}_{\mathrm{e}}} = \frac{1}{\mathrm{e}}\left(\frac{1}{2}\boldsymbol{x}_{2\mathrm{e}}^{\mathrm{T}}\boldsymbol{x}_{2\mathrm{e}} + \frac{\alpha}{2}\boldsymbol{x}_{1e}^{\mathrm{T}}\boldsymbol{x}_{1e}\right) \tag{6.24}$$

对 $V_{\hat{x}}$ 求导可得

$$\dot{V}_{\hat{x}} = (\hat{\boldsymbol{x}}_2 - \boldsymbol{x}_2)^{\mathrm{T}}\boldsymbol{M}^{-1}\boldsymbol{W}z\cdot R - k_{\hat{x}}\|\hat{\boldsymbol{x}}_2 - \boldsymbol{x}_2\|^2$$

由 R 的性质可得

$$\dot{V}_{\hat{x}} \leqslant (\hat{\boldsymbol{x}}_2 - \boldsymbol{x}_2)^{\mathrm{T}}\boldsymbol{M}^{-1}\boldsymbol{W}z\cdot\sqrt{\lambda_{\min}}\cdot\mathrm{e}^{\frac{1}{2}} - k_{\hat{x}}\|\hat{\boldsymbol{x}}_2 - \boldsymbol{x}_2\|^2$$

$$\leqslant\left(\frac{\mathrm{e}}{2} - k_{\hat{x}}\right)\|\hat{\boldsymbol{x}}_2 - \boldsymbol{x}_2\|^2 + \frac{\lambda_{\min}}{2}\|\boldsymbol{M}^{-1}\boldsymbol{W}z\|^2$$

考虑李雅普诺夫函数 $V_1 = V_z + V_{\hat{x}}$，求导之后可得

$$\dot{V}_1 = \dot{V}_z + \dot{V}_{\hat{x}}$$

$$\leqslant\left(\frac{\mathrm{e}}{2} - k_{\hat{x}}\right)\|\hat{\boldsymbol{x}}_2 - \boldsymbol{x}_2\|^2$$

当 $k_{\hat{x}} = \mathrm{e}/2 + k_1,\ k_1 > 0$ 时,就有

$$\dot{V}_1 \leqslant - k_1 \| \hat{\boldsymbol{x}}_2 - \boldsymbol{x}_2 \|^2$$

所以 $\hat{\boldsymbol{x}}_2 - \boldsymbol{x}_2 \in \mathcal{L}_2 \cap \mathcal{L}_\infty$。从中可以发现,控制系数 $k_{\hat{x}}$ 为一常数,其大小不随 r 和 $\| \boldsymbol{\Delta}_x \|$ 的变化而变化,因而增加了系统的鲁棒性。

对 V_{x_e} 关于时间 t 求微分,可以得到

$$\begin{aligned}
\dot{V}_{x_e} &= \frac{1}{\mathrm{e}}[- R \cdot \boldsymbol{x}_{2\mathrm{e}}^{\mathrm{T}} \boldsymbol{M}^{-1} \boldsymbol{W} \boldsymbol{z} \cdot - (k_\mathrm{e} + \delta) \| \boldsymbol{x}_{2\mathrm{e}} \|^2] \\
&\leqslant - \frac{(k_\mathrm{e} + \delta)}{\mathrm{e}} \| \boldsymbol{x}_{2\mathrm{e}} \|^2 + \frac{\| \boldsymbol{x}_{2\mathrm{e}} \|^2}{2\mathrm{e}} + \frac{1}{2\mathrm{e}} \| \boldsymbol{M}^{-1} \boldsymbol{W} \boldsymbol{z} \cdot \|^2 \cdot R^2
\end{aligned}$$

因为 $R \leqslant \sqrt{\lambda_{\min}} \cdot \mathrm{e}^{\frac{1}{2}}$,那么就有

$$R^2 \leqslant \lambda_{\min} \cdot \mathrm{e} \tag{6.25}$$

对于 $\dot{V}_{x_e}$,则有

$$\begin{aligned}
\dot{V}_{x_e} &= \frac{1}{\mathrm{e}}[- R \cdot \boldsymbol{x}_{2\mathrm{e}}^{\mathrm{T}} \boldsymbol{M}^{-1} \boldsymbol{W} \boldsymbol{z} - (k_\mathrm{e} + \delta) \| \boldsymbol{x}_{2\mathrm{e}} \|^2] \\
&\leqslant - \frac{(k_\mathrm{e} + \delta)}{\mathrm{e}} \| \boldsymbol{x}_{2\mathrm{e}} \|^2 + \frac{\| \boldsymbol{x}_{2\mathrm{e}} \|^2}{2\mathrm{e}} + \frac{\lambda_{\min}}{2} \| \boldsymbol{M}^{-1} \boldsymbol{W} \boldsymbol{z} \|^2
\end{aligned}$$

考虑李雅普诺夫函数:$V_2 = V_z + V_{x_e}$,求导可得

$$\begin{aligned}
\dot{V}_2 &= \dot{V}_z + \dot{V}_{x_e} \\
&\leqslant \frac{1}{\mathrm{e}}\left(- k_\mathrm{e} - \delta + \frac{1}{2}\right) \| \boldsymbol{x}_{2\mathrm{e}} \|^2
\end{aligned}$$

若 $- k_\mathrm{e} - \delta + \dfrac{1}{2} = - k_2,\ k_2 > 0$,则有

$$\dot{V}_2 = \dot{V}_z + \dot{V}_{x_e} \leqslant - k_2 \| \boldsymbol{x}_{2\mathrm{e}} \|^2$$

所以 $\boldsymbol{x}_{1\mathrm{e}} \in \mathcal{L}_\infty,\ \boldsymbol{x}_{2\mathrm{e}} \in \mathcal{L}_2 \cap \mathcal{L}_\infty$。从中可以发现,控制系数 k_e 为一常数,其大小也不随 r 和 $\| \boldsymbol{\Delta}_x \|$ 的变化而变化。

因为

$$\dot{\boldsymbol{x}}_{2\mathrm{e}} = - \boldsymbol{M}^{-1} \boldsymbol{W} \boldsymbol{z}_\mathrm{f} - (k_\mathrm{e} + \delta_x) \boldsymbol{x}_{2\mathrm{e}} - \alpha \boldsymbol{x}_{1\mathrm{e}} \tag{6.26}$$

由于 $\dot{\boldsymbol{x}}_{2e}$ 有界,由巴巴拉特引理,可得 $\lim\limits_{t\to\infty}\boldsymbol{x}_{2e}=0$。进一步可以得到 $\ddot{\boldsymbol{x}}_{2e}$ 有界,$\lim\limits_{t\to\infty}\dot{\boldsymbol{x}}_{2e}=0$。因此,可以得到 $\lim\limits_{t\to\infty}\boldsymbol{x}_{1e}=0$,$\lim\limits_{t\to\infty}\boldsymbol{M}^{-1}\boldsymbol{W}\boldsymbol{z}_{f}=0$。

6.4.4 仿真分析

为了研究隔振平台在主动隔振时的隔振性能,与被动隔振进行对比,分别在不同外激励作用下研究主动控制对系统隔振性能的影响。

初始参数设置为

$$m_{b0}=290\ \text{kg},\quad c_0=0.02\ \text{N/(rad}\cdot\text{s)},\quad k_0=790\ \text{N}\cdot\text{m}$$

通过泰勒展开式的表达式可以计算出:

$$\boldsymbol{\theta}_0=[m_{b0},R_{00},R_{10},R_{20},R_{30},A_{10},A_{20},A_{30}]^{\text{T}}$$

控制系数以及自适应增益系数取为

$$k_1=50,\quad k_2=20,\quad \delta_x=\frac{1}{2},\quad \alpha=10,\quad \gamma=50$$

参考轨迹设置为 $x_d=0$,$\dot{x}_d=0$。

1. 冲击激励作用下的主被动隔振对比

设上平台因冲击激励造成其以初始速度大小为 0.2 m/s,并沿 O_aZ_a 轴正方向运动。图 6.11 为系统在冲击激励作用下隔振平台的主被动隔振对比。从图中可以看到,在主动控制的作用下消除了被动隔振中隔振平台的位置漂移问题。对于上下平台的速度变化,在主动控制作用下,上下平台的速度在 2 s 左右衰减为 0,速度的衰减速度和被动隔振中速度达到稳态值的时间几乎相同。

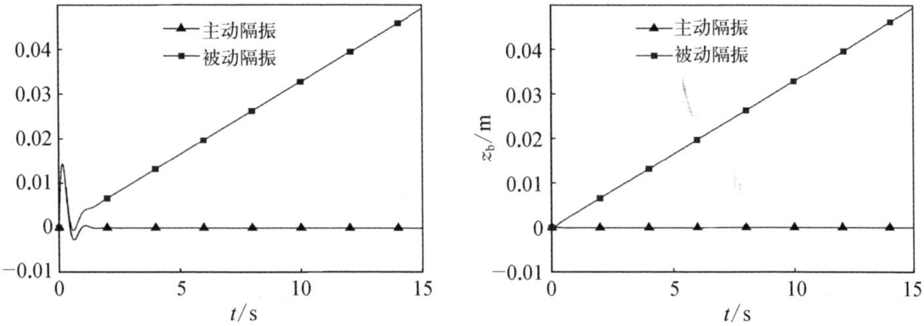

(a) 上平台的位置对比　　(b) 下平台的位置对比

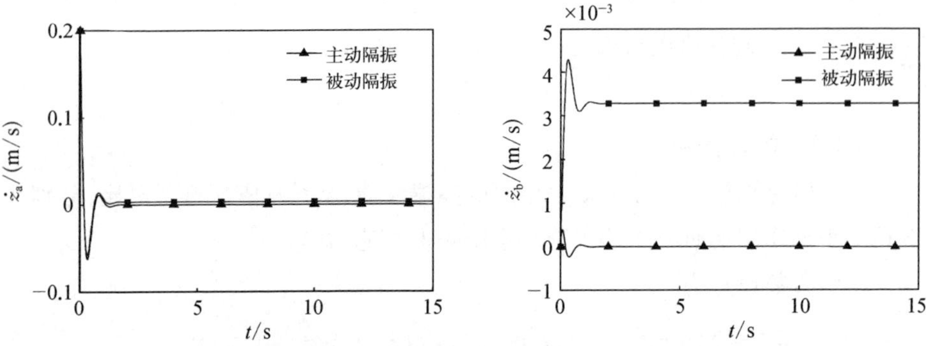

(c) 上平台的速度对比　　(d) 下平台的速度对比

图 6.11　冲击激励作用下隔振平台的主被动隔振对比

为了更好地研究主被动隔振中上下平台的振幅对比，在被动隔振中去除位置漂移运动，图 6.12 为被动隔振中隔振平台去除位置漂移后的主被动隔振振幅对比。对于上平台，主被动隔振的最大振幅都在 1.4×10^{-2} m 左右；对于下平台，在被动隔振中的最大振幅为 2.29×10^{-4} m。在主动隔振中的最大振幅为 4.87×10^{-5} m，其为被动隔振的 21.27%。因此，主动隔振降低了下平台的振动幅值，有利于对下平台的保护。

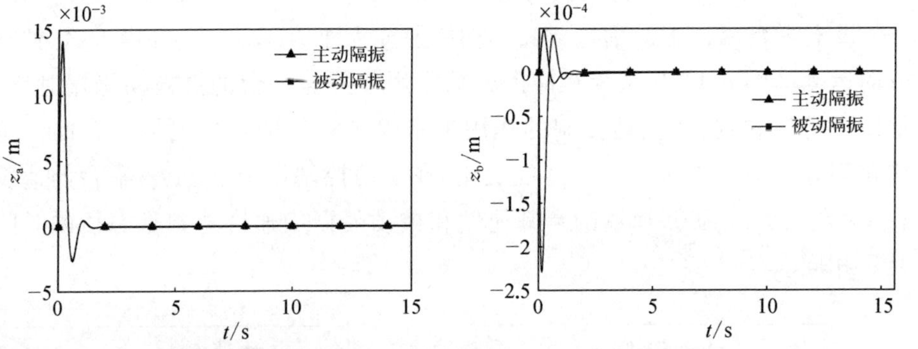

(a) 上平台的振幅对比　　(b) 下平台的振幅对比

图 6.12　冲击激励作用下主被动隔振的上下平台振幅对比

2. 周期激励作用下的主被动隔振对比

为了显示不同控制系数对隔振平台主动隔振时的性能影响，分别画出隔振平台在不同控制系数 k_2 下的幅频响应曲线并与被动隔振的幅频响应曲线进行对比。图 6.13 为隔振平台在不同控制系数下的幅频响应曲线。从图中可以看出，在自适应控制作用下，隔振平台在外激励频率为 0～2.22 Hz 时的 T_d 值低于

-40 dB,满足设计的主动隔振性能指标。相较于被动隔振,隔振平台在主动控制作用下,消除了幅频响应曲线的谐振峰值且克服了被动隔振在外激励频率 0~0.22 Hz 无隔振效果的缺点。

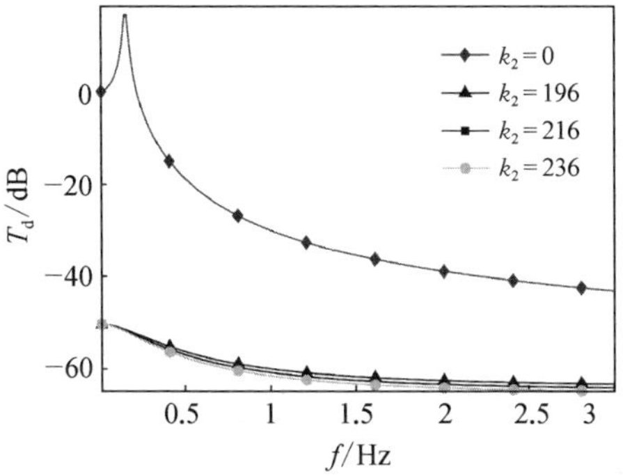

图 6.13　动态缩放自适应控制作用下的幅频响应曲线

6.5　主动隔振方法的可行性验证

6.5.1　联合仿真原理

MATLAB 和 ADAMS 联合仿真即通过 ADAMS 输出描述系统方程的有关参数,通过 MATLAB 读入 ADAMS 输出的信息建立控制方案,然后将系统机械结构设计及控制器的设计结合起来进行系统分析的仿真方法。MATLAB 和 ADAMS 联合仿真,可以提升机电系统的设计效率,是验证控制方法可行性的有效方法之一。

6.5.2　冲击激励作用下的主动隔振

本节分别对隔振平台在冲击激励和周期激励下进行主动控制,从而验证动态缩放自适应控制方法的可行性。图 6.14 为隔振平台系统在冲击激励作用下 MATLAB 和 ADAMS 联合仿真的控制框图。

图 6.15 为系统在冲击激励作用下被动隔振和联合仿真控制作用下的仿真对比。由上下平台的位置变化曲线可知,隔振平台在主动控制作用下,消除了被动隔振中长期存在的位置漂移,隔振平台在 1 s 左右收敛到期望轨迹 $x_d=0$。在速度仿真结果对比中,在主动控制作用下,上下平台的速度在 1 s 左右收敛到期

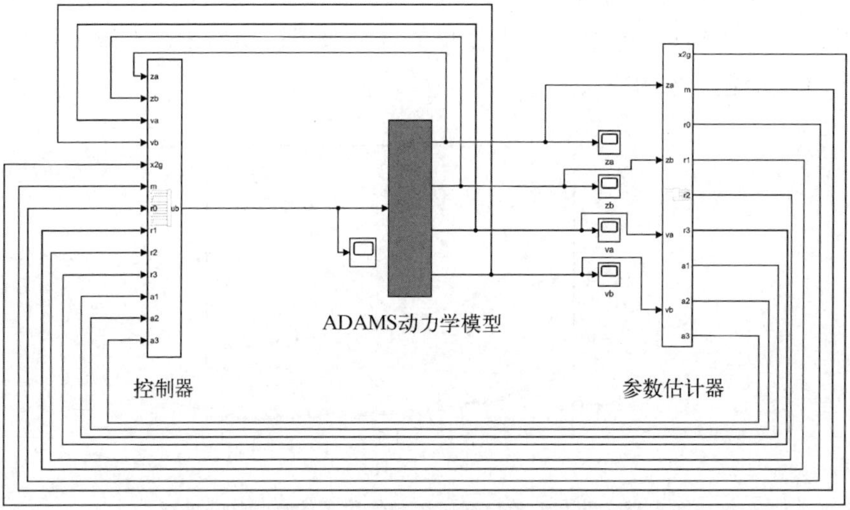

图 6.14 冲击激励作用下隔振平台的 MATLAB 和 ADAMS 联合仿真的控制框图

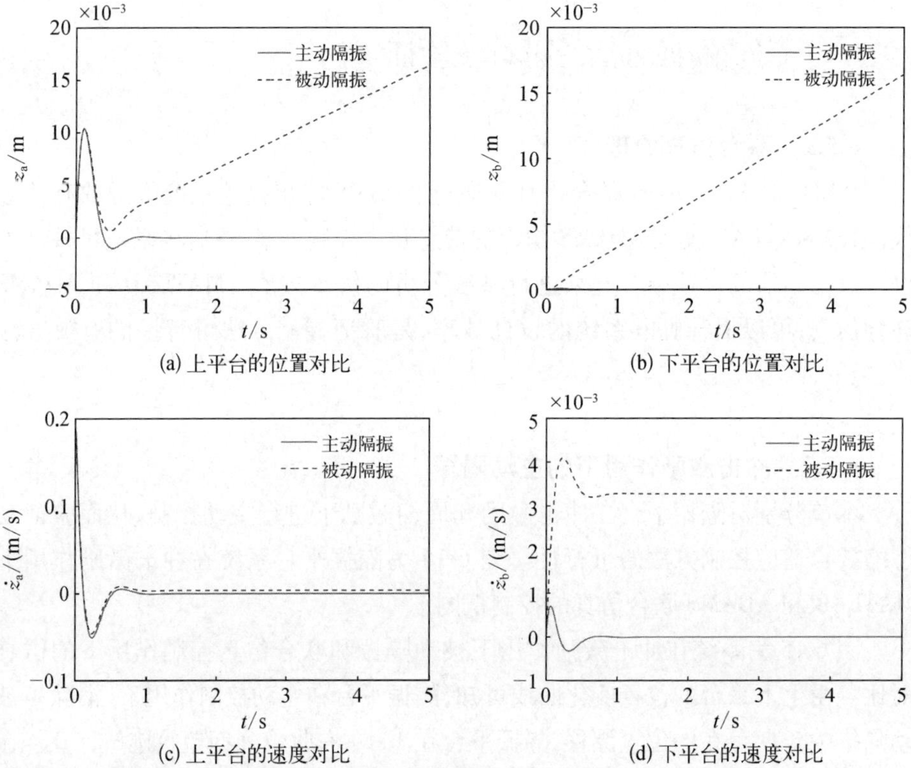

(a) 上平台的位置对比

(b) 下平台的位置对比

(c) 上平台的速度对比

(d) 下平台的速度对比

图 6.15 冲击激励作用下被动隔振和联合仿真控制作用下的仿真对比

望值 $\dot{x}_d = 0$，消除了被动隔振中存在的速度稳态值。因此，验证了隔振平台在冲击激励作用下，该控制方法在主动隔振中的可行性。

6.5.3　周期激励作用下的主动隔振

为了验证隔振平台在周期性激励作用下，采用动态缩放的自适应控制方法作为主动隔振方法的可行性。由前面分析可知，该控制方法适用于所有外激励频率低于最低振动频率的主动隔振，因此分别取三个低于最低振动衰减频率的外激励频率。在三个外激励频率作用下测量隔振平台在施加主动控制后上下平台的加速度，通过求得上下平台加速度的幅值衰减率且与被动隔振中的加速度衰减率对比来验证主动隔振方法的有效性。图 6.16 为隔振平台在周期性激励作用下 MATLAB 和 ADAMS 联合仿真的控制框图。图 6.17 为上平台的线振动频率为 0.5 Hz 时，上下平台在主被动隔振时的加速度对比。可以计算出被动隔振的加速度衰减率为 76.94%，主动隔振的加速度衰减率为 99.09%。图 6.18 为上平台的线振动频率为 1 Hz 时，上下平台在主被动隔振时的加速度对比。从图中可以看到，被动隔振的加速度衰减率为 94.43%，主动隔振的加速度衰减率为 99.06%。图 6.19 为上平台的线振动频率为 2 Hz 时，上下平台在主被动隔振时的加速度对比。可以计算出被动隔振的加速度衰减率为98.11%，主动隔振的

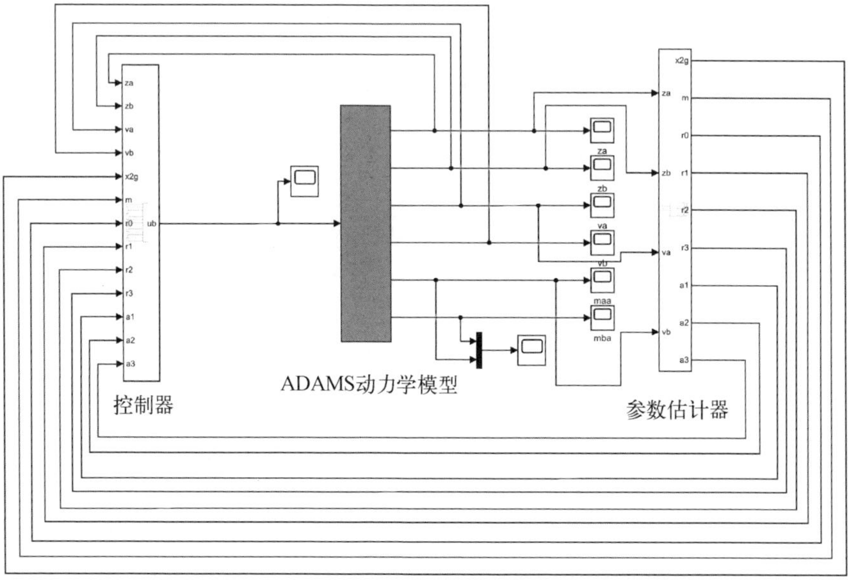

图 6.16　周期激励作用下隔振平台的 MATLAB 和 ADAMS 联合仿真的控制框图

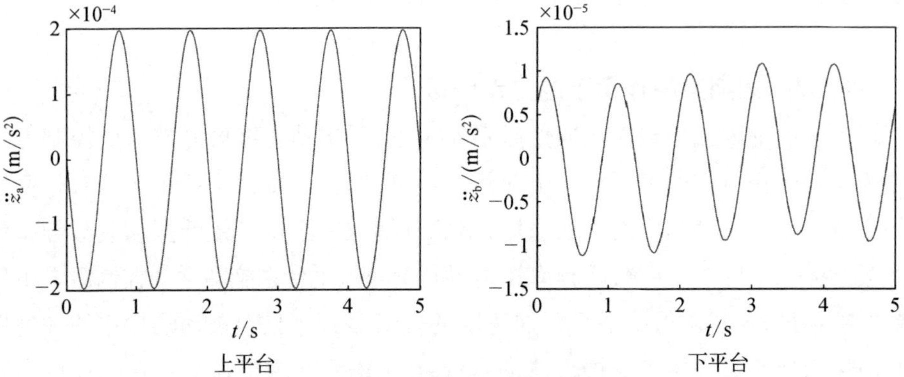

(a) 被动隔振时上下平台的加速度

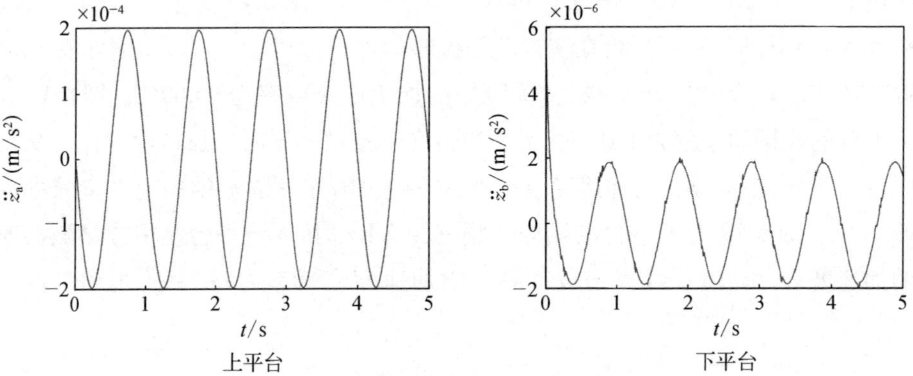

(b) 主动隔振时上下平台的加速度

图 6.17　f = 0.5 Hz 时隔振平台的主被动隔振的加速度对比

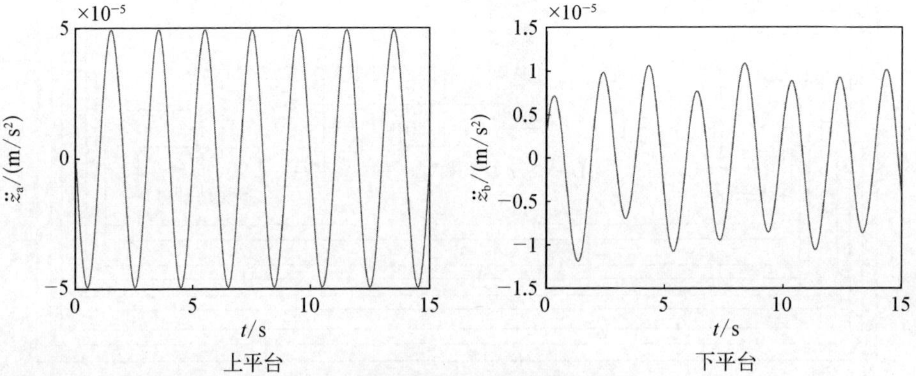

(a) 被动隔振时上下平台的加速度

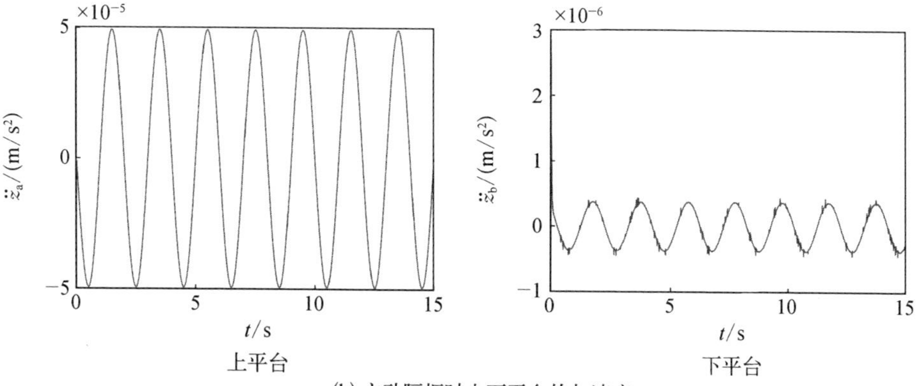

(b) 主动隔振时上下平台的加速度

图 6.18　f = 1 Hz 时隔振平台的主被动隔振的加速度对比

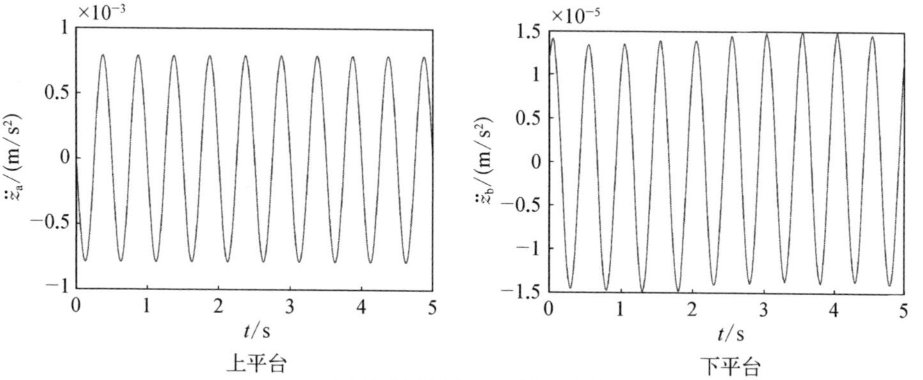

(a) 被动隔振时上下平台的加速度

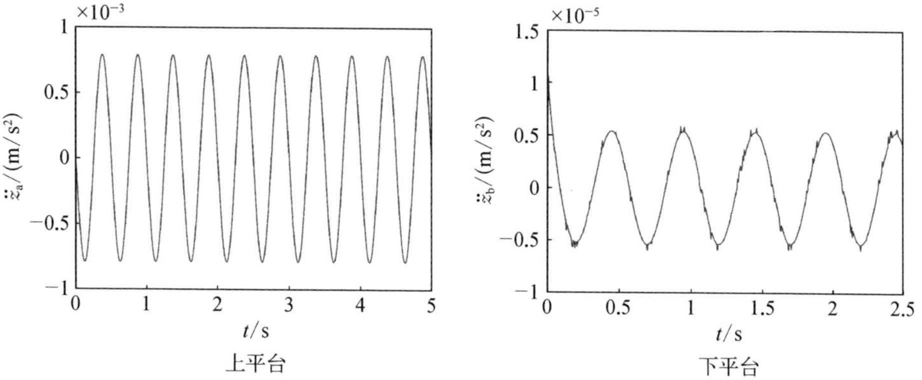

(b) 主动隔振时上下平台的加速度

图 6.19　f = 2 Hz 时隔振平台的主被动隔振的加速度对比

加速度衰减率为99.32%。在主动控制作用下，主动隔振的加速度衰减率均满足隔振需求。因此，验证了隔振平台在受周期性激励作用时，该控制方法作为主动隔振方法的有效性和可行性。

6.6 本章小结

本章针对隔振平台在被动隔振中的不足，提出了隔振平台的性能指标，详细地分析了隔振平台在各个方向上的最低振动频率，并且提出了隔振平台在低于最低振动频率时采用主动隔振，在外激励频率高于最低振动频率时采用被动隔振的隔振策略。首先，研究了隔振平台采用经典的主动隔振方法时的隔振性能，设计了适用于隔振平台的动态缩放自适应控制方法，实现了设计的低频振动衰减指标，消除了系统在受到冲击激励时的组合体航天器的漂移现象。然后，通过数值仿真表明，相比于传统的主动隔振方法以及经典的自适应控制方法，隔振平台采用动态缩放自适应控制方法作为主动隔振方法后，在冲击激励时，消除了组合体漂移现象，并且在周期激励时，消除了被动隔振的谐振峰值同时克服了外激励频率低于固有频率$\sqrt{2}$倍时无法隔振的缺点，实现了低频范围内-40 dB的振动衰减，克服了被动隔振中的不足。最后，通过MATLAB和ADAMS的联合仿真，验证了动态缩放自适应控制方法作为隔振平台主动隔振控制方法的有效性和可行性。综上所述，本章设计的适用于隔振平台的动态缩放自适应控制方法能很好地克服被动隔振的组合体漂移问题以及低频隔振性能差的问题，实现了设计的隔振性能指标。

附　　录

式(4.23)中的具体表达式如下：

$$
\begin{cases}
\dot{y}_1 = y_4 \\
\dot{y}_2 = y_5 \\
\dot{y}_3 = y_6 \\
\dot{y}_4 = \dfrac{\bar{A}_3\bar{B}_3 - \bar{A}_2\bar{B}_3}{\bar{A}_1\bar{B}_2 - \bar{A}_2\bar{B}_1} \\
\dot{y}_5 = \dfrac{\bar{A}_1\bar{B}_3 - \bar{A}_3\bar{B}_1}{\bar{A}_1\bar{B}_2 - \bar{A}_2\bar{B}_1} \\
\dot{y}_6 = \dfrac{1}{m_s}(f_1 + f_2 + k_2 y_2)
\end{cases}
$$

其中，

$$\bar{A}_1 = m_1 + A_1 + \sum_{i=1}^{n} (m_0 A_2 + m_j A_3)$$

$$\bar{A}_2 = -\bar{A}_1 + \sum_{i=1}^{n} \left[m_0\left(\frac{4i-2}{n} - A_2\right) + m_j\left(\frac{3i-1}{n} - A_3\right) \right]$$

$$
\begin{aligned}
\bar{A}_3 = {} & F(t) + \frac{np(m_0 l^2 + 4I_0 + 2m_j l^2) + (3n+1)I_j p}{4n^3(l^2 - p^2)^2}(y_4 - y_5)^2 \\
& - \left[C_d + \frac{(3n+1)c}{2n^2(l^2 - p^2)}\right](y_4 - y_5) + \frac{k_v}{n^2}(y_1 - y_2) - \frac{2k_v l\sin\theta_0}{n} \\
& - \frac{k_v p(x_0 - 2l\cos\theta_0)}{n\sqrt{l^2 - p^2}} + \frac{k_v}{n}(y_0 + 2h) - f_1
\end{aligned}
$$

$$\bar{B}_1 = - B_1 - \sum_{i=1}^{n} (m_0 B_2 + m_j B_3)$$

$$\bar{B}_2 = B_1 + m_1 + m_j + \sum_{i=1}^{n} \left[m_0\left(4 - \frac{4i - 2}{n}\right) + m_0 B_2 + m_j\left(3 - \frac{3i - 1}{n}\right) + m_j B_3 \right]$$

$$\bar{B}_3 = - \frac{np(m_0 l^2 + 4I_0 + 2m_j l^2) + (3n + 1)I_j p}{4n^3 (l^2 - p^2)^2}(y_4 - y_5)^2$$

$$- \left[C_{\mathrm{d}} + \frac{(3n + 1)c}{2n^2(l^2 - p^2)} \right] (y_4 - y_5) + \frac{k_{\mathrm{v}}}{n^2}(y_2 - y_1) - ky_2$$

$$+ \frac{2k_{\mathrm{v}} l\sin \theta_0}{n} + \frac{k_{\mathrm{v}} p(x_0 - 2l\cos \theta_0)}{n\sqrt{l^2 - p^2}} - \frac{k_{\mathrm{h}}}{n}(y_0 + 2h) - f_2$$

$$A_1 = B_1 = \frac{n(m_0 p^2 + 4I_0 + 2m_j p^2) + (3n + 1)I_j}{4n^2(l^2 - p^2)}$$

$$A_2 = \frac{(4i - 1)^2 + (4i - 3)^2}{8n^2}$$

$$A_3 = \frac{2i^2 + (2i - 1)^2}{2n^2}$$

$$B_2 = \frac{(4i - 1)^2 + (4i - 3)^2}{8n^2} - \frac{4i - 2}{n}$$

$$B_3 = \frac{2i^2 + (2i - 1)^2}{2n^2} - \frac{3i - 1}{n}$$

参 考 文 献

[1] 翟光,张景瑞,周志成.静止轨道卫星在轨延寿技术研究进展[J].宇航学报,2012,33(7):849-859.

[2] 陈小前,袁建平,姚雯,等.航天器在轨服务技术[M].北京:中国宇航出版社,2009.

[3] 李恒年.地球静止卫星轨道与共位控制技术[M].北京:国防工业出版社,2011.

[4] Anz-Meador P D. Orbital debris quarterly news[J]. NASA Orbital Debris Program Office, 2020,24(1):1-16.

[5] Stoll E, Letschnik J, Walter U, et al. On-orbit servicing[J]. IEEE Robotics & Automation Magazine, 2009, 16(4):29-33.

[6] Hirzinger G, Landzettel K, Brunner B, et al. DLR's robotics technologies for on-orbit servicing[J]. Advanced Robotics, 2004, 18(2):139-174.

[7] Landzettel K, Preusche C, Albu-Schaffer A, et al. Robotic on-orbit servicing-DLR's experience and perspective [C]. Beijing: 2006 IEEE/RSJ International Conference on Intelligent Robots and Systems, 2006: 4587-4594.

[8] Long A M, Richards M G, Hastings D E. On-orbit servicing: A new value proposition for satellite design and operation [J]. Journal of Spacecraft and Rockets, 2007, 44(4): 964-976.

[9] Ellery A, Kreisel J, Sommer B. The case for robotic on-orbit servicing of spacecraft: Spacecraft reliability is a myth[J]. Acta Astronautica, 2008, 63(5-6):632-648.

[10] Sellmaier F, Boge T, Spurmann J, et al. On-orbit servicing missions: Challenges and solutions for spacecraft operations[C]. Huntsville: SpaceOps 2010 Conference Delivering on the Dream Hosted by NASA Marshall Space Flight Center and Organized by AIAA, 2010: 2159.

[11] Tatsch A, Fitz-Coy N, Gladun S. On-orbit servicing: A brief survey[C]. Proceedings of the IEEE International Workshop on Safety, Security, and Rescue Robotics (SSRR'06), 2006: 276-281.

[12] Reintsema D, Landzettel K, Hirzinger G. DLR's advanced telerobotic concepts and experiments for on-orbit servicing[M]. Berlin, Heidelberg: Springer, 2007: 323-345.

[13] Xu W F, Liang B, Li B, et al. A universal on-orbit servicing system used in the geostationary orbit[J]. Advances in Space Research, 2011, 48(1):95-119.

[14] Friend R B. Orbital express program summary and mission overview[C]. Orlando: Sensors

and Systems for space applications II. International Society for Optics and Photonics, 2008, 6958: 695803.

[15] Whelan D A, Adler E A, Wilson S B, et al. DARPA orbital express program: Effecting a revolution in space-based systems[J]. Proceedings of SPIE — The International Society for Optical Engineering, 2002, 4136: 48-56.

[16] Barnhart D, Sullivan B, Hunter R, et al. Phoenix program status-2013[C]. San Diego: AIAA Space 2013 Conference and Exposition, 2013: 5341.

[17] Barnhart M D A. DARPA's phoenix project[R]. Arlington: DARPA, 2012.

[18] Oda M. Space robot experiments on NASDA's ETS-VII satellite-preliminary overview of the experiment results[C]. Proceedings of the International Conference on Robotics and Automation (Cat. No. 99CH36288C), 1999, 2: 1390-1395.

[19] Ohkami Y, Kawano I. Autonomous rendezvous and docking by engineering test satellite VII: A challenge of Japan in guidance, navigation and control—Breakwell memorial lecture[J]. Acta Astronautica, 2003, 53(1): 1-8.

[20] Billot C, Ferraris S, Rembala R, et al. Deorbit: Feasibility study for an active debris removal [C]. Paris: The 3rd European Workshop on Space Debris Modeling and Remediation, 2014.

[21] Shan M H, Guo J, Gill E. Review and comparison of active space debris capturing and removal methods[J]. Progress in Aerospace Sciences, 2016, 80: 18-32.

[22] Biesbroek R, Innocenti L, Wolahan A, et al. E. Deorbit-ESA's active debris removal mission [C]. Proceedings of the 7th European Conference on Space Debris, ESA Space Debris Office, 2017: 10.

[23] Rumford T E. Demonstration of autonomous rendezvous technology (DART) project summary [C]. Orlando: Conference on Space Systems Technology and Operations, 2003, 5088: 10-19.

[24] 崔乃刚,王平,郭继峰,等.空间在轨服务技术发展综述[J].宇航学报,2008,28(4): 805-811.

[25] Flores-Abad A, Ma O, Pham K, et al. A review of space robotics technologies for on-orbit servicing[J]. Progress in Aerospace Sciences, 2014, 68: 1-26.

[26] 翟光,仇越,梁斌,等.在轨捕获技术发展综述[J].机器人,2008,30(5): 467-480.

[27] Cyril X, Misra A K, Ingham M, et al. Postcapture dynamics of a spacecraft-manipulator-payload system[J]. Journal of Guidance, Control, and Dynamics, 2000, 23(1): 95-100.

[28] 周东强,曹瑞,赵煜.遥感系列卫星在轨微振动测量与分析[J].航天器环境工程,2013,30(6): 627-630.

[29] 徐鉴.振动控制研究进展综述[J].力学季刊,2015,36(4): 547-565.

[30] 刘磊.航天器主动隔振及精确定向控制技术研究[D].哈尔滨: 哈尔滨工业大学,2011.

[31] Park W H. Mass-spring-damper response to repetitive impact [J]. Journal of Engineering for Industry, 1967, 80(4): 587-596.

[32] Pellicer M, Solà-Morales J. Analysis of a viscoelastic spring-mass model[J]. Journal of Mathematical Analysis and Applications, 2004, 294(2): 687-698.

[33] Bakre S V, Jangid R S. Optimum parameters of tuned mass damper for damped main system

[J]. Structural Control and Health Monitoring: The Official Journal of the International Association for Structural Control and Monitoring and of the European Association for the Control of Structures, 2007, 14(3): 448 - 470.

[34] Xiao Z L, Jing X J, Cheng L. Parameterized convergence bounds for Volterra series expansion of NARX models[J]. IEEE Transactions on Signal Processing, 2013, 61(20): 5026 - 5038.

[35] Xiao Z L, Jing X J, Cheng L. The transmissibility of vibration isolators with cubic nonlinear damping under both force and base excitations[J]. Journal of Sound and Vibration, 2013, 332(5): 1335 - 1354.

[36] Jing X J, Lang Z Q, Billings S A. Nonlinear influence in the frequency domain: Alternating series[J]. Systems & Control Letters, 2011, 60(5): 295 - 309.

[37] Jing X J, Lang Z Q. Frequency domain analysis of a dimensionless cubic nonlinear damping system subject to harmonic input[J]. Nonlinear Dynamics, 2009, 58(3): 469 - 485.

[38] Jing X J, Lang Z Q, Billings S A, et al. Frequency domain analysis for suppression of output vibration from periodic disturbance using nonlinearities[J]. Journal of Sound and Vibration, 2008, 314(3 - 5): 536 - 557.

[39] Jazar G N, Golnaraghi M F. Nonlinear modeling, experimental verification, and theoretical analysis of a hydraulic engine mount[J]. Journal of Vibration and Control, 2002, 8(1): 87 - 116.

[40] Jing X J, Lang Z Q, Billings S A. Determination of the analytical parametric relationship for output spectrum of Volterra systems based on its parametric characteristics[J]. Journal of Mathematical Analysis and Applications, 2009, 351(2): 694 - 706.

[41] Ruzicka J E, Derby T F. Vibration isolation with nonlinear damping[J]. Journal of Manufacturing Science and Engineering, 1971, 93(2): 627 - 635.

[42] Karadayi R, Masada G Y. A nonlinear shock absorber model[C]. Proceedings of the Symposium on Simulation and Control on Ground Vehicles and Transportation Systems, 1986: 149 - 165.

[43] Freudenstein F. Dynamic analysis of long-travel, high-efficiency shock absorber in freight cars [J]. Journal of Engineering for Industry, 1970, 92(3) 581 - 587.

[44] Venkatesan C. Optimization of an oleo-pneumatic shock absorber of an aircraft during landing [J]. Journal of Aircraft, 1977, 14(8): 822 - 823.

[45] Narimani A, Golnaraghi M E, Jazar G N. Frequency response of a piecewise linear vibration isolator[J]. Journal of Vibration and Control, 2004, 10(12): 1775 - 1794.

[46] 陈安华,刘德顺,朱萍玉.被动隔振体的非线性振动分析[J].机械工程学报,2001,37(6): 99 - 101,105.

[47] 唐进元,周一峰,何旭辉.被动隔振体非线性振动的能量迭代解法[J].应用力学学报,2005,22(4): 618 - 622.

[48] Mercer C A, Rees P L. An optimum shock isolator[J]. Journal of Sound and Vibration, 1971, 18(4): 511 - 520.

[49] Yang J, Xiong Y P, Xing J T. Dynamics and power flow behaviour of a nonlinear vibration isolation system with a negative stiffness mechanism[J]. Journal of Sound and Vibration,

2013, 332(1): 167 - 183.

[50] Lu Z Q, Brennan M J, Yang T J, et al. An investigation of a two-stage nonlinear vibration isolation system[J]. Journal of Sound and Vibration, 2013, 332(6): 1456 - 1464.

[51] Liu S Y, Yu X, Zhu S J. Study on the chaos anti-control technology in nonlinear vibration isolation system[J]. Journal of Sound and Vibration, 2008, 310(4 - 5): 855 - 864.

[52] Lu Z Q, Brennan M J, Chen L Q. On the transmissibilities of nonlinear vibration isolation system[J]. Journal of Sound and Vibration, 2016, 375: 28 - 37.

[53] Ibrahim R A. Recent advances in nonlinear passive vibration isolators[J]. Journal of Sound and Vibration, 2008, 314(3 - 5): 371 - 452.

[54] Oueini S S, Nayfeh A H, Pratt J R. A nonlinear vibration absorber for flexible structures[J]. Nonlinear Dynamics, 1998, 15(3): 259 - 282.

[55] Zhu S J, Zheng Y F, Fu Y M. Analysis of non-linear dynamics of a two-degree-of-freedom vibration system with non-linear damping and non-linear spring[J]. Journal of Sound and Vibration, 2004, 271(1 - 2): 15 - 24.

[56] Alabuzhev P M. Vibration protection and measuring systems with quasi-zero stiffness[M]. New York: Hemisphere publishing corporation, 1989.

[57] Carrella A, Brennan M J, Kovacic I, et al. On the force transmissibility of a vibration isolator with quasi-zero-stiffness[J]. Journal of Sound and Vibration, 2009, 322(4 - 5): 707 - 717.

[58] Xu D L, Zhang Y Y, Zhou J X, et al. On the analytical and experimental assessment of the performance of a quasi-zero-stiffness isolator[J]. Journal of Vibration and Control, 2014, 20(15): 2314 - 2325.

[59] Zhou J X, Xu D L, Bishop S. A torsion quasi-zero stiffness vibration isolator[J]. Journal of Sound and Vibration, 2015, 338: 121 - 133.

[60] Wu W J, Chen X D, Shan Y H. Analysis and experiment of a vibration isolator using a novel magnetic spring with negative stiffness[J]. Journal of Sound and Vibration, 2014, 333(13): 2958 - 2970.

[61] Zheng Y S, Zhang X N, Luo Y J, et al. Design and experiment of a high-static-low-dynamic stiffness isolator using a negative stiffness magnetic spring[J]. Journal of Sound and Vibration, 2016, 360: 31 - 52.

[62] Dong G X, Zhang X N, Xie S L, et al. Simulated and experimental studies on a high-static-low-dynamic stiffness isolator using magnetic negative stiffness spring[J]. Mechanical Systems and Signal Processing, 2017, 86: 188 - 203.

[63] Zhang J Z, Li D, Chen M J, et al. An ultra-low frequency parallel connection nonlinear isolator for precision instruments[J]. Key Engineering Materials, 2004, 257: 231 - 238.

[64] Zhou N, Liu K. A tunable high-static-low-dynamic stiffness vibration isolator[J]. Journal of Sound and Vibration, 2010, 329(9): 1254 - 1273.

[65] Carrella A, Brennan M J, Waters T P. Static analysis of a passive vibration isolator with quasi-zero-stiffness characteristic[J]. Journal of Sound and Vibration, 2007, 301(3 - 5): 678 - 689.

[66] Robertson W S, Kidner M R F, Cazzolato B S, et al. Theoretical design parameters for a

quasi-zero stiffness magnetic spring for vibration isolation [J]. Journal of Sound and Vibration, 2009, 326(1-2): 88-103.

[67] Kovacic I, Brennan M J, Waters T P. A study of a nonlinear vibration isolator with a quasi-zero stiffness characteristic[J]. Journal of Sound and Vibration, 2008, 315(3): 700-711.

[68] Sun X T, Jing X J, Xu J, et al. Vibration isolation via a scissor-like structured platform[J]. Journal of Sound and Vibration, 2014, 333(9): 2404-2420.

[69] Wu Z J, Jing X J, Sun B, et al. A 6DOF passive vibration isolator using X-shape supporting structures[J]. Journal of Sound and Vibration, 2016, 380: 90-111.

[70] Sun X T, Jing X J. Analysis and design of a nonlinear stiffness and damping system with a scissor-like structure [J]. Mechanical Systems and Signal Processing, 2016, 66-67: 723-742.

[71] Wu Z J, Jing X J, Bian J, et al. Vibration isolation by exploring bio-inspired structural nonlinearity[J]. Bioinspiration & biomimetics, 2015, 10(5): 056015.

[72] Wang Y, Jing X J. Nonlinear stiffness and dynamical response characteristics of an asymmetric X-shaped structure[J]. Mechanical Systems and Signal Processing, 2019, 125: 142-169.

[73] Sun X T, Jing X J. Multi-direction vibration isolation with quasi-zero stiffness by employing geometrical nonlinearity [J]. Mechanical Systems and Signal Processing, 2015, 62-63: 149-163.

[74] Bian J, Jing X J. Superior nonlinear passive damping characteristics of the bio-inspired limb-like or X-shaped structure [J]. Mechanical Systems and Signal Processing, 2019, 125: 21-51.

[75] Maciejewski I, Meyer L, Krzyzynski T. The vibration damping effectiveness of an active seat suspension system and its robustness to varying mass loading [J]. Journal of Sound and Vibration, 2010, 329(19): 3898-3914.

[76] Liu Y Q, Matsuhisa H, Utsuno H. Semi-active vibration isolation system with variable stiffness and damping control [J]. Journal of Sound and Vibration, 2008, 313(1-2): 16-28.

[77] Choi Y T, Wereley N M, Jeon Y S. Semi-active vibration isolation using magnetorheological isolators[J]. Journal of Aircraft, 2005, 42(5): 1244-1251.

[78] Sims N D, Stanway R, Peel D J, et al. Controllable viscous damping: An experimental study of an electrorheological long-stroke damper under proportional feedback control [J]. Smart Materials and Structures, 1999, 8(5): 601-615.

[79] Stanway R, Sproston J L, EL-Wahed A K. Applications of electro-rheological fluids in vibration control: A survey[J]. Smart Materials and Structures, 1996, 5(4): 464-482.

[80] Mroz A, Orlowska A, Holnicki-Szulc J. Semi-active damping of vibrations. Prestress Accumulation-Release strategy development [J]. Shock and Vibration, 2010, 17(2): 123-136.

[81] Shah B M, Nudell J J, Kao K R, et al. Semi-active particle-based damping systems controlled by magnetic fields[J]. Journal of Sound and Vibration, 2011, 330(2): 182-193.

[82] Liu Y, Waters T P, Brennan M J. A comparison of semi-active damping control strategies for vibration isolation of harmonic disturbances[J]. Journal of Sound and Vibration, 2005, 280(1-2): 21-39.

[83] Williams K, Chiu G, Bernhard R. Adaptive-passive absorbers using shape-memory alloys[J]. Journal of Sound and Vibration, 2002, 249(5): 835-848.

[84] Siler D J, Demoret K B J. Variable stiffness mechanisms with SMA actuators[J]. Proceedings of SPIE — The International Society for Optical Engineering, 1996, 2721: 427-435.

[85] 尤佳欣,王熙,杨斌堂.电磁变刚度半主动动力吸振结构的振动控制研究[J].噪声与振动控制,2018,38(4): 51-55,71.

[86] Ahmadian M, Reichert B, Song X B. System non-linearities induced by skyhook dampers[J]. Shock and Vibration, 2001, 8(2): 95-104.

[87] Heo S J, Park K, Hwang S H. Performance and design consideration for continuously controlled semi-active suspension systems[J]. International Journal of Vehicle Design, 2000, 23(3-4): 376-389.

[88] Yuan Q F, Liu Y F, Qi N M. Active vibration suppression for maneuvering spacecraft with high flexible appendages[J]. Acta Astronautica, 2017, 139: 512-520.

[89] Thayer D, Campbell M, Vagners J, et al. Six-axis vibration isolation system using soft actuators and multiple sensors[J]. Journal of Spacecraft and Rockets, 2002, 39(2): 206-212.

[90] Anderson E H, Fumo J P, Erwin R S. Satellite ultraquiet isolation technology experiment (SUITE)[C]. Big Sky: The 2000 IEEE Aerospace Conference, 2000, 4: 299-313.

[91] Kerber F, Hurlebaus S, Beadle B M, et al. Control concepts for an active vibration isolation system[J]. Mechanical Systems and Signal Processing, 2007, 21(8): 3042-3059.

[92] Fenik S, Starek L. Optimal PI controller with position feedback for vibration suppression[J]. Journal of Vibration and Control, 2010, 16(13): 2023-2034.

[93] Abakumov A M, Miatov G N. Control algorithms for active vibration isolation systems subject to random disturbances[J]. Journal of Sound and Vibration, 2006, 289(4-5): 889-907.

[94] Olgac N, Holm-Hansen B T. A novel active vibration absorption technique: Delayed resonator [J]. Journal of Sound and Vibration, 1994, 176(1): 93-104.

[95] Shaw J. Active vibration isolation by adaptive control[C]. Proceedings of the 1999 IEEE International Conference on Control Applications (Cat. No. 99CH36328), 1999, 2: 1509-1514.

[96] Chen K T, Chou C H, Chang S H, et al. Intelligent active vibration control in an isolation platform[J]. Applied Acoustics, 2008, 69(11): 1063-1084.

[97] Xie Z C, Shepard Jr S, Woodbury K A. Design optimization for vibration reduction of viscoelastic damped structures using genetic algorithms[J]. Shock and Vibration, 2009, 16(5): 455-466.

[98] 朱石坚,伍先俊.一种混合式隔振器及其特性研究[J].海军工程大学学报,2005,17(1): 20-22,41.

[99] Hoque M E, Mizuno T, Kishita D, et al. Development of an active vibration isolation system

using linearized zero-power control with weight support springs[J]. Journal of Vibration and Acoustics, 2010, 132(4): 041006.

[100] 王晓雷,杨庆俊,郑钢铁.气动主被动一体化隔振器控制策略分析[J].振动工程学报,2007,20(6): 570-576.

[101] 陈玉强,刘志刚,王芝秋.主动式液压伺服隔振系统的研究[J].哈尔滨工程大学学报,2002,23(5): 35-38,61.

[102] Stewart D. A platform with six degrees of freedom[J]. Proceedings of the Institution of Mechanical Engineers, 1965, 180(1): 371-386.

[103] Spanos J, Rahman Z, Blackwood G. A soft 6-axis active vibration isolator[C]. Proceedings of 1995 American Control Conference-ACC'95, IEEE, 1995, 1: 412-416.

[104] Neat G W, Abramovici A, Goullioud R, et al. Overview of the microprecision interferometer testbed[C]. Proceedings of the 1998 American Control Conference, ACC (IEEE Cat. No. 98CH36207), IEEE, 1998, 3: 1563-1568.

[105] McInroy J E, O'Brien J F, Neat G W. Precise, fault-tolerant pointing using a Stewart platform[J]. IEEE/ASME transactions on mechatronics, 1999, 4(1): 91-95.

[106] Kim Y, Kim S, Park K. Magnetic force driven six degree-of-freedom active vibration isolation system using a phase compensated velocity sensor[J]. Review of Scientific Instruments, 2009, 80(4): 045108.

[107] 涂奉臣,陈照波,李华,等.新型整星隔振平台的被动隔振性能及星箭耦合特性分析[J].航空学报,2010,31(3): 538-545.

[108] 刘丽坤,郑钢铁,黄文虎.整星被动多杆隔振平台研究[J].应用力学学报,2005,22(3): 329-334.

[109] 杨涛,马嘉,侯增广,等.Stewart 并联机构主动隔振平台的非线性 L_2 鲁棒控制[J].机器人,2009,31(3): 210-216,223.

[110] 段学超,仇原鹰.柔性支撑 Stewart 平台自适应交互 PID 隔振控制[J].控制理论与应用,2009,26(6): 607-612.

[111] Zou A M. Finite-time output feedback attitude tracking control for rigid spacecraft[J]. IEEE Transactions on Control Systems Technology, 2014, 22(1): 338-345.

[112] Huo B Y, Xia Y Q, Lu K F, et al. Adaptive fuzzy finite-time fault-tolerant attitude control of rigid spacecraft[J]. Journal of the Franklin Institute, 2015, 352(10): 4225-4246.

[113] Luo J J, Wei C S, Dai H H, et al. Robust inertia-free attitude takeover control of postcapture combined spacecraft with guaranteed prescribed performance[J]. ISA transactions, 2018, 74: 28-44.

[114] 戈新生,吕杰.带有万向联轴节双刚体航天器姿态运动的最优控制[J].工程力学,2009,26(9): 201-207,214.

[115] 董楸煌,陈力.漂浮基空间机械臂捕获卫星过程的碰撞冲击效应评估与镇定运动的 RBF 神经网络控制[J].机器人,2013,35(6): 744-749.

[116] 董楸煌,陈力.柔性空间机械臂捕获卫星过程的鲁棒镇定与自适应抑振复合控制[J].机器人,2014,36(3): 342-348.

[117] Dai H H, Jing X J, Wang Y, et al. Post-capture vibration suppression of spacecraft via a

bio-inspired isolation system[J]. Mechanical Systems and Signal Processing, 2018, 105: 214-240.

[118] Dai H H, Jing X J, Sun C, et al. Accurate modeling and analysis of a bio-inspired isolation system: with application to on-orbit capture[J]. Mechanical Systems and Signal Processing, 2018, 109: 111-133.

[119] Wang X, Yue X, Wen H, et al. Hybrid passive/active vibration control of a loosely connected spacecraft system[J]. Computer Modeling in Engineering & Sciences, 2020, 122(1): 61-88.

[120] Seo D, Akella M R. Non-certainty equivalent adaptive control for robot manipulator systems [J]. Systems & Control Letters, 2009, 58(4): 304-308.

[121] Astolfi A, Ortega R. Immersion and invariance: A new tool for stabilization and adaptive control of nonlinear systems[J]. IEEE Transactions on Automatic control, 2003, 48(4): 590-606.

[122] Astolfi A, Karagiannis D, Ortega R. Towards applied nonlinear adaptive control[J]. Annual Reviews in Control, 2008, 32(2): 136-148.

[123] Hénon M. On the numerical computation of Poincaré maps[J]. Physica D: Nonlinear Phenomena, 1982, 5(2-3): 412-414.

[124] Conner M D, Virgin L N, Dowell E H. Accurate numerical integration of state-space models for aeroelastic systems with free play[J]. AIAA Journal, 1996, 34(10): 2202-2205.

[125] Dai H H, Yue X K, Yuan J P, et al. A comparison of classical Runge-Kutta and Henon's methods for capturing chaos and chaotic transients in an aeroelastic system with freeplay nonlinearity[J]. Nonlinear Dynamics, 2015, 81(1): 169-188.

[126] 谭天乐,朱春艳,朱东方,等.航天器微振动测试、隔离、抑制技术综述[J].上海航天, 2014,31(6): 36-45.

[127] 刘大伟,陈卫东,刘兴天,等.卫星在轨微振动隔离系统动力学分析[J].航天器工程, 2017,26(5): 34-39.